空调用制冷技术

主 编 崔 红 李国斌 张 宁

北京理工大学出版社
BEIJING INSTITUTE OF TECHNOLOGY PRESS

内 容 提 要

本书根据高等院校人才培养目标和课程改革要求，并结合多年教学经验编写而成。全书共分为11章，主要内容包括蒸汽压缩式的热力学原理，制冷剂与载冷剂，制冷压缩机，冷凝器与蒸发器，节流机构与辅助设备，压缩式冷水机组，热泵，直接蒸发式空调机组，溴化锂吸收式制冷，空调系统冷源设计，蓄冷空调技术等。

本书可作为高等院校建筑环境与设备工程等相关专业的教材，也可作为相关专业工程技术人员参考与自学用书。

图书在版编目(CIP)数据

空调用制冷技术/崔红，李国斌，张宁主编.—北京：北京理工大学出版社，2017.2

ISBN 978-7-5682-3635-5

Ⅰ.①空…　Ⅱ.①崔…　②李…　③张…　Ⅲ.①空气调节设备－制冷技术－高等学校－教材　Ⅳ.①TB657.2

中国版本图书馆CIP数据核字(2017)第020123号

出版发行 / 北京理工大学出版社有限责任公司

社　　址 / 北京市海淀区中关村南大街5号

邮　　编 / 100081

电　　话 /（010）68914775（总编室）

（010）82562903（教材售后服务热线）

（010）68948351（其他图书服务热线）

网　　址 / http://www.bitpress.com.cn

经　　销 / 全国各地新华书店

印　　刷 / 北京紫瑞利印刷有限公司

开　　本 / 787毫米×1092毫米　1/16

印　　张 / 11.5

字　　数 / 250千字

版　　次 / 2017年2月第1版　2017年2月第1次印刷

定　　价 / 39.00元

责任编辑 / 李玉昌

文案编辑 / 瞿义勇

责任校对 / 周瑞红

责任印制 / 边心超

前言

本书按照空调用制冷技术课程教学的基本要求编写。全书系统地阐述了单级蒸气压缩式制冷装置的工作原理、设备构造、制冷剂的性质和应用以及空调制冷机房设计等问题。

本书以培养学生能力为目的，遵循理论与实践、教学与应用相结合的原则，力求深入浅出、通俗易懂，突出高等教育实用性、实践性的特点，删减了不实用的理论计算和公式推导等内容；并结合国内空调制冷技术的应用情况和发展趋势，删减了大量的陈旧知识，增加了空调行业的新技术和新设备；同时增加了空调制冷机房设计的内容，并提供了设计图纸。

本书由崔红、李国斌和张宁编写。其中，绪论、第一、二、三、四、八、九章由崔红编写；第五、六、七章由李国斌编写；第十、十一章由张宁编写。

由于编者水平有限，书中存在不妥之处，敬请读者批评指正。

编　者

目 录

绪　论

一、制冷概述

制冷是指用人工的方法将被冷却对象的热量移向周围的环境介质，使得被冷却对象达到比环境介质更低的温度，并在所需要的时间内维持一定的低温。这里所说的环境介质，是指自然界的空气和水。制冷不能被简单地理解为是一个降温过程，应区别于自然冷却。按照热力学的观点，制冷实质上是热量由低温热源向高温热源的转移过程。根据热力学第二定律可知，这个过程是不可能自发进行的。为使这个过程得以实现，必须要消耗一定的能量作为补偿。

实现制冷可以通过两种途径：一是利用天然冷源；二是人工制冷。天然冷源是自然界存在的低温物质，如天然冰、雪和深井水等。我国对天然冰、雪的应用有着悠久的历史，而且在采集、储存和使用天然冷源方面积累了丰富的经验，直到现在，天然冷源在一些地区仍然得到应用。天然冷源具有价格低廉、储量大等优点，而且利用天然冷源时不需要复杂的技术设备，所以，在满足使用要求的前提下，应优先考虑利用天然冷源。但是利用天然冷源受到时间、地区和运输等条件的限制，最主要的是受到制冷温度的限制，它只能制取0 ℃以上的温度，所以，天然冷源只能用于防暑降温和少量食品的短期贮存。要想获得0 ℃以下的制冷温度，必须采用人工制冷来实现。

人工制冷需要比较复杂的技术和设备，而且生产冷量的成本较高，但是它完全避免了天然冷源的局限性，可以根据不同的要求获得不同的低温。

人工制冷所需要的设备称为制冷机。制冷机中使用的工作物质称为制冷剂。人工制冷可以获得的温度称为制冷温度。根据制冷温度的不同，制冷技术可分为普冷技术和深冷技术。空调用制冷技术属于普冷技术范畴。

人工制冷的方法很多，常见的物理方法有液体汽化法、气体膨胀法、热电法等。目前应用最广泛的是液体汽化法制冷，又称为蒸汽制冷。蒸汽制冷装置有蒸汽压缩式制冷、吸收式制冷、蒸汽喷射式制冷三种。

二、制冷技术的发展

现代制冷技术作为一门科学，是从19世纪中期和后期发展起来的。1834年，波尔金斯研制成功了第一台以乙醚为制冷剂的蒸汽压缩式制冷机。1844年，高里在美国费城用封闭循环的空气制冷机建立了一座空调站。1859年，法国人开利制成了氨水吸收式制冷机。

1875年，卡列和林德用氨作制冷剂，制成了氨蒸汽压缩式制冷机，从此蒸汽压缩式制冷机开始占有统治地位。1910年左右，马利斯·莱兰克发明了蒸汽喷射式制冷系统。

进入20世纪以后，制冷技术有了更大的发展。随着制冷机械发展，制冷剂的种类也不断增多。1930年以后，氟利昂制冷剂的出现和大量应用，曾使压缩式制冷技术得到极大的发展，也使其应用范围得以扩大。1974年以后，人们发现氟利昂族中的氯氟烃会破坏臭氧层，从而危害人类的健康，破坏地球上的生态环境。因此，减少和禁止氯氟烃的生产和使用已成为国际社会共同面临的紧迫任务，研究和寻求氯氟烃的替代物也成为急需解决的问题。混合制冷剂的应用使蒸汽压缩式制冷的发展有了重大的技术突破。与此同时，其他制冷方式和制冷机的研究工作进一步加快，特别是吸收式制冷机也得到了更大的发展。

我国制冷技术真正的发展是在新中国成立以后。从开始仿制生产活塞式压缩机，到自行设计和制造，并制定了有关的系列标准，之后又陆续发展了其他类型的制冷机。目前已有压缩式(活塞式、螺杆式、离心式、涡旋式等)、吸收式、热电式及蒸汽喷射式等类型的制冷机，许多产品的质量和性能已接近或已达到世界先进水平。

三、制冷技术的应用

随着制冷工业的发展，制冷技术的应用也日益广泛，现已渗透到人们生活和生产活动的各个领域。从日常的衣、食、住、行到尖端科学技术都离不开制冷技术。

空调工程是制冷技术应用的一个广阔领域。例如，光学仪器仪表、精密计量量具、纺织等生产车间及计算机房等，都要求对环境的温度、湿度、洁净度进行不同程度的控制；体育馆、大会堂、宾馆等公共建筑和小汽车、飞机、大型客车等交通工具也都要有舒适的空调系统。总而言之，任何一个空调系统都需要有一个冷源。

食品工业中，易腐食品从采购或捕捞、加工、贮藏、运输到销售的全部流通过程，都必须保持稳定的低温环境，才能延长和提高食品的质量、经济寿命与价值。这就需要有各种制冷设施，如冷加工设备、冷冻冷藏库、冷藏运输车或船、冷藏售货柜台等。

医疗卫生事业中，血浆、疫苗及某些特殊药品需要低温保存。低温麻醉、低温手术及高烧患者的冷敷降温等也需要制冷技术。

建筑业中，浇制巨型混凝土大坝时，可用人工制冷方法来排除混凝土在凝固过程中析出的热量，以防坝体裂缝，并可提高混凝土的强度；在流沙地区开掘矿井或隧道时，可先将其四周土壤冻结，然后在冻土中进行施工，以保证施工安全；拌和混凝土时，用冰代替水，利用冰的融化热补偿水泥的固化反应热，能有效地避免大型构件因得不到充分散热而产生裂缝等缺陷。

机械工业中，精密机床油压系统利用制冷来控制油温，可稳定油膜刚度，使机床能正常工作；对钢进行低温处理可改善钢的性能，提高钢的硬度和强度，延长工件的使用寿命。

电子工业中，多路通信、雷达、卫星地面站等电子设备也都需要在低温下工作，以提高其性能，减少元件发热和环境温度的影响；大规模集成电路、光敏器件、功率元件、高频晶体管、激光倍频发生器等电子元件的冷却都广泛应用制冷技术。

国防工业中，高寒地区的汽车、坦克、大炮等常规武器的性能需要做环境模拟试验；火箭、航天器也需要在模拟高空的低温条件下进行试验。

现代农业中，浸种、育种、微生物除虫、良种的低温贮存、冻干法长期保存种子、低温贮粮等都要用到制冷技术。

综上所述，制冷技术的应用是多方面的，它的应用标志着科技水平、工业水平的发展，也标志着人们生活水平的提高。可以预料，我国的制冷事业将会有更进一步的发展和提高。

思考题与习题

1. 什么是制冷和制冷过程？
2. 实现制冷有哪两种途径？
3. 人工制冷有哪几种方法？最常用的是哪一种？
4. 蒸汽制冷有哪几种方法？最常用的是哪一种？
5. 根据制冷温度的不同，制冷技术可分为哪几类？

第一章　蒸汽压缩式制冷的热力学原理

液体在汽化的过程中需要吸收热量，而且饱和温度与压力有关，压力越低，饱和温度也越低。例如，在一个标准大气压下，1 kg 的液氨汽化时吸收 1 368 kJ 的热量，饱和温度为−33.3 ℃；在 8.72 mbar 的压力下，1 kg 的水汽化时吸收 2 489 kJ 的热量，饱和温度为 5 ℃。由此可见，只要创造一定的低压条件，选择合适的物质作为工质，就可以利用工质的汽化获得所需要的冷量。蒸汽压缩式制冷就是利用液体汽化吸热的特性来实现制冷的。

制冷实质上是热量从低温热源向高温热源转移的逆向传热过程。根据热力学第二定律可知，热量不会自发地从低温物体传向高温物体。要实现这种逆向传热过程，就必须要消耗一定的能量作为补偿。蒸汽压缩式制冷是以消耗机械能为补偿条件，借助制冷剂的状态变化将热量不断地从被冷却对象传向周围环境，从而使被冷却对象的温度始终低于周围环境。

第一节　理想制冷循环

逆卡诺循环是可逆的理想制冷循环。实现逆卡诺循环的重要条件是：高、低温热源温度恒定；工质在冷凝器和蒸发器中与外界热源之间的换热无传热温差；制冷工质流经各个设备时无摩擦损失及其他内部不可逆损失。

逆卡诺循环是由两个定温和两个绝热过程组成的。在湿蒸汽区内进行的逆卡诺循环由压缩机、冷凝器、膨胀机和蒸发器组成，如图 1-1 所示。其工作过程为：工质在膨胀机中绝热膨胀，温度从 T'_k降低为 T'_0，输出功为 w_e；然后工质在蒸发器中定温汽化，在 T'_0温度下从被冷却介质吸收热量 q_0；接下来工质在压缩机中被绝热压缩，温度从 T'_0升高到 T'_k，消耗功为 w_c；最后工质在冷凝器中定温凝结，在 T'_k温度下向冷却介质放出热量 q_k。这样便完成了一个制冷循环。

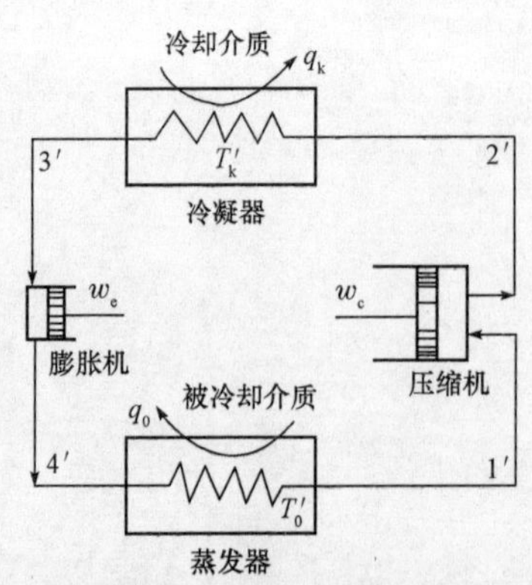

图 1-1　逆卡诺循环

在逆卡诺循环中，1 kg 制冷剂从被冷却介质吸收的热量 q_0，连同循环所消耗的功 $\sum w$ 一起转移给温度较高的冷却介质，根据能量守恒，有

$$q_k = q_0 + \sum w$$

$$\sum w = w_c - w_e$$

制冷循环常用制冷系数 ε 表示它的循环经济性能，制冷剂从被冷却介质中吸收的热量 q_0 与循环中所消耗功 $\sum w$ 的比值称为制冷系数，即

$$\varepsilon = \frac{q_0}{\sum w}$$

对于逆卡诺循环，1 kg 制冷剂从被冷却介质吸收的热量为

$$q_0 = T'_0(s_a - s_b)$$

向冷却介质放出的热量为

$$q_k = T'_k(s_a - s_b)$$

制冷循环中所消耗的净功为

$$\sum w = (T'_k - T'_0)(s_a - s_b)$$

则逆卡诺循环制冷系数为

$$\varepsilon_c = \frac{q_0}{\sum w} = \frac{T'_0(s_a - s_b)}{(T'_k - T'_0)(s_a - s_b)} = \frac{T'_0}{T'_k - T'_0} \tag{1-1}$$

逆卡诺循环的制冷系数只与被冷却介质的温度 T'_0 和冷却介质的温度 T'_k 有关，与制冷剂的性质无关。当 T'_0 升高，T'_k 降低时，ε_c 增大，制冷循环的经济性越好。而且，T'_0 对 ε_c 的影响比 T'_k 要大。

实际上，蒸汽压缩式制冷采用逆卡诺循环有许多困难，主要有以下几点：

(1)压缩过程是在湿蒸汽区中进行的，危害性很大。这是因为压缩机吸入的是湿蒸汽，在压缩过程中必然产生湿压缩，而湿压缩会引起液击现象，使压缩机遭到破坏。所以在实际蒸汽压缩式制冷循环中采用干压缩，即进入压缩机的制冷剂为干饱和蒸汽或过热蒸汽。

(2)膨胀机不经济。这是因为进入膨胀机的是液态制冷剂，一则它的体积变化不大，再则其机件特别小，摩擦阻力大，以致使所能获得的膨胀功常常不足以克服机器本身的摩擦阻力。所以在实际蒸汽压缩式制冷循环中采用膨胀阀代替膨胀机。

(3)无温差传热实际上是不可能的。这是因为冷凝器和蒸发器不可能有无限大的传热面积。所以在实际蒸汽压缩式制冷循环的传热过程中是有温差的，即蒸发温度低于被冷却介质的温度，冷凝温度高于冷却介质的温度。

综上可知，逆卡诺循环是理想的制冷循环，其制冷系数最大，虽然逆卡诺循环在实际工程中无法实现，但是通过对该循环进行分析所得出的结论对实际制冷循环具有重要的指导意义，对提高制冷装置的经济性指出了重要的方向。

第二节　蒸汽压缩式制冷的理论循环

一、理论循环

蒸汽压缩式制冷的理论循环由两个定压过程组成，一个是绝热过程；另一个是绝热节流过程。理论循环与逆卡诺循环相比较，有以下特点：

(1)用膨胀阀代替膨胀机。

(2)用干压缩代替湿压缩。

(3)传热过程为等压过程，且传热过程有温差。

蒸汽压缩式制冷的理论循环由压缩机、冷凝器、膨胀阀和蒸发器组成，如图 1-2 所示。其工作过程为：高压液态制冷剂通过膨胀阀降压降温后进入蒸发器，在蒸发压力下吸收被冷却介质的热量 q_0 而汽化，成为低压低温的蒸汽，随即被压缩机吸入，经压缩提高压力和温度后送入冷凝器，在冷凝的压力下将热量 q_k 释放给冷却介质，由高压过热蒸汽冷凝成液体，这样便完成了一个制冷循环。

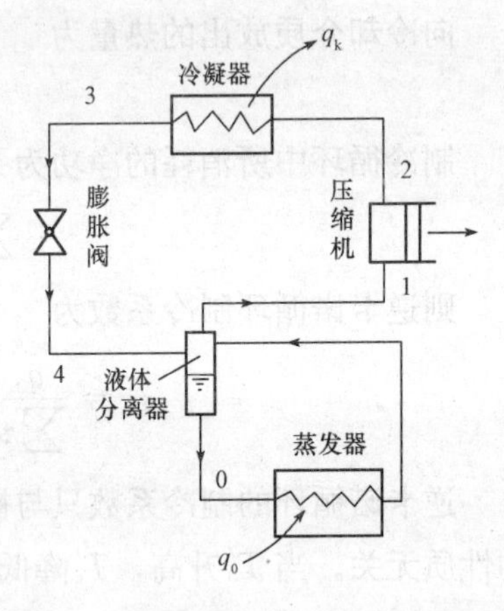

图 1-2　蒸汽压缩式制冷的理论循环

二、蒸汽压缩式制冷循环在压焓图上的表示

1. 压焓图

在进行制冷循环的分析与计算时，常采用压焓图，如图 1-3 所示。

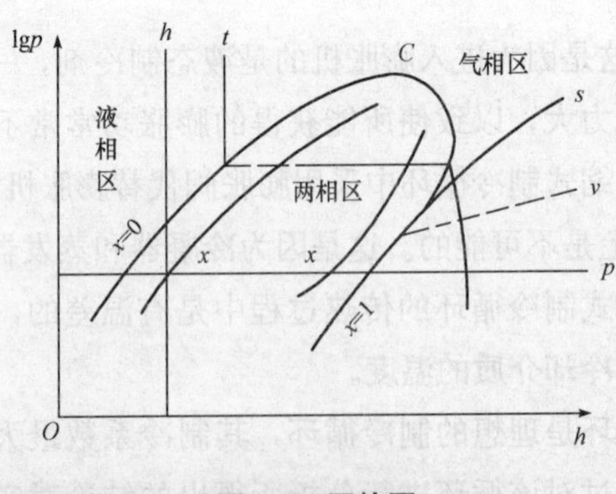

图 1-3　压焓图

压焓图以绝对压力为纵坐标，为提高低压区域的精度，采用对数坐标 lg$p$，以比焓 h 为横坐标。图中所反映的内容有：

一点：临界点 C(有时也用 K 表示)。

两线：临界点 C 左边的粗实线为饱和液体线，其干度 $x=0$；右边的粗实线为饱和蒸汽线，其干度 $x=1$。

三区：液相区、两相区、气相区。

五状态：过冷液体状态、饱和液体状态、湿蒸汽状态、饱和蒸汽状态、过热蒸汽状态。

六种等参数线簇：等压线——水平线；等焓线——垂直线；等温线——在液相区几乎为垂直线，在两相区为水平线，在气相区为向右下方弯曲的倾斜曲线；等熵线——向右上方倾斜的实线；等容线——向右上方倾斜的点画线，其斜率比等熵线平坦；等干度线——只存在与两相区内，其方向视干度大小而定。

在以上六个参数中，只要知道其中任意两个参数，就可以在 $\lg p$—h 图上确定制冷工质的状态点，从而可以在图上直接读出其他未知的状态参数。对于饱和液体和饱和蒸汽，只要知道一个状态参数，就可以在图上确定其位置。本书附录中给出了一些常用制冷剂的热力性质表和压焓图。

2. 蒸汽压缩式制冷理论循环在压焓图上的表示方法

图 1-4 所示为蒸汽压缩式制冷理论循环的压焓图。

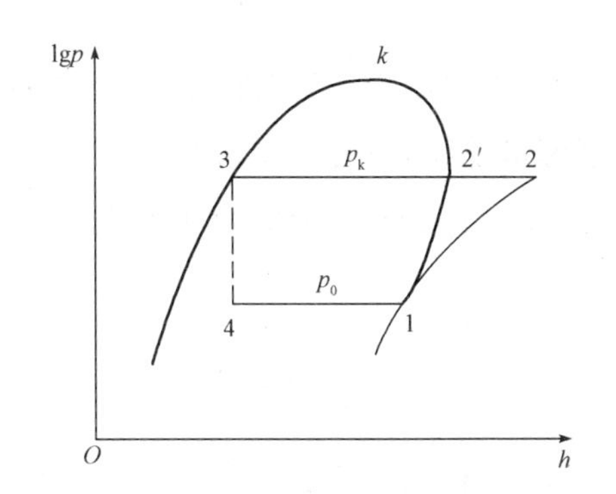

图 1-4　蒸汽压缩式制冷理论循环的压焓图

点 1：制冷剂离开蒸发器(进入压缩机)的状态。由压力为 p_0 的等压线与饱和蒸汽线的交点来确定。

点 2：制冷剂离开压缩机(进入冷凝器)的状态。由通过 1 点的等熵线与压力为 p_k 的等压线的交点来确定。

点 3：制冷剂离开冷凝器(进入膨胀阀)的状态。由压力为 p_k 的等压线与饱和液体线的交点来确定。

点 4：制冷剂离开膨胀阀(进入蒸发器)的状态。由通过 3 点的等焓线与压力为 p_0 的等压线的交点来确定。

过程 1→2：制冷剂在压缩机中的绝热压缩过程。该过程要消耗功量。

过程 2→3：制冷剂在冷凝器中的定压冷凝过程。该过程要向冷却介质放出热量。

过程 3→4：制冷剂在膨胀阀中的绝热节流过程。因为该过程不可逆，所以在图上用一条虚线表示。

过程 4→1：制冷剂在蒸发器中的定压汽化过程。该过程要从被冷却介质吸收热量。

第三节　单级蒸汽压缩式制冷理论循环的热力计算

热力计算的目的就是要算出理论循环的性能指标，为实际循环计算和选择制冷设备提供原始数据。

1. 单位质量制冷量 q_0 和单位容积制冷量 q_v

单位质量制冷量 q_0 是指在一次循环中，1 kg 制冷剂在蒸发器中从被冷却介质所吸收的热量，即 1 kg 制冷剂在蒸发器中完成一次循环所制取的冷量，又可称为单位制冷量。即

$$q_0=h_1-h_4(\text{kJ/kg}) \tag{1-2}$$

单位容积制冷量 q_v 是指在吸气状态下，压缩机每吸进 1 m^3 的制冷剂蒸汽所制取的冷量。即

$$q_v=\frac{q_0}{v_1}=\frac{h_1-h_4}{v_1}(\text{kJ/m}^3) \tag{1-3}$$

式中　v_1——吸气状态下，压缩机吸进制冷剂蒸汽的比容(m^3/kg)。

2. 制冷装置中制冷剂的质量流量 M_R 和体积流量 V_R

制冷装置中制冷剂的质量流量 M_R 即单位时间内压缩机吸入制冷剂蒸汽的流量，其表达式如下：

$$M_R=\frac{\varphi_0}{q_0}(\text{kg/s}) \tag{1-4}$$

$$V_R=M_R v_1=\frac{\varphi_0}{q_0}v_1=\frac{\varphi_0}{q_v}(\text{m}^3\text{/s}) \tag{1-5}$$

3. 冷凝器的热负荷 φ_k

单位冷凝热负荷为

$$q_k=h_2-h_3(\text{kJ/kg}) \tag{1-6}$$

$$\varphi_k=M_R q_k=M_R(h_2-h_3)(\text{kW}) \tag{1-7}$$

4. 压缩机的理论功率 P_{th}

单位理论耗功为

$$w_0=h_2-h_1(\text{kJ/kg}) \tag{1-8}$$

$$P_{th}=M_R w_0=M_R(h_2-h_1)(\text{kW}) \tag{1-9}$$

5. 理论制冷系数 ε_{th}

$$\varepsilon_{th}=\frac{q_0}{w_0}=\frac{\varphi_0}{P_{th}}=\frac{h_1-h_4}{h_2-h_1} \tag{1-10}$$

【例 1-1】 某空调房间需制冷量 3 kW，假定为蒸汽压缩式制冷理论循环，制冷剂为

R134a，蒸发温度 $t_0=5$ ℃，冷凝温度 $t_k=40$ ℃。试对该循环进行热力计算。

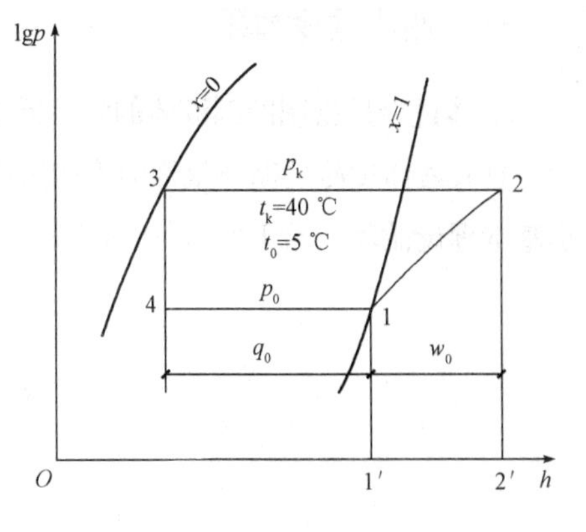

图 1-5　制冷剂理论循环图

【解】 要进行制冷循环的热力计算，首先需要知道制冷剂在各特定状态下的热力状态参数。根据工作条件，可在制冷剂 R134a 的 lg$p$—h 图上确定出理论循环，如图 1-5 所示。并根据 R134a 的热力性质表和压焓图查取相应的热力状态参数如下：

$$h_1=400.90(\text{kJ/kg})$$

$$v_1=57.47\times10^{-3}(\text{m}^3/\text{kg})$$

$$h_3=h_4=256.44(\text{kJ/kg})$$

$$h_2=425.1(\text{kJ/kg})$$

(1)单位质量制冷量 q_0 和单位容积制冷量 q_v：

$$q_0=h_1-h_4=400.90-256.44=144.46(\text{kJ/kg})$$

$$q_v=\frac{q_0}{v_1}=\frac{144.46}{57.47\times10^{-3}}=2\ 513.66(\text{kJ/m}^3)$$

(2)制冷剂的质量流量 M_R 和体积流量 V_R：

$$M_R=\frac{\varphi_0}{q_0}=\frac{3}{144.46}=0.021(\text{kg/s})$$

$$V_R=M_R v_1=0.021\times57.47\times10^{-3}=1.21\times10^{-3}(\text{m}^3/\text{s})$$

(3)冷凝器的热负荷 φ_k：

$$\varphi_k=M_R(h_2-h_3)=0.021\times(425.1-256.44)=3.54(\text{kW})$$

(4)压缩机的理论功率 P_{th}：

$$P_{th}=M_R(h_2-h_1)=0.021\times(425.1-400.90)=0.51(\text{kW})$$

(5)理论制冷系数 ε_{th}：

$$\varepsilon_{th}=\frac{\varphi_0}{P_{th}}=\frac{h_1-h_4}{h_2-h_1}=\frac{400.90-256.44}{425.1-400.90}=5.97$$

第四节　液体过冷、蒸汽过热及回热循环

在蒸汽压缩式制冷的理论循环中，压缩机吸入的是蒸发压力下的饱和蒸汽，进入节流机构的是冷凝压力下的饱和液体，而没有注意到蒸汽过热或液体过冷的影响。在实际应用中，往往会根据实际情况采用液体过冷、蒸汽过热或回热循环，这些都会使循环的特性发生变化，下面将逐一说明。

为了简化分析，在分析、讨论某一影响因素时，假定其他方面仍按理论循环的假设条件进行，不发生变化。

一、液体过冷循环

液体过冷是指制冷剂液体的温度低于冷凝温度的状态。两者温度之差称为过冷度，用 Δt_{gl} 表示。具有液体过冷的循环就称为液体过冷循环。图 1-6 为液体过冷循环的压焓图。图中 1-2-3-4-1 是基本理论循环，而 1-2-3-3′-4′-4-1 是有过冷的循环，其中 3-3′为制冷剂液体的过冷过程。

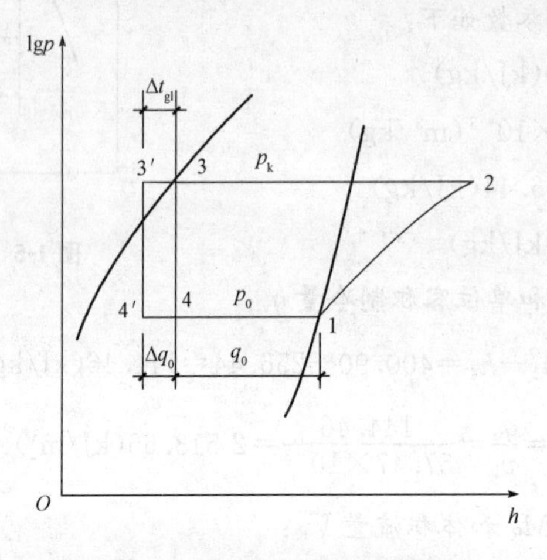

图 1-6　液体过冷循环的压焓图

由图 1-6 可以看出，液体过冷循环的单位制冷量为

$$q_0'=h_1-h_{4'}=(h_1-h_4)+(h_4-h_{4'})=q_0+\Delta q_0$$

即制冷量与理论循环相比有所增加，增加量为

$$\Delta q_0=h_4-h_{4'}=h_3-h_{3'}$$

上式说明，在液体过冷循环中，增加的制冷量等于制冷剂因过冷而放出的热量。并且过冷度 Δt_{gl} 越大，单位制冷量也越大。

因为在液体过冷循环中，压缩机的耗功并未改变，所以液体过冷循环的制冷系数为

$$\varepsilon_0'=\frac{q_0'}{w_0'}=\frac{q_0+\Delta q_0}{w_0}=\varepsilon_{th}+\Delta\varepsilon$$

由分析可知，液体过冷提高了制冷系数，对制冷循环是有利的，且过冷度越大越有益。同时，从图 1-6 可以看出，液体过冷循环的节流点 4′比理论循环的节流点 4 更靠近饱和液体线，即干度减小、闪发性气体减少，可保证节流机构工作稳定，这对制冷循环也是有利的。

在实际制冷装置中，可以通过适当增大冷凝面积、在制冷系统中设置过冷器(也称再冷器)或回热器等方法来实现液体过冷。但采用液体过冷，要增设过冷设备，还需消耗冷却水，这无疑会增加制冷设备的初投资及运行成本。因此，是否采用液体过冷还需进行全面的经济技术分析与比较。

二、蒸汽过热循环

蒸汽过热是指制冷剂蒸汽的温度高于蒸发温度的状态。两者温度之差称为过热度，用

Δt_{gr}表示。具有蒸汽过热的循环就称为蒸汽过热循环。图 1-7 为蒸汽过热循环的压焓图。图中 1-2-3-4-1 为基本理论循环，而 1-1′-2′-2-3-4-1 为有过热的循环。其中，1-1′为制冷剂蒸汽的过热过程，1′-2′为压缩机中的压缩过程，2′-2-3 为冷凝器中的冷却、冷凝过程。

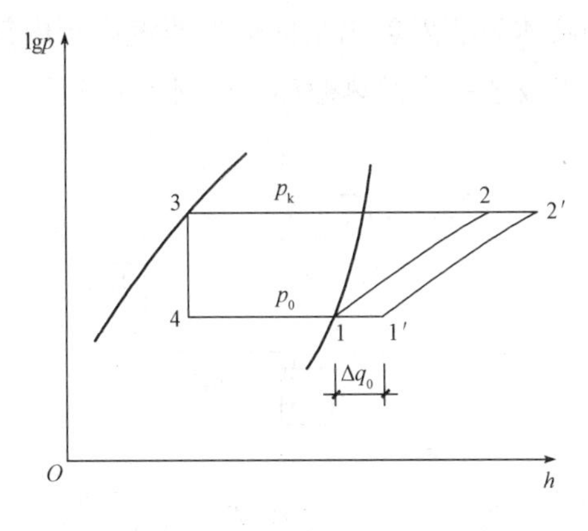

图 1-7　蒸汽过热循环的压焓图

蒸汽过热分为有效过热和有害过热两种情况。如果过热吸收的热量来自于被冷却的介质，产生了有用的制冷量，这种过热称为有效过热；否则，称之为有害过热。制冷循环中制冷剂蒸汽在蒸发器内过热属于有效过热；但制冷剂蒸汽在蒸发器与压缩机的连接管道中吸收周围环境的热量而过热属于有害过热。

根据图 1-7 分析过热对制冷循环的影响。表 1-1 中列出了过热循环与基本理论循环相比较发生的变化。

表 1-1　蒸汽过热循环与基本理论循环的比较

比较项目	理论基本循环	有效过热循环	有害过热循环
单位制冷量 q_0	h_1-h_4	$h_{1'}-h_4=q_0+\Delta q_0$	h_1-h_4
单位耗功 w_0	h_2-h_1	$h_{2'}-h_{1'}=w_0+\Delta w_0$	$h_{2'}-h_{1'}=w_0+\Delta w_0$
制冷系数 ε_0	$\frac{q_0}{w_0}$	$\frac{q_0+\Delta q_0}{w_0+\Delta w_0}$	$\frac{q_0}{w_0+\Delta w_0}=\varepsilon_0-\Delta\varepsilon_0$

以上分析表明，有害过热使制冷循环的制冷系数下降，对制冷循环是不利的。因此，压缩机前的低温吸气管需包裹绝热材料，以尽可能地减小有害过热。

有效过热是否对制冷循环有益，需要看制冷剂的种类和性质。研究表明，蒸汽有效过热对制冷剂 R134a、R290、R502 是有益的，可使制冷系数增加；而对制冷剂 R22、R717 则无益，会使制冷系数降低。

在实际运行中，压缩机吸入的制冷剂蒸汽应有一定过热度；否则很可能发生湿压缩，给压缩机的运行带来危害。

三、回热循环

参照液体过冷和蒸汽过热在制冷循环中所起的作用，在系统中增设一个气-液热交换器，即回热器，使节流前的液体与蒸发器出来的低温蒸汽进行内部的热交换，同时实现液体过冷和蒸汽过热，这样就形成了一个回热循环，如图 1-8 所示。

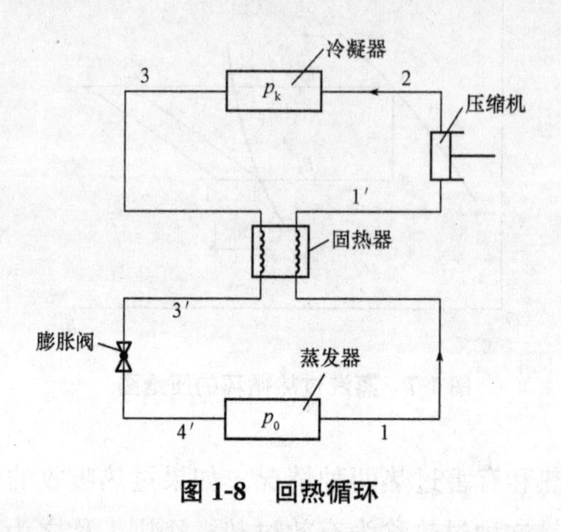

图 1-8　回热循环

图 1-9 所示为回热循环的压焓图。图中 1-2-3-4-1 为理论循环，1-1′-2′-2-3-3′-4′-4-1 表示回热循环。其中，1-1′为制冷剂蒸汽的过热过程，3-3′为制冷剂液体的过冷过程。若不计回热器中的热量损失，对回热器有如下的热量平衡关系：

$$h_3-h_{3'}=h_{1'}-h_1$$

由图 1-9 可知，回热循环的单位制冷量为

$$q_0'=h_1-h_{4'}=q_0+\Delta q_0$$

回热循环的单位耗功为

$$w_0'=h_2-h_{1'}=w_0+\Delta w_0$$

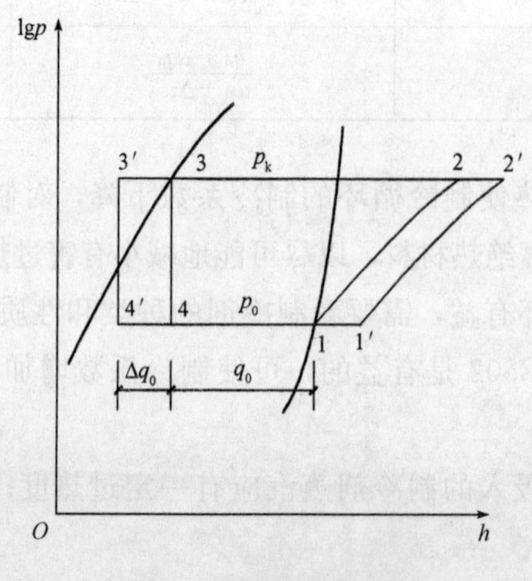

图 1-9　回热循环的压焓图

因此，采用回热循环后，制冷循环的制冷系数可能增大，也有可能减小。回热循环对实际制冷循环的影响，也随制冷剂的不同而不同。经研究表明，对于制冷剂 R502，采用回热循环后，制冷系数有所提高；而对于氨反而有所下降；对于制冷剂 R22 则变化不大。

第五节　蒸汽压缩式制冷的实际循环

一、实际循环与理论循环的区别

前面分析讨论了单级蒸汽压缩式制冷理论循环，在讨论中已经知道制冷理论循环是由两个定压过程组成，一个是绝热压缩过程，另一个绝热节流过程。但是，实际制冷循环与理论制冷循环存在许多差别，其主要差别归纳如下：

(1)制冷剂在压缩机中的压缩过程不是等熵过程(即不是绝热过程)。

(2)制冷剂通过压缩机吸、排气阀时有流动阻力及热量交换。

(3)制冷剂通过管道和设备时，制冷剂与管壁或器壁之间存在摩擦阻力及与外界的热交换。

(4)冷凝器和蒸发器内存在着流动阻力，导致了高压气体在冷凝器的冷却冷凝和低温液体在蒸发器中的汽化都不是定压过程，同时与外界也有热量交换。

由上述可知，造成实际循环与理论循环有差别的主要因素是：①流动阻力(即摩擦阻力和局部阻力)；②系统中的制冷剂与外界无组织的热交换。

二、实际循环在压焓图上的表示方法

图 1-10 所示为单级蒸汽压缩式制冷的实际循环在压焓图上的表示。图中 1-2-3-4-1 是理论循环；1′-1″-1⁰-2′-2″-2⁰-3-3′-4′-1′为实际循环。

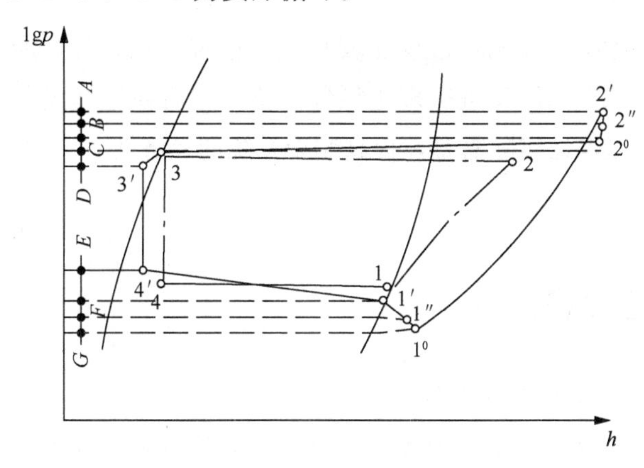

图 1-10　实际循环的压焓图

A—排气阀压降；*B*—排气管压降；*C*—冷凝器压降；*D*—高压液体管压降；

E—蒸发器压降；*F*—吸气管压降；*G*—吸气阀压降

过程线 $1'$-$1''$为低压低温制冷剂通过吸气管道时，由于沿途摩擦阻力和局部阻力以及吸收外界热量，所以制冷剂压力稍有降低，温度有所升高。

过程线 $1''$-1^0 为低压低温制冷剂通过吸气阀时被节流，压力降低。

过程线 1^0-$2'$是气态制冷剂在压缩机中的实际压缩过程。压缩开始阶段，蒸汽温度低于气缸壁温度，蒸汽吸收缸壁的热量而使熵增加，当压缩到一定程度后，蒸汽温度高于气缸壁的温度，蒸汽又向缸壁放出热量而使熵减少，再加之压缩过程中气体内部、气体与缸壁之间的摩擦，因此实际压缩过程是一个多变的过程。

过程线 $2'$-$2''$为制冷剂从压缩机排出，通过排气阀被节流，压力有所降低，其焓值基本不变。

过程线 $2''$-2^0 为高压制冷剂气体从压缩机排出后，通过排气管道至冷凝器，由于沿途有摩擦阻力和局部阻力，以及对外散热，制冷剂的压力和温度均有所降低。

过程线 2^0-3 为高压气体在冷凝器中的冷凝过程，制冷剂被冷凝为液体，由于制冷剂通过冷凝器时有摩擦阻力和涡流，所以冷凝过程不是定压过程。

过程线 3-$3'$中，高压液体从冷凝器出来至膨胀阀前的排气管路上由于有摩擦和局部阻力，其次，高压液体的温度高于环境温度，因此要向周围环境散热，所以压力、温度均有所降低。

过程线 $3'$-$4'$为高压液体在膨胀阀的节流降压、降温后，通过管道进入蒸发器，由于节流后温度降低，尽管管道、膨胀阀采取保温措施，制冷剂还会从外界吸收一些热量而使焓有所增加。

过程线 $4'$-$1'$中，低压低温的制冷剂吸收热量而汽化，由于制冷剂在蒸发器中有流动阻力，所以，蒸发过程也不是定压过程，蒸发器形式的不同，压力有不同程度的降低。

综上所述，由于制冷剂存在着流动阻力以及与外界的热量交换等，实际循环中四个基本热力过程(即压缩、冷凝、节流、蒸发)都是不可逆的。其结果必然导致冷量减少，耗功增加，因此，实际循环的制冷系数小于理论循环的制冷系数。

单级蒸汽压缩式制冷的实际循环过程比较复杂，很难详细计算，所以，在实际计算中均以理论循环作为计算基准，即先进行理论循环计算，然后在选择设备和机房设计时考虑上述因素再进行修正，以保证实际需要，提高制冷系统的经济性。

思考题与习题

1. 实现逆卡诺循环有哪几个重要条件？

2. 试分析逆卡诺循环的制冷系数及表示方法，并说明其制冷系数与哪些因素有关？与哪些因素无关？

3. 蒸汽压缩式制冷采用逆卡诺循环有哪些困难？

4. 理论制冷循环与逆卡诺循环有哪些区别？

5. 理论制冷循环由哪些过程组成？

6. 蒸汽压缩式制冷理论循环为什么要采用干压缩？

7. 什么是过冷度、过热度？

8. 液体过冷在哪些设备中可以实现？

9. 为什么采用液体过冷循环？

10. 什么是有效过热？如何避免有害过热？

11. 过热对哪些制冷剂不利，对哪些制冷剂有利？

12. 制冷循环热力计算应包括哪些内容？

13. 实际循环与理论循环有什么区别？

14. 有一逆卡诺循环，其被冷却物体的温度恒定为 5 ℃，冷却剂的温度为 40 ℃，求其制冷系数 ε_c。

15. 某 R717 压缩制冷装置，蒸发器出口温度为−20 ℃的干饱和蒸汽，被压缩机吸入经绝热压缩后，进入冷凝器，冷凝温度为 30 ℃，冷凝器出口温度为 25 ℃的氨液，试将该制冷装置与没有过冷时的单位质量制冷量，单位耗功量和制冷系数加以比较。

16. 某厂设有氨压缩制冷装置，已知蒸发温度 $t_0=-10$ ℃，冷凝温度 $t_k=40$ ℃，系统制冷量 $\varphi_0=174.45$ kW，试对该理论循环作热力计算。

17. 某空调系统需要制冷量为 35 kW，采用 R22 制冷剂，回热循环，其工作条件是：蒸发温度 $t_0=0$ ℃，冷凝温度 $t_k=40$ ℃，吸气温度 $t_1=15$ ℃，试对该制冷循环做热力计算。

第二章　制冷剂与载冷剂

第一节　制冷剂

制冷剂是在制冷装置中完成制冷循环的工作物质，又称制冷工质。制冷装置借助于制冷剂的状态变化来达到制冷的目的。

一、对制冷剂的要求

并不是任何液体都可以用作制冷剂，制冷剂需具备以下基本要求。

1. 热工学方面的要求

(1)蒸发压力和冷凝压力要适中。蒸发压力最好稍高于大气压力，因为当蒸发压力低于大气压力时，外部的空气就有可能从不严密处进入制冷系统。这不仅影响蒸发器和冷凝器的传热效果，还会增加压缩机的耗功率。冷凝压力不要过高，这样，可以降低制冷设备的承压要求和密封要求，也可降低制冷剂渗漏的可能性。

(2)单位容积的制冷量要大。当制冷量一定时，制冷剂的单位容积制冷量越大，需要的制冷剂的容积流量就越小，就可以缩小压缩机的尺寸。

(3)临界温度要高。制冷剂的临界温度越高，制冷循环的工作区域越远离临界点，制冷循环越接近逆卡诺循环，制冷系数越高，同时，也便于用一般的冷却水或空气进行冷凝。

(4)凝固温度要低。制冷剂的凝固温度低一些，便于获得较低的蒸发温度。

(5)绝热指数要小。绝热指数越小，压缩机的排气温度越低，不但有利于提高压缩机的容积效率，而且对压缩机的润滑也有好处。

2. 物理化学方面的要求

(1)放热系数要大。制冷剂的放热系数大，就可以提高蒸发器和冷凝器的传热系数，减小其传热面积。

(2)黏度和密度要小。制冷剂的黏度和密度小，制冷剂在管道中的流动阻力就小，可以降低压缩机的耗功率或缩小管道的尺寸。

(3)化学稳定性要好。制冷剂在高温下应不分解、不燃烧、不爆炸。

(4)对金属和其他材料应无腐蚀和侵蚀作用。

(5)具有一定的吸水性。当制冷系统中渗进极少的水分时，不至于在低温下形成冰塞而影响制冷系统的正常运行。

3. 其他方面的要求

(1)对人的身体和健康无危害，不具有毒性、窒息性和刺激性。

(2)易于获得，价格便宜。

(3)温室效应小，不破坏大气臭氧层。

要选择十全十美的制冷剂实际上是不可能的，目前所采用的制冷剂或多或少都存在一些缺点，实际使用中只能根据用途和工作条件，保证其主要要求，而不足之处可采取一定的措施加以弥补。

二、制冷剂的种类

常用的制冷剂按其化学组成可分为四类，即无机化合物、氟利昂、碳氢化合物、混合制冷剂。

1. 无机化合物

无机化合物类的制冷剂有氨、水、二氧化碳等。为了书写方便，国际上规定用R×××作为制冷剂的代号。无机化合物类制冷剂的代号为R7××，其中7表示无机化合物，其余两个数字是该物质分子量的整数。例如氨的代号是R717，水的代号为R718。

2. 氟利昂

氟利昂是饱和碳氢化合物中卤族衍生物的总称，目前用作制冷剂的主要是甲烷和乙烷的卤族衍生物。

饱和碳氢化合物的化学分子式为C_mH_{2m+2}，氟利昂的化学分子式为$C_mH_nF_xCl_yBr_z$，其原子数之间存在以下关系：

$$2m+2=n+x+y+z$$

氟利昂类制冷剂的代号为$R(m-1)(n+1)xBz$。R后面第一位数字为$m-1$，即氟利昂分子式中碳原子数减去1，该值为零时则省略不写；R后面第二位数字为$n+1$，即氟利昂分子式中氢原子数加上1；R后面第三位数字为x，即氟利昂分子式中氟原子数；R后面第四位数字为z，即氟利昂分子式中氟原子数，如果溴原子数z为零时，与字母B一起省略。

例如，二氟一氯甲烷的化学分子式为$CHClF_2$，因为碳原子数$m=1$，$m-1=0$；氢原子数$n=1$，$n+1=2$；氟原子数$x=2$；溴原子数$z=0$，所以其代号为R22，称为氟利昂22。又如，一溴三氯甲烷的化学分子式为CF_3Br，因为碳原子数$m=1$，$m-1=0$；氢原子数$n=0$,$n+1=1$；氟原子数$x=3$；溴原子数$z=1$，所以其代号为R13B1，称为氟利昂13B1。

3. 碳氢化合物

碳氢化合物类制冷剂有甲烷、乙烷、乙烯、丙烯等。从经济观点看碳氢化合物是比较好的制冷剂，其价格低廉、易于获得、凝固点低，但其安全性差，易燃烧和爆炸。所以它只用于石油化学工业。

4. 混合制冷剂

混合制冷剂是由两种或两种以上的氟利昂按一定比例组成的混合物。混合制冷剂又分为共沸溶液和非共沸溶液两类。

(1)共沸溶液是指在固定压力下蒸发或冷凝时，蒸发温度或冷凝温度恒定不变，且气相和液相具有相同组分的溶液。此类制冷剂的代号从 R500 起，按照使用的先后顺序编号。

(2)非共沸溶液是指在固定压力下蒸发或冷凝时，蒸发温度或冷凝温度不恒定，且气相和液相的组分也不相同的溶液。此类制冷剂的代号从 R400 起，按照使用的先后顺序编号。如果构成非共沸溶液的物质种类相同，但成分不同，则在代号末尾加一个大写英文字母以示区分。

表 2-1、表 2-2 分别列出了部分共沸溶液和非共沸溶液的代号及其组成。

表 2-1　共沸溶液的代号及其组成

代号	组分	组分的质量分数/%	代号	组分	组分的质量分数/%
R500	R12/R152a	73.8/26.2	R505	R12/R31	78/22
R501	R22/R12	75/25	R506	R31/R114	55.1/44.9
R502	R115/R22	51.2/48.8	R507	R125/R134a	50/50
R503	R23/R13	40.1/59.9		RC318/R124	40/60
R504	R115/R32	51.8/48.2			

表 2-2　非共沸溶液的代号及其组成

代号	组分	代号	组分
R401	R22/R152a/R124	R407	R32/R125/R134a
R402	R125/R290/R22	R408	R125/R143a/R22
R403	R290/R22/R218	R409	R22/R124/R142b
R404	R125/R134a/R143a	R410	R32/R125
R405	R22/R152a/R142b/RC318	R411	R1270/R22/R152a
R406	R22/R600a/R142b	—	R134a/R600a

三、CFC 的限用与替代物的选择

1. CFC(氯氟烃)的概念

目前所用的制冷剂都是按国际规定的统一编号书写的，如 R11、R12 等。为了区别各类氟利昂对臭氧层的破坏作用，美国杜邦公司建议采用新的制冷剂代号。把不含氢的氟利昂写成 CFC，读作氯氟烃，如 R12 改写成 CFC12；把含氢的氟利昂写成 HCFC，读作氢氯氟烃，如 R22 改写为 HCFC22；把不含氯的氟利昂写成 HFC，读作氢氟烃，如 R134a 改写为 HFC134a。

2. CFC 对臭氧层的破坏与 CFC 的限用

CFC 化学性质稳定，在大气中的寿命可长达几十年甚至上百年。当这类物质上升到臭氧层后，在强烈的紫外线照射下发生分解。分解时释放的氯原子对臭氧分子有亲和作用，可与臭氧分子作用生成氧化氯分子和氧分子。氧化氯很不稳定，又能与大气中游离的氧原子作用，重新生成氯原子和氧分子，这样循环反应产生的氯原子就会不断地破坏臭氧层。

臭氧层遭到破坏，导致地球表面紫外线增强，造成人类皮肤癌发病率增加、农作物及渔业减产等不利影响。同时，CFC 还会加剧温室效应。为了保护臭氧层，必须控制 CFC 的使用。1987 年，联合国在加拿大的蒙特利尔举行了“大气臭氧层保护会议”，会上三十多个国家签订了一项“限制破坏臭氧层物质蒙特利尔议定书”，五种氟利昂(CFC11、CFC12、CFC113、CFC114、CFC115)被限制生产和使用。自 1990 年至 1992 年又召开了三次“蒙特利尔议定书”缔约国会议。通过的修正案在不断扩大控制物质的范围和缩短限制年限。最后规定 CFC 到 1996 年停用，HCFC 到 2030 年停用。

3. CFC 替代物的要求

CFC 替代物选择的基本要求如下：

(1)对环境安全。替代制冷剂的消耗臭氧潜能值(ODP)和全球变暖潜能(GWP)值越小越好。

(2)具有良好的热力性能。要求制冷剂的压力适中、制冷效率高，并与润滑油有着良好的亲和性。

(3)具有可行性。除易于大规模工业生产、价格可被接受外，其毒性必须符合职业卫生要求，对人体无不良影响。

4. CFC 替代物的选择

专家们认为，长远的办法是采用 HFC 物质作为制冷剂，因为 HFC 不含氯，对臭氧层无破坏作用。如选用近期替代物的话，必须是 ODP 值小的 HCFC 制冷剂。

四、常用制冷剂的性质

目前，常用的制冷剂有水、氨和氟利昂等，其性质见表 2-3。

表 2-3 常用制冷剂的性质

制冷剂代号	分子式	分子量 M	标准沸点/℃	凝固温度/℃	临界温度/℃	临界压力/MPa	临界比容/($m^3 \cdot kg^{-1}$)	绝热指数/(20 ℃，101.325 kPa)	毒性级别
R718	H_2O	18.02	100.0	0.0	374.12	22.12	3.0	1.33(0 ℃)	无
R717	NH_3	17.03	−33.35	−77.7	132.4	11.52	4.13	1.32	2
R11	$CFCl_3$	137.39	23.7	−111.0	198.0	4.37	1.805	1.135	5
R12	CF_2Cl_2	120.92	−29.8	−155.0	112.04	4.12	1.793	1.138	6

续表

制冷剂代号	分子式	分子量 M	标准沸点/℃	凝固温度/℃	临界温度/℃	临界压力/MPa	临界比容 /($m^3 \cdot kg^{-1}$)	绝热指数/(20 ℃，101.325 kPa)	毒性级别
R13	CF_3Cl	104.47	−81.5	−180.0	28.78	3.86	1.721	1.15(10 ℃)	6
R22	CHF_2Cl	86.48	−40.84	−160.0	96.13	4.986	1.905	1.194(10 ℃)	5a
R113	$C_2F_3Cl_3$	187.39	47.68	−36.6	214.1	3.415	1.735	1.08(60 ℃)	4～5
R114	$C_2F_4Cl_2$	170.91	3.5	−94.0	145.8	3.275	1.715	1.092(10 ℃)	6
R134a	$C_2F_2F_4$	102.0	−26.25	−101.0	101.1	4.06	1.942	1.11	6
R500	$CF_2Cl_2/C_2H_4F_2$ 73.8/26.2	99.30	−33.3	−158.9	105.5	4.30	2.008	1.127(30 ℃)	5a
R502	CF_2Cl_2/C_2H_4Cl 48.8/51.2	111.64	−45.6	—	90.0	42.66	1.788	1.133(30 ℃)	5a

1. 水(R718)

水作为制冷剂，常用于蒸汽喷射式制冷系统和溴化锂吸收式制冷系统中。其优点是无毒、无味，不燃烧、不爆炸，汽化潜热大，且极易获得；其缺点是单位容积制冷量小，且凝固点高，不能制取较低的温度，只适用于蒸发温度在 0 ℃以上的情况。

2. 氨(R717)

氨是目前应用最为广泛的一种制冷剂，主要用于制冰和冷藏制冷。氨作为制冷剂，其优点是单位容积制冷量大，蒸发压力和冷凝压力适中，导热系数大，汽化潜热大，黏度小，对钢铁不产生腐蚀作用，易于获得，价格低廉；其主要缺点是有强烈的刺激性臭味，毒性大，对人体有害，当空气中氨的体积分数达到 0.5%～0.6%时，人在其中停留半小时就会发生中毒现象。氨易燃、易爆，当空气中氨的体积分数达到 11%～14%时即可点燃，体积分数达到 16%～25%时遇明火就会引起爆炸。

3. 氟利昂

(1)氟利昂 22(R22)。氟利昂 22 是我国广泛使用的一种制冷剂，其是目前主要的 CFC 替代制冷剂之一。它的热力性质与氨很接近，是一种良好的制冷剂。其优点是无色、无臭，不燃、不爆，毒性较小；其缺点是单位容积制冷量小，导热系数小，泄漏不易被发现，价格较高。

(2)氟利昂 134a(R134a)。氟利昂 134a 是一种新开发的制冷剂，属于 HFC 类的制冷剂，对大气臭氧层无破坏作用。目前 R134a 已取代 R12 作为汽车空调中的制冷剂。它的热力性质与 R12 非常接近，对电绝缘材料的腐蚀程度比 R12 还稳定，毒性级别与 R12 相同，但 R134a 难溶于油。

4. 混合制冷剂

(1)R502。R502是由质量分数分别为48.8%的R22和51.2%的R115组成，属于共沸混合物。其优点是毒性小，无燃烧和爆炸的危险，对金属材料无腐蚀作用，对橡胶和塑料的腐蚀性也小。与R22相比，在相同的工况下，R502的排气温度较低，压缩机的容积效率较高；其主要缺点是价格较高。

(2)R410A。R410A是由质量分数分别为50%的R32和50%的R125组成，属于非共沸混合物。与R22相比，系统压力为其1.5～1.6倍，制冷量大40%～50%。R410A具有良好的传热特性和流动特性，制冷效率高，目前为房间空调器、多联式空调等小型空调机组的替代制冷剂。

制冷剂种类很多，由于性质各异，故适用于不同的制冷系统。表2-4为常用制冷剂的使用范围。

表2-4　常用制冷剂的使用范围

制冷剂	温度范围	压缩机类型	用　　途
R717	中、低温	活塞式、离心式	冷藏、制冰
R11	高温	离心式	空气调节
R12	高、中、低温	活塞式、回转式、离心式	空气调节、冷藏
R13	超低温	活塞式、回转式	超低温装置
R22	高、中、低温	活塞式、回转式	空调、冷藏和低温
R113	高温	离心式	空气调节
R114	高温	活塞式	特殊空气调节
R500	高、中温	活塞式、回转式、离心式	空气调节、冷藏
R502	高、低温	活塞式、回转式	冷藏和低温

注：普通制冷领域中，高温为0 ℃～10 ℃，中温为－20 ℃～0 ℃，低温为－60 ℃～－20 ℃，超低温为－120 ℃～－60 ℃。

第二节　载冷剂

载冷剂是在间接制冷系统中用以传递冷量的中间介质，又称冷媒。

一、对载冷剂的基本要求

优良的载冷剂应满足下列基本要求：

(1)沸点高，凝固点低，而且都应远离工作温度。

(2)比热容大。载冷剂的比热容大，传递一定制冷量所需的载冷剂循环量就小，管路的管径和泵的尺寸都小，节省泵的耗功率。

(3)密度和黏度小。密度和黏度小，载冷剂在管道中的流动阻力就小，可以降低压缩机的耗功率或缩小管道的尺寸。

(4)热导率高。载冷剂的热导率高，换热设备的传热性能就好，可以减小换热设备的传热面积。

(5)化学稳定性好。不燃烧、不爆炸。

(6)对金属应无腐蚀作用。

(7)无毒，对人体应无毒害作用。

(8)易于购买，价格便宜。

二、常用载冷剂

1. 水

水是一种理想的载冷剂。它具有比热容大、密度小、对设备和管道的腐蚀性小、无毒、不燃烧、不爆炸、化学稳定性好、来源充沛等优点。因此，在空调制冷系统中广泛采用水作为载冷剂。但是由于水的凝固点高，所以只能用作工作温度高于 0 ℃的载冷剂。

2. 盐水

盐水可用作工作温度低于 0 ℃的载冷剂。常用作载冷剂的盐水有氯化钠($NaCl$)水溶液和氯化钙($CaCl_2$)水溶液。

盐水的性质取决于其溶液中含盐的浓度，也就是说，盐水的凝固点与溶液中的含盐量多少有关。图 2-1、图 2-2 分别表示了氯化钠水溶液和氯化钙水溶液的凝固点与其浓度的关系。图中有两条曲线，左边是析冰线，右边是析盐线，两曲线的交点称为冰盐合晶点。由析冰线可知，起始析冰温度随着盐水浓度的增加而降低；由析盐线可知，起始析盐温度随着盐水浓度的增加而升高。冰盐共晶点是盐水的最低凝固点。

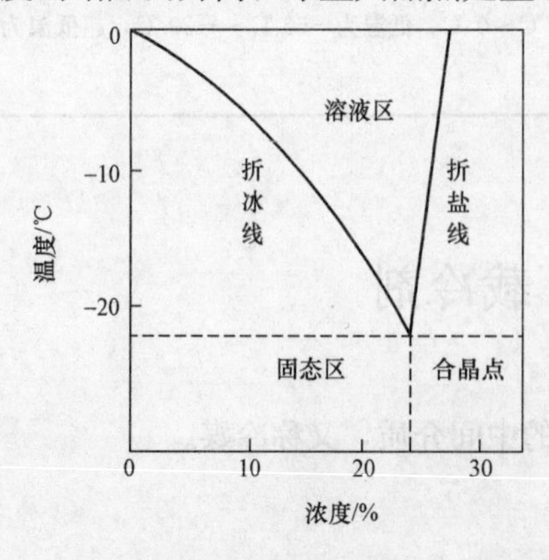

图 2-1　氯化钠水溶液

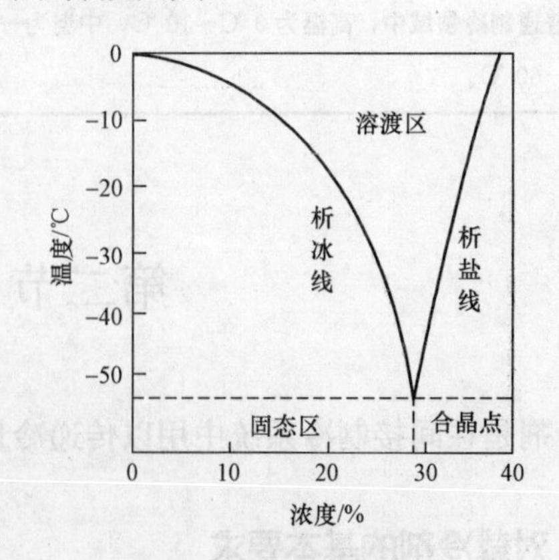

图 2-2　氯化钙水溶液

选用盐水作载冷剂时应注意以下几个问题：

(1)合理选择盐水的浓度。盐水的浓度越大，其密度就会增大，流动阻力随之增大；同时，盐水的浓度越大，其比热容减小，输送一定冷量所需盐水的流量将增加，造成泵消耗的功率增大。因此，配制盐水时，只要使其浓度所对应的凝固点不低于系统中可能出现的最低温度即可，一般使凝固点比制冷剂的蒸发温度低 3 ℃～5 ℃。而且盐水溶液的浓度不应大于冰盐合晶点浓度。

(2)盐水对金属的腐蚀问题。盐水对金属有腐蚀作用，尤其是略带酸性并与空气相接触的盐水。为了降低盐水对金属的腐蚀作用，最好采用闭式盐水系统，以减少与空气的接触；除此之外，还要在盐水中加入一定量的缓蚀剂。

(3)盐水的吸水性。盐水在使用过程中会吸收空气中的水分，使其浓度降低，凝固点升高，特别是在开式盐水系统中。所以必须定期测定盐水的浓度和补充盐量，以保持要求浓度。

3. 有机物载冷剂

常用的有机物载冷剂主要有乙二醇、丙二醇的水溶液。它们都是无色、无味、非电解性溶液，凝固点均在 0 ℃以下。丙二醇是无毒的，可与食品直接接触而不致污染。乙二醇的水溶液略有腐蚀性，略带毒性，但无危害性，价格和黏度较丙二醇低。

思考题与习题

1. 什么是制冷剂？选择制冷剂时应考虑哪些因素？
2. 制冷剂在热力学方面有哪些要求？
3. 为什么要求制冷剂的临界温度要高，而凝固温度要低？
4. 制冷剂按其化学组成可分为哪四类？各类又有哪些？它们的代号如何表示？
5. 试写出下列几种化合物应是哪种制冷剂：

   H_2O；$CHClF_2$；CHF_3；$C_2H_2ClF_2$；$C_2HCl_2F_3$
6. 什么是共沸溶液？
7. 制冷剂能否溶于润滑油？其有什么优缺点？
8. 氨、R12、R22 的性质有哪些不同点？使用时应分别注意哪些事项？
9. 水在 R12 制冷系统中有什么影响？
10. 什么是氯氟烃(CFC)？它对臭氧层的破坏会产生什么危害？
11. 什么是载冷剂？常用的载冷剂有哪些？对载冷剂的选择有哪些要求？
12. 用空气、水、盐水作载冷剂时，各有什么优缺点？
13. 如何选择盐水的浓度？
14. 什么是盐水的“冰盐合晶点”？
15. 选择盐水作载冷剂时要注意哪几个问题？如何解决盐水溶液的腐蚀问题？

第三章　制冷压缩机

制冷压缩机是蒸汽压缩式制冷装置中最主要的设备。其作用如下：

(1)从蒸发器中吸出蒸汽，以保证蒸发器内有一定的蒸发压力。

(2)提高压力，以在较高温度下创造冷凝的条件。

(3)输送制冷剂，使制冷剂完成制冷循环。

制冷压缩机根据其工作原理的不同，可分为容积型和速度型两大类。在容积型制冷压缩机中，气体压力的提高是靠工作腔容积被强制缩小来达到的。容积型制冷压缩机有往复式(活塞式)和回转式两种。在速度型制冷压缩机中，气体压力的提高是由气体的动能转化而来。

图 3-1 所示为制冷压缩机的分类及结构示意图。

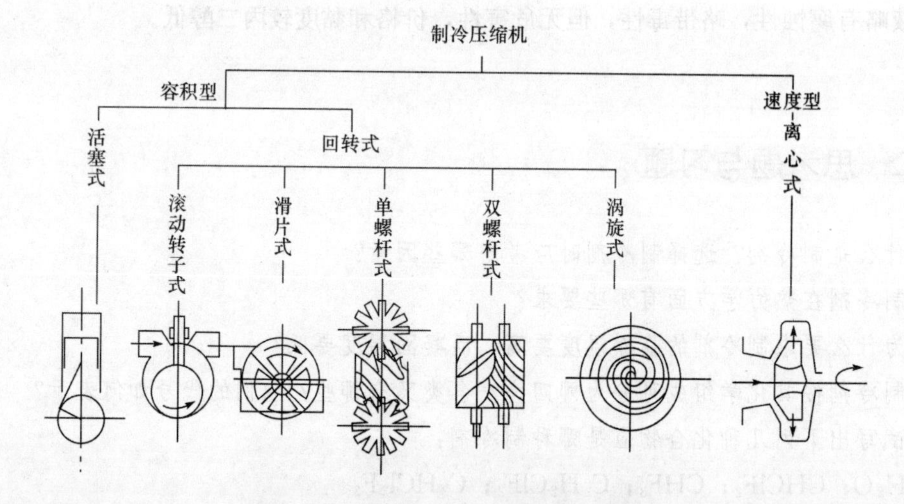

图 3-1　制冷压缩机的分类及结构示意图

各类制冷压缩机的大致应用范围及其制冷量大小见表 3-1。

表 3-1　各类制冷压缩机的应用范围及制冷量大小

用途 压缩机形式	家用冷藏箱、冻结箱	房间空调器	汽车空调设备	住宅用空调器和热泵	商用制冷和空调设备	大型空调设备
活塞式	100 W ←				→ 200 kW	
滚动转子式	100 W ←			→ 10 kW		

续表

用途 压缩机形式	家用冷藏箱、冻结箱	房间空调器	汽车空调设备	住宅用空调器和热泵	商用制冷和空调设备	大型空调设备
涡旋式		5 kW ←	———	———	70 kW →	
螺杆式					150 kW ←	1 400 kW →
离心式						350 kW及以上 →

第一节　活塞式制冷压缩机的分类与构造

活塞式制冷压缩机是利用气缸中活塞的往复运动来压缩气缸中气体的装置。它主要由机体、气缸、活塞、连杆、曲轴和气阀等组成，如图 3-2 所示。气缸是活塞式制冷压缩机的工作腔，活塞靠连杆和曲轴拖动在气缸中做往复运动，曲轴由电动机驱动做旋转运动，曲轴连杆机构将电动机的旋转运动转变为活塞的往复运动，气阀控制气体的吸入与排出。

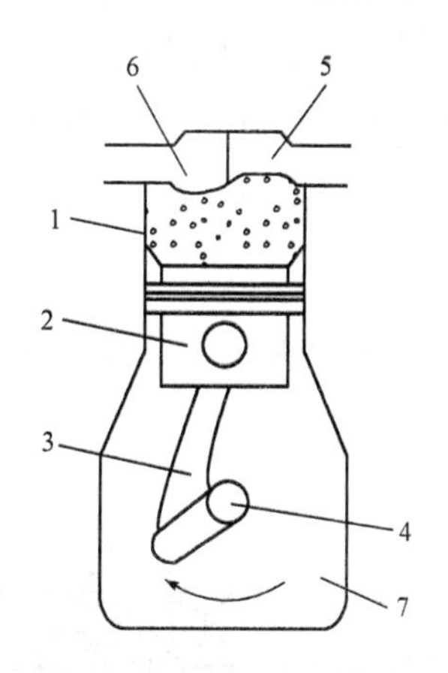

图 3-2　活塞式制冷压缩机结构示意图

1—气缸；2—活塞；3—连杆；4—曲轴；5—排气阀；6—吸气阀；7—曲轴箱

活塞式制冷压缩机曾经是使用最为广泛的一种制冷压缩机，它的规格型号很多，能适应一般制冷的要求，但由于活塞及连杆惯性力大，限制了活塞的运行速度，故排气量一般不能太大。活塞式制冷压缩机一般适用于中、小型制冷。

一、活塞式制冷压缩机的分类

1. 按压缩机的气缸布置方式分类

按气缸布置方式分类，压缩机可分为卧式、直立式和角度式三种，如图 3-3 所示。

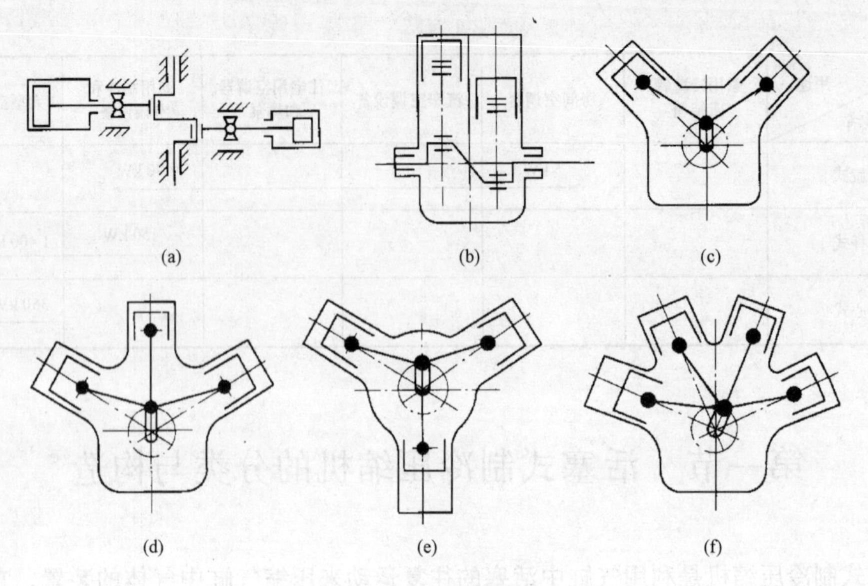

图 3-3　气缸的不同布置形式

(a)卧式；(b)直立式；(c)角度式 V 形；(d)角度式 W 形；(e)角度式 Y 形；(f)角度式 S 形

卧式压缩机的气缸为水平布置，此压缩机的制冷量较大，但转速低，属于早期产品。

直立式压缩机的气缸为垂直布置，气缸一般为两个，现使用较少。

角度式压缩机的气缸呈一定角度布置，有 V 形、W 形、S 形、Y 形之分。此压缩机的结构紧凑，体积和占地面积小，振动小，运转平稳，是目前广泛使用的一类活塞式压缩机。

2. 按压缩机的密封方式分类

按密封方式分类，压缩机可分为开启式和封闭式两大类，后者又分为半封闭式和全封闭式两种结构形式，如图 3-4 所示。

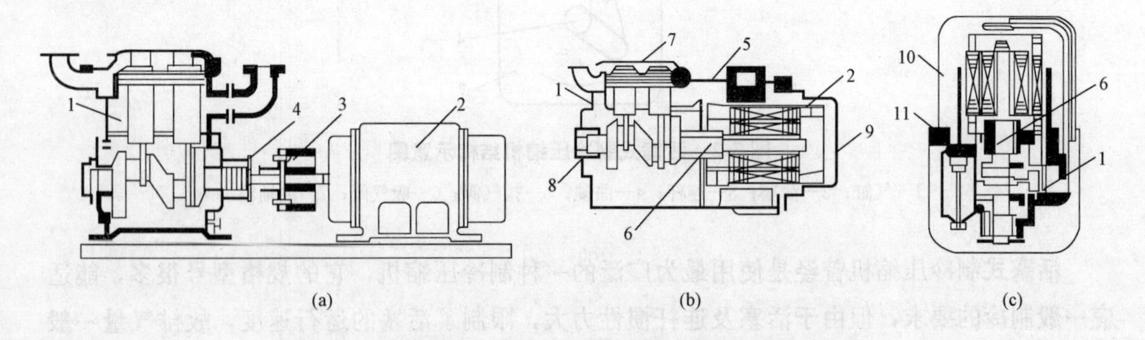

图 3-4　开启式、半封闭式、全封闭式压缩机结构示意图

(a)开启式；(b)半封闭式；(c)全封闭式

1—压缩机；2—电机；3—联轴器；4—轴封；5—机体；6—主轴；

7、8、9—可拆卸密封盖板；10—焊封的罩壳；11—弹性支撑

开启式压缩机的压缩机和驱动电动机分别为两个设备，通过传动装置相连。

封闭式压缩机的压缩机和驱动电动机封闭在同一机体内，并共用一根主轴。半封闭式

和全封闭式压缩机的区别是前者机体的密封面为法兰连接，后者为焊接。

3. 按压缩机使用的工质分类

按使用的工质分类，压缩机可分为氨压缩机、氟利昂压缩机等。

不同制冷剂对压缩机的材料及结构要求不同。

4. 按压缩机的级数分类

按级数分类，压缩机可分为单级和多级(多为双级)制冷压缩机，双级压缩机又分为双机双级和单机双级制冷压缩机。

二、活塞式制冷压缩机的型号

制冷压缩机都用一定的型号来表示，新系列活塞式单级制冷压缩机产品型号包括下列几个内容，即气缸数目、所用制冷剂种类、气缸排列形式、气缸直径和传动方式等，其表示方法如下：

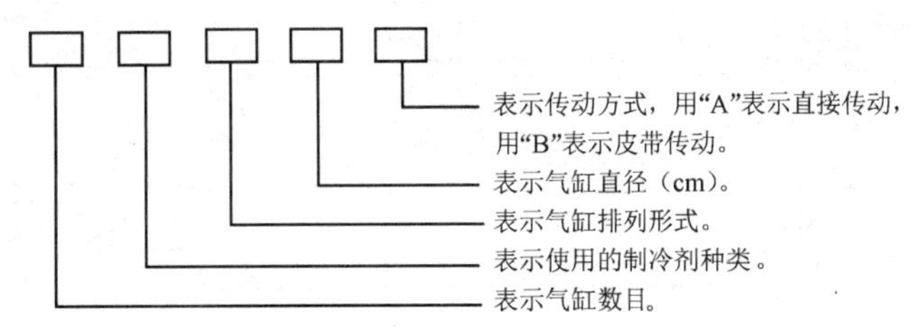

例如，4AV12.5A 制冷压缩机，该压缩机为 4 缸，氨制冷剂，气缸排列形式为 V 形，气缸直径 12.5 cm，直接传动。

对于单机双级制冷压缩机，在单级型号前加“S”表示双级。

例如，S8AS12.5A 制冷压缩机，该压缩机为双级，8 缸，氨制冷剂，气缸排列形式为 S 形，气缸直径为 12.5 cm，直接传动。

又如，4FV7B 制冷压缩机，该压缩机为 4 缸，氟利昂制冷剂，气缸排列形式为 V 形，气缸直径为 7 cm，B 为半封闭式。若最后字母是 Q 为全封闭式。

我国目前生产的制冷压缩机系列产品为高速多缸逆流式压缩机，根据缸径不同，有 50、70、100、125、170(mm)，再配上不同缸数，共有 22 种规格，以用来满足不同制冷量的要求。

三、活塞式制冷压缩机的构造

(一)开启式活塞制冷压缩机

开启式活塞制冷压缩机由机体、活塞及曲轴连杆机构、气缸套及进排、气阀组合件、卸载装置、润滑系统五个部分组成。以一种常见的 8AS12.5A 型开启式制冷压缩机为例，介绍其构造。

如图 3-5 所示，8AS12.5A 型制冷压缩机是一种典型的开启式中型制冷压缩机，可根据负荷大小进行制冷量调节。该制冷压缩机属于 125 系列产品，共有 8 个气缸，分 4 列排成扇形，气缸直径为 125 mm，活塞行程为 100 mm，转速为 960 r/min。

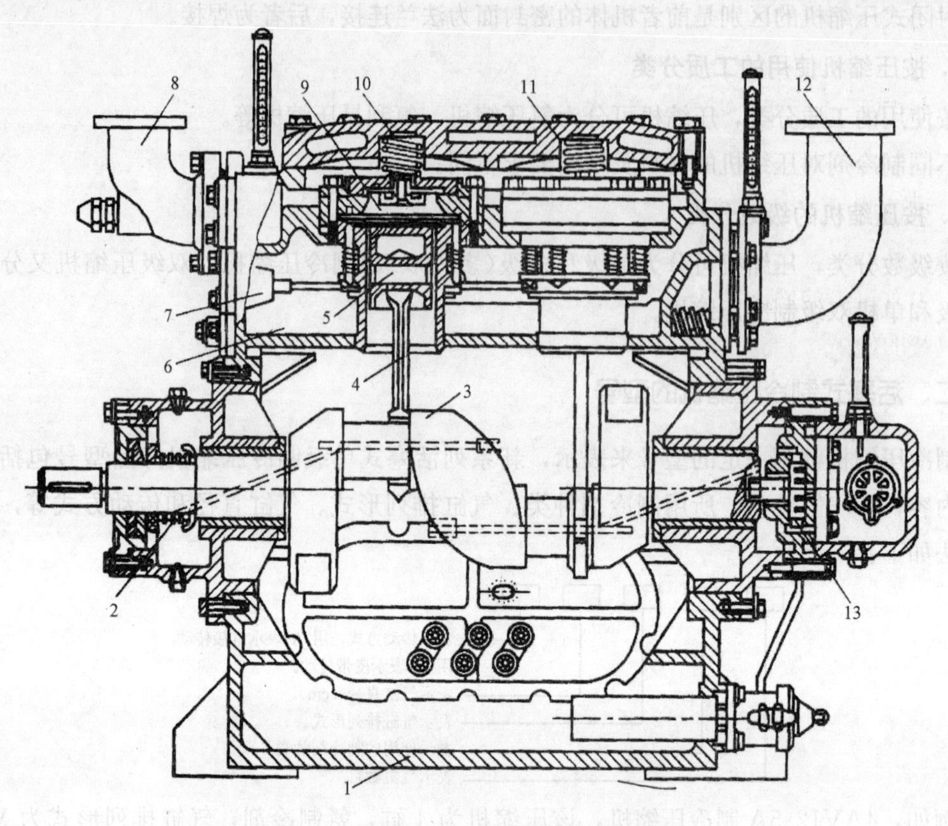

图 3-5　8AS12.5A 型制冷压缩机剖面图

1—曲轴箱；2—进气腔；3—气缸盖；4—气缸套及进、排气阀组合件；5—缓冲弹簧；6—活塞；7—连杆；8—曲轴；9—油泵；10—轴封；11—油压推杆机构；12—排气管；13—进气管

1. 机体

机体是压缩机中最主要的部件。机体内有上下两个隔板将内部分隔成三个空间：下部是曲轴箱；中部为吸气腔，与进气管相通；上部与气缸盖共同组成排气腔，与排气管相通。在吸气腔的底部设有回油孔，也是均压孔，使吸气腔与曲轴箱连通，这样，既可以使压缩机吸气带回的润滑油流回曲轴箱，又可使曲轴箱内的压力不致波动。

机体形状复杂，加工面较多，且还需承受较大的工作压力，故一般采用优质灰铸铁铸成。

2. 活塞及曲轴连杆机构

活塞式制冷压缩机的曲轴一般采用球墨铸铁，两侧的主要轴颈支承在曲轴箱两端的滑动轴承上，每个曲拐上装有几个连杆与活塞。曲轴上钻有油孔，以保证轴承的润滑与冷却。

活塞式制冷压缩机的连杆采用可锻铸铁制成，连杆的大头一般为剖分式，带有可拆下的薄壁轴瓦，轴瓦上钻有油孔，与曲轴油孔相通。连杆小头均为不剖分式，内镶有铜衬套，依靠活塞销与活塞相连。连杆体内也钻有油孔，以使润滑油输送到小头轴承。

活塞式制冷压缩机的活塞多采用铝镁合金铸制，其质量轻、组织细密。活塞顶部的形状应与气缸顶部的阀座形状相适应，以便减轻余隙容积。活塞上设有两道密封环，以保证气缸壁与活塞之间的密封；密封环下部还设一道油环，活塞向上运动时，靠油环布油，保证润滑，活塞向下运动时，将气缸壁上的润滑油刮下，以减少排气时带出的润滑油数量。

3. 气缸套及进、排气阀组合件

气缸套及进、排气阀组合件的构造如图 3-6 所示。它主要由气缸套、外阀座、内阀座、进、排气阀片、阀盖及缓冲弹簧等组成。外阀座起吸气阀片的升高限制器作用，并且与内阀座共同组成排气阀座；阀盖起排气阀片的升高限位作用，并且也可防止液击造成气缸破损。当有过量的液态制冷剂或大量的润滑油进入气缸时，只要缸内的冲击力或压力超过缓冲弹簧的压力，阀盖与内阀座一起被顶开，则不会致使气缸等零件损坏。

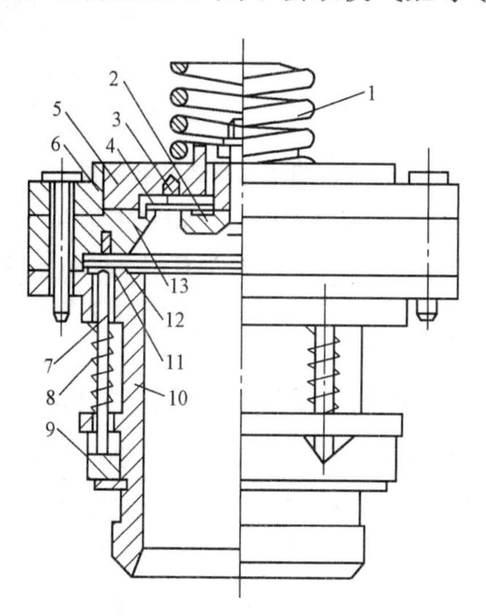

图 3-6　气缸套及进、排气阀组合件

1—气缸套；2—外阀座；3—进气阀片；4—阀片弹簧；5—内阀座；6—阀盖；7—排气阀片；8—阀片弹簧；9—缓冲弹簧；10—导向环；11—转动环；12—顶杆；13—顶杆弹簧

小型活塞式制冷压缩机进、排气阀多采用簧片式气阀，其阀片质量轻、惯性小，启闭迅速，运转噪声小，但通道阻力大，阀片易折断，对材料及加工工艺要求较高。

4. 卸载装置

高速多缸活塞式制冷压缩机的卸载装置是用来使压缩机在运转条件下停止部分气缸的排气，以改变压缩机的制冷能力。例如 8 缸制冷压缩机，可以采用停止 2 缸、4 缸、6 缸的工作，使压缩机的制冷能力为总制冷量的 75％、50％、25％。此外，卸载装置还可用作降载启动装置，减小起支转矩，简化电动机的启动设备和操作运行手续。

中小型活塞式制冷压缩机普遍采用油压启阀式卸载装置，如图 3-7 所示。其包括两个组件，一个是顶杆启阀机构；另一个是油压推杆机构。

(1)顶杆启阀机构。顶杆启阀机构就是在吸气阀片下设有几根顶杆，顶杆上套有弹簧，其下端分别位于转动环上具有一定斜度的槽内，如图 3-7(a)所示。当顶杆位于斜槽的最低点时，顶杆与进气阀片不接触，阀片可以自由上下运动，该气缸处于正常工作状态。当旋转转动环，使顶杆沿斜面上升至最高点时，顶杆将进气阀片顶开，此时，尽管活塞仍在气缸内进行往复运动，但该气缸并不能压缩气体，故不处于工作状态。

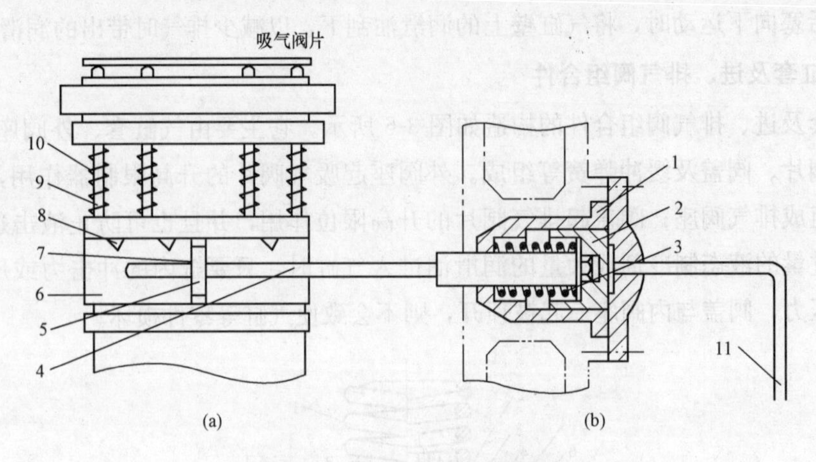

图 3-7 油压启阀式卸载装置

(a)顶杆启阀机构；(b)油压推杆机构

1—油缸；2—活塞；3—弹簧；4—推杆；5—凸缘；6—转动环；

7—缺口；8—斜面切口；9—顶杆；10—顶杆弹簧；11—油管

(2)油压推杆机构。油压推杆机构是使气缸套外部的转动环旋转的机构，如图 3-7(b)所示。当向油管内供入一定压力的润滑油时，油缸内的小活塞和推杆被推压向前移动，带动转动环稍微旋转，这时，转动环上的顶杆弹簧将顶杆向下推至斜槽的最低点，使该气缸处于正常工作状态。反之，油管中没有压力油供入时，油缸内的小活塞和推杆在弹簧作用下向后移动并带动转动环，将转动环上的顶杆推至斜面最高点，顶开进气阀片，使该气缸卸载。一般均以一套油压推杆机构控制两个气缸的顶杆启阀机构。

5. 润滑系统

活塞式制冷压缩机的润滑是一个很重要的问题。轴与轴承、活塞与气缸壁等运动部件的接触面以及轴封处均需用润滑油进行润滑和冷却，以降低部件温度，减少部件磨损和摩槎所消耗的功率，保证压缩机正常运转。否则，即使是短时间缺油，也将造成严重后果。此外，活塞式制冷压缩机的卸载装置也由润滑系统供油。活塞式制冷压缩机润滑油循环系统的流程如图 3-8 所示。

压缩机曲轴箱下部盛有一定数量的润滑油，通过油过滤器被油泵吸入并压出。一路被压送至油泵端的曲轴进油孔，润滑后主轴承、连杆大小头轴承；另一路送至轴封处，润滑轴封、前主轴承和连杆大小头轴承。此外，从轴封处还引出一条油管至压缩机的卸载装置；活塞与气缸壁之间则是通过连杆大头的喷溅进行润滑。整个油路的油压可用油泵上部的油压调节螺丝调节，油压—油泵出口压力与吸气压力之差应为 0.15～0.3 MPa。

活塞式制冷压缩机曲轴箱的油温应不超过 70 ℃。制冷能力较大的压缩机的曲轴箱内设有油冷却器，内通冷却水，以降低润滑油的温度。此外，用于低温条件下的活塞式氟利昂制冷压缩机，曲轴箱中还应装设电加热器，启动时加热箱中的润滑油，以减少其中氟利昂的溶解量，防止压缩机的启动润滑不良。

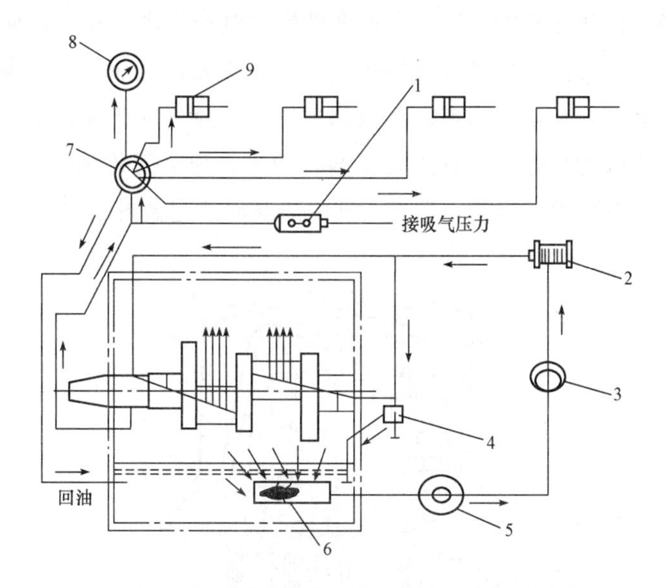

图 3-8　活塞式制冷压缩机润滑油循环系统示意图

1—油压继电器；2—油细滤器；3—内齿轮油泵；4—油压调节阀；5—三通阀；

6—油粗滤器；7—油分配阀；8—油压表；9—液压缸推杆机构

(二)封闭式活塞制冷压缩机

根据封闭程度的不同，压缩机可分为半封闭式和全封闭式两种。

半封闭式活塞制冷压缩机的构造与逆流开启式活塞制冷压缩机相似，只是半封闭式活塞压缩机的曲轴箱机体与电动机外壳共同构成一个封闭空间，从而取消轴封装置，整机结构紧凑，如图 3-9 所示。

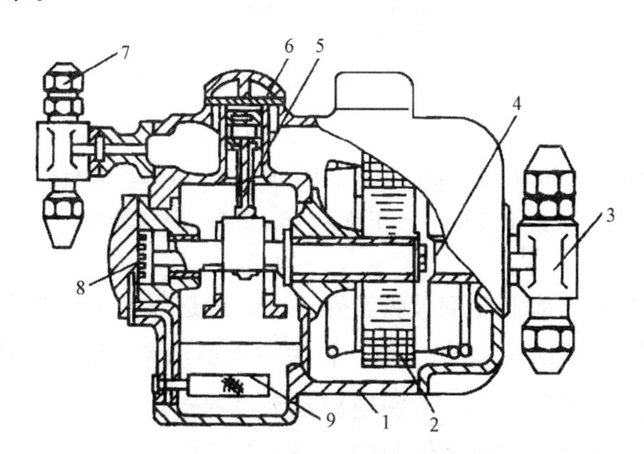

图 3-9　半封闭式活塞制冷压缩机

1—外壳；2—电动机；3—进气管；4—进气过滤器；5—连杆；

6—阀板；7—排气管；8—油泵；9—油过滤器

全封闭式活塞制冷压缩机的压缩机和电动机全部被密封在一个钢制外壳内，电动机在气态制冷剂中运行，结构非常紧凑，密封性能好，噪声小，多用于空气调节机组和家用电冰箱。

全封闭式活塞制冷压缩机的气缸多为水平排列，电动机则为立式，如图 3-10 所示。图中所示的压缩机为两个气缸，呈卧式对置排列。该压缩机的主轴为偏心轴，上端装有电动机的转子，下端设有油孔和偏心油道，其依靠主轴高速旋转时产生的高心力将润滑油压送到各轴承边。连杆大头为整体式，直接套在偏心轴上。为了简化结构，活塞为筒形平顶结构，不设活塞环，仅有两道环形槽，靠充入其中的润滑油起密封和润滑作用。

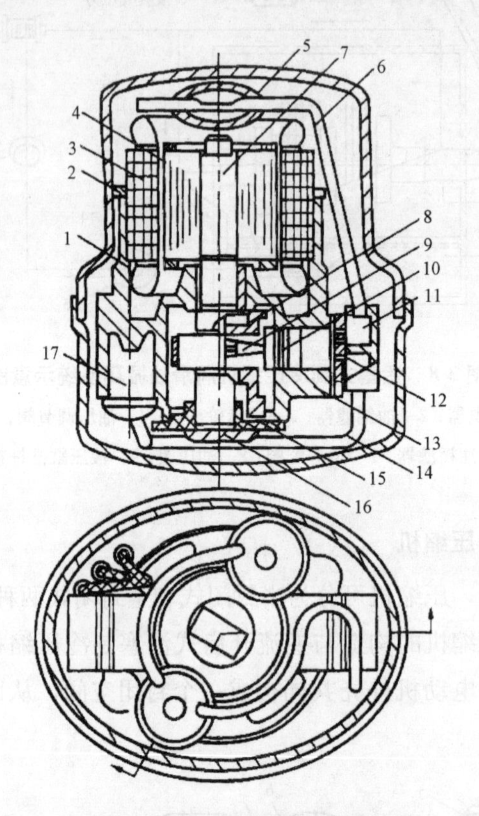

图 3-10　全封闭式活塞制冷压缩机

1—壳体；2—垫圈；3—电动机定子；4—电动机转子；5—进气包；6—进气管；
7—曲轴；8—平衡块；9—连杆；10—活塞；11—气缸盖；12—阀板；13—气缸；
14—排气管；15—下轴承；16—端盖；17—稳压室

压缩机工作时，低压气态制冷剂被吸至壳体内，经进气包 5，进气管 6，进入制冷压缩机的气缸 13；被压缩后的高压气态制冷剂，首先进入稳压室 17，再经排气管排出。稳压室一方面可以保证排气压力均衡；另一方面还起到消声的作用。

家用电冰箱、窗式空调器等用的全封闭式活塞制冷压缩机，其电动机功率均在 1.1 kW 以下，这类小型全封闭式活塞制冷压缩机基本上配用单相电动机。单相电动机的效率低于三相电动机的效率。而且起动转矩小，电压降大的场所多数不能起动；因此，起动时要求压缩机进气、排气两侧的压力达到相互平衡，以减少起动荷载，这样，压缩机停止运行以后，高、低压力侧的压力迅速、均一是设计使用这种制冷压缩机的制冷系统必须要考虑的问题。

此外，全封闭式制冷压缩机的电动机绕组多靠吸入的低压气态制冷剂冷却，压缩机进气过热度大，排气温度高，耗能较大，特别是低温工况；同时，当蒸发压力下降时，制冷剂流量减小，传热 效果恶化，冷却作用降低，电动机绕组的温度上升，这样，全封闭式制冷压缩机与开启式制冷压缩机的情况相反，当吸气压力下降，电动机负荷减少时，绕组的温度不是降低，而是升高，故按高温工况设计的全封闭式制冷压缩机，用于低温工况时，电动机有烧毁的危险。

第二节　活塞式制冷压缩机的工作性能

一、活塞式制冷压缩机的工作过程

1. 活塞式制冷压缩机的活塞排量

活塞式制冷压缩机的理想工作过程应具备以下条件：①没有余隙容积；②吸、排气过程没有阻力损失；③压缩过程中气缸壁与气体之间没有热量交换；④压缩机无泄漏损失；⑤进入气缸的气体为理想气体。

活塞式制冷压缩机的理想工作过程包括进气、压缩、排气，如图 3-11 所示。

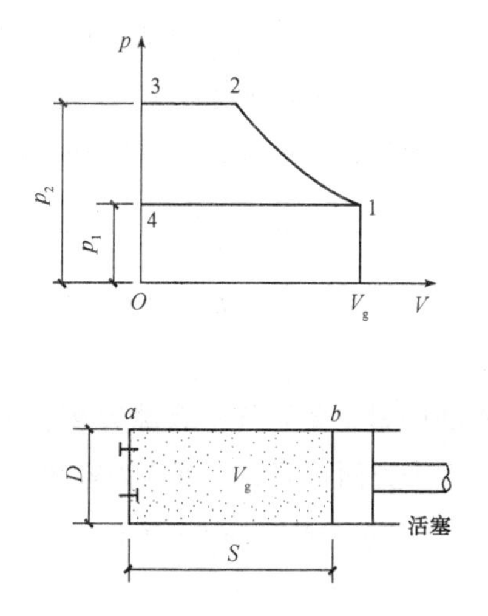

图 3-11　活塞式制冷压缩机的理想工作过程

(1)进气。活塞从上端点 a 向右移动，气缸内压力急剧下降，低于进气压力 p_1，进气阀开启，低压气体在定压下被吸入气缸，直到活塞达到下端点 b 的位置，即 p—V 图上 4→1 的过程线。

(2)压缩。活塞从下端点开始向右移动，气缸内压力稍高于进气口压力，进气阀关闭，缸内气体被绝热压缩。当活塞左行到一定位置，缸内气体被压缩至压力稍高于排气口的压力 p_2 时，排气阀打开，即 p—V 图上 1→2 的过程线。

(3)排气。排气阀打开后，活塞继续向左移动，将气缸内的高压气体以定压排出，直到活塞达到上端点位置，即 p—V 图上 2→3 的过程线。

活塞进行往复运动，压缩机不断重复这三个过程。这样，曲轴每旋转一圈，均有一定数量的低压气体被吸入，并被压缩为高压气体，排出气缸。在理想工作过程中，曲轴每旋转一圈，压缩机中一个气缸所吸入的低压气体体积 V_g 称为气缸的工作容积。对于单级压缩机，有

$$V_g=\frac{\pi}{4}D^2S(m^3/s) \tag{3-1}$$

式中 D——气缸直径(m)；

S——活塞行程(m)。

如果压缩机有 Z 个气缸，转数为 n(r/min)，单位时间内压缩机吸入的气体体积 V_h 就是活塞式制冷压缩机的理论排气量，也称活塞排量。

$$V_h=V_gZ\frac{n}{60}=\frac{\pi}{240}D^2SZn(m^3/s) \tag{3-2}$$

上式表明，活塞式制冷压缩机的活塞排量只与压缩机的转数和气缸的结构尺寸、数目有关，与运行工况和制冷剂性质无关。

2. 活塞式制冷压缩机的容积效率

活塞式制冷压缩机的实际工作过程与理想工作过程有以下区别：①在压缩机的结构上，不可避免地存在余隙容积；②吸、排气阀门有阻力；③压缩过程中，气缸壁与气体之间有热量交换；④气阀部分及活塞环与气缸壁之间有气体的内部泄漏。所以压缩机实际工作过程比较复杂，有许多因素影响压缩机的实际排气量 V_R，因此，压缩机的实际排气量永远小于其活塞排量，两者的比值称为活塞式制冷压缩机的容积效率，用 η_V 表示，即

$$\eta_V=\frac{V_R}{V_h} \tag{3-3}$$

容积效率表示压缩机气缸工作容积的有效利用率，它是评价压缩机性能的一个重要指标。

影响压缩机实际工作过程的因素主要是气缸余隙容积、吸、排气阀阻力、吸气过程中气体被加热的程度以及漏气等四个方面，因此，可认为容积效率等于四个系数的乘积。即

$$\eta_V=\lambda_V\cdot\lambda_P\cdot\lambda_t\cdot\lambda_L \tag{3-4}$$

式中 λ_V——余隙系数；

λ_P——节流系数；

λ_t——预热系数；

λ_L——泄漏系数。

(1)余隙系数 λ_V。活塞在气缸中进行往复运动时，活塞行程的上端点与气缸顶部均需留有一定间隙，以保证其运行安全可靠。由于此间隙的存在而对压缩机排气量造成的影响，称为余隙系数，它是造成实际排气量降低的主要因素。

如图 3-12 所示，活塞达到上端点 a，即排气结束时，缸内还保留有一小部分容积为 V_C，压力为 p_2 的高压气体。活塞再次反向运动时，只有当这部分气体膨胀到一定程度，使缸内压

力降到小于进气压力 p_1时，进气阀方能开启，低压气体才开始进入气缸。这样，气缸每次吸入的气体量就不等于气缸工作容积 V_g，而减小为 V_1，V_1 与气缸工作容积 V_g 的比值为余隙系数，即

$$\lambda_V=\frac{V_1}{V_g}=\frac{V_g-\Delta V_1}{V_g} \tag{3-5}$$

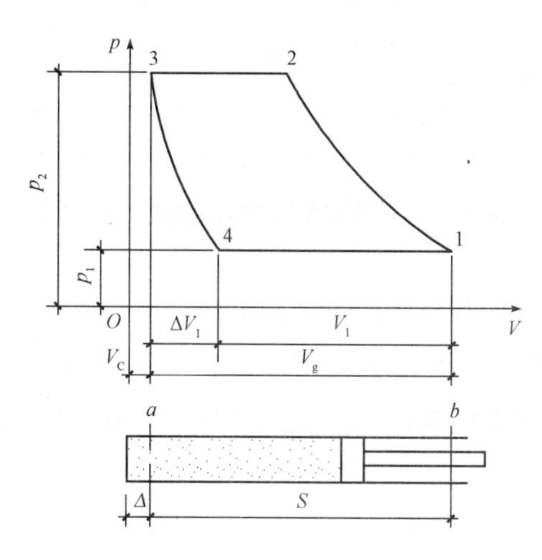

图 3-12　余隙容积的影响

λ_V值的大小反映了余隙容积对压缩机排气量的影响程度，由图 3-12 可知，气缸减少的吸气量 ΔV_1 不但与余隙容积 V_C 的大小有关，而且与压缩机运行时的压力比 p_2/p_1 有关。V_C 及 p_2/p_1 增大时，则 ΔV_1 也增大，余隙系数 λ_V 降低。

(2)节流系数 λ_P。当制冷剂气体通过进、排气阀时，断面缩小，气体进出气缸需要克服流动阻力。也就是说，进排气过程气缸内外有一定压力差 Δp_1 和 Δp_2，其中排气阀阻力很小，主要是进气阀阻力影响容积效率。

由于气体通过进气阀进入气缸时有一定的压力损失，进入气缸的压力将低于进气压力 p_1，比容增加，因此，虽然吸入的气体体积仍为 V_1，但吸入气体的质量有所减少。如图 3-13所示。只有当活塞把吸入的气体由 1′点压缩到 1″点时，缸内气体的压力才等于吸气管压力。与理想情况相比，仅相当于吸收了体积为 V_2 的气体，体积 V_2 与 V_1 的比值称为节流系数。

$$\lambda_P=\frac{V_2}{V_1}=\frac{V_2-\Delta V_2}{V_1} \tag{3-6}$$

λ_P 值的大小，反映了压缩机进、排气阀阻力所造成的吸气量损失。损失的吸气量 ΔV_2 主要与 p_1 和 Δp_1 有关，吸气压力 p_1 降低时，阻力 Δp_1 越大，则 ΔV_2 越大，节流系数 λ_P 也就越小。

(3)预热系数 λ_t。压缩机在实际工作过程中，由于气体被压缩后温度升高，以及活塞与气缸壁之间存在摩擦，故气缸壁温较高。因此，进入气缸的低压气体从缸壁吸收热量，温度有所提高，从而使吸入气缸内的气体比容增大，进入缸内气体的质量减小。

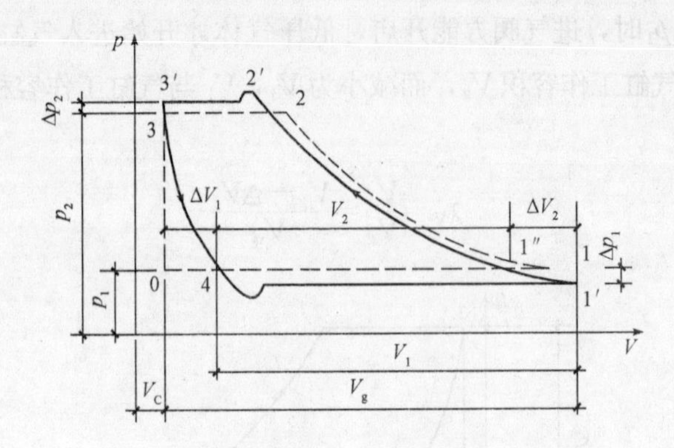

图 3-13 活塞式制冷压缩机实际工作过程

气体质量的减少与气缸壁和气体的温度有关。在正常情况下，这两个温度实际上取决于冷凝温度 T_k 和蒸发温度 T_0。冷凝温度 T_k 升高，气缸壁温也升高；而 T_0 降低，则吸入的气体温度也降低。进入气缸的制冷剂热交换量越大，预热系数越低，通常可用经验公式计算。

对于开启式制冷压缩机，有

$$\lambda_t=\frac{T_0}{T_k}=\frac{273+t_0}{273+t_k} \tag{3-7}$$

对于封闭式制冷压缩机，由于制冷剂先进入电机腔，然后再进入吸气腔和气缸，因此，封闭式制冷压缩机吸入的制冷剂蒸汽不仅被气缸壁预热，而且被电机预热，制冷剂蒸汽的比容增加更大，所以在相同工况下，封闭式制冷压缩机的预热系数 λ_t 通常总小于开启式制冷压缩机。这是封闭式制冷压缩机在运行时的一个缺点。

(4)泄漏系数 λ_L。由于制冷压缩机进、排气阀以及活塞与气缸壁之间并非绝对严密，故在压缩机工作时，少量气体将从高压部分向低压部分渗漏，从而造成压缩机实际排气量减少。泄漏系数 λ_L 就是考虑这种渗漏对压缩机实际排气量的影响。

泄漏系数与压缩机的构造、加工质量、部件磨损程度等因素有关，此外，还随着排气压力的增加和进气压力的降低而减小。泄漏系数一般为 0.95～0.98。

通过上述分析可以得知，余隙系数、节流系数、预热系数及泄漏系数，除与压缩机的结构、加工质量等因素有关以外，还有一个共同的规律，就是均随排气压力的增高和进气压力的降低而减小。我国中小型活塞式制冷压缩机系列产品的相对余隙容积约为 0.04，转数等于或大于 720 r/min，容积效率按以下经验公式计算：

$$\eta_V=0.94-0.085\left[\left(\frac{p_2}{p_1}\right)^{\frac{1}{m}}-1\right] \tag{3-8}$$

式中 m——多变指数。对于 R717，$m=1.28$；对于 R22，$m=1.18$；

p_2、p_1——排气压力、吸气压力。如果排气和吸气管路阻力较小，可用冷凝压力和蒸发压力近似代替排气压力和吸气压力。

用经验公式(3-8)计算出的容积效率与实际值稍有出入，特别是对于空气调节用的制冷压缩机，其压缩比一般均小于 4，此式计算值比实际大 0.03～0.05。此外，从式(3-8)还可以看出，使用活塞式压缩机时，其压缩比不应太高，过高则 η_V很低，一般压缩比不大于 8～10。

二、活塞式制冷压缩机的制冷量和耗功率

1. 活塞式制冷压缩机的制冷量

压缩机在某一工况下的制冷量等于它的实际吸气量 V_R 与制冷剂的单位容积制冷量 q_v 的乘积，即

$$\varphi_0 = V_R q_v = \eta_V V_h q_v (\mathrm{kW}) \tag{3-9}$$

也就是说，活塞式制冷压缩机的制冷量等于理论制冷量与容积效率的乘积。

2. 活塞式制冷压缩机的耗功率

压缩机的耗功率是指由电动机传至压缩机轴上的功率，也称为压缩机的轴功率 P_e。压缩机的轴功率消耗在两方面，一部分直接用于压缩气体，称为指示功率 P_i；另一部分用于克服运动机构的摩擦阻力，称为摩擦功率 P_m。因此，压缩机的轴功率为

$$P_e = P_i + P_m (\mathrm{kW}) \tag{3-10}$$

通过理论循环热力计算求得压缩机的理论功率 P_{th}后，即可用下式计算压缩机的指示功率为

$$P_i = \frac{P_{th}}{\eta_i} (\mathrm{kW}) \tag{3-11}$$

式中　η_i——压缩机的指示效率。

压缩机的轴功率为

$$P_e = \frac{P_i}{\eta_m} = \frac{P_{th}}{\eta_i \eta_m} (\mathrm{kW}) \tag{3-12}$$

式中　η_m——压缩机的机械效率。

制冷压缩机的 η_i 和 η_m 值均随其运行时的压缩比和转速变化，这两个效率值可通过图 3-14 和图 3-15 查得。

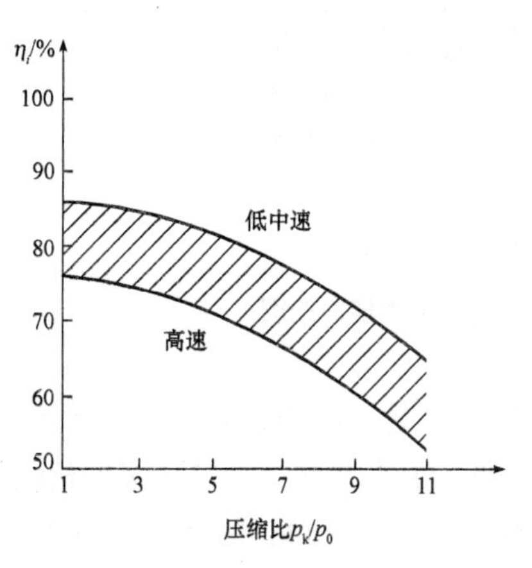

图 3-14　活塞式制冷压缩机的指示效率

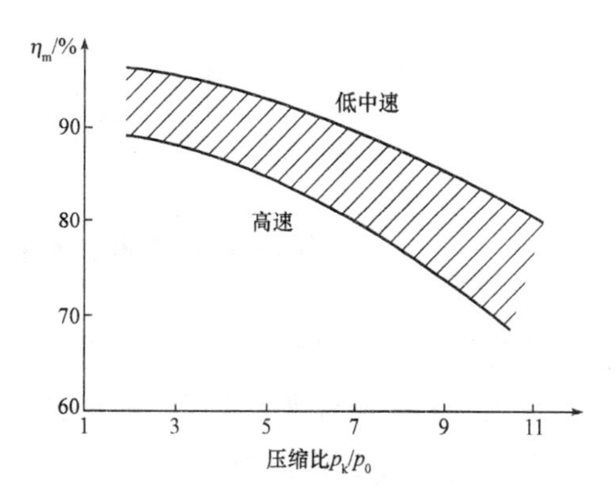

图 3-15　活塞式制冷压缩机的机械效率

在确定制冷压缩机配用电动机的功率时，除应考虑该制冷压缩机的运行工况状态以外，还应考虑压缩机与电动机之间的连接方式，并有一定的裕量。因此，制冷压缩机配用电动机的功率 P 应为

$$P=(1.10\sim1.15)\frac{P_e}{\eta_d}(\mathrm{kW}) \tag{3-13}$$

式中　η_d——传动效率，当压缩机与电动机直接连接时为 1，当采用三角皮带连接时为 0.90～0.95；

1.10～1.15——裕量附加系数。

三、影响活塞式制冷压缩机性能的主要因素

影响活塞式制冷压缩机性能的因素很多，但当制冷压缩机的结构形式和制冷工质确定以后，运行工况的压缩比（p_k/p_0）就成为最主要的因素，而 p_k 和 p_0 对应的就是制冷压缩机的冷凝温度和蒸发温度。活塞式制冷压缩机一般采用性能曲线来说明其制冷量和轴功率在不同工况下的变化规律，可以将其整理成性能参数表的形式。

图 3-16 为 6FW5B 型全封闭式制冷压缩机的性能曲线图。表 3-2 为国外某品牌半封闭式制冷压缩机一个型号的性能参数表。在选型或近似计算时，可直接根据运行工况查用。

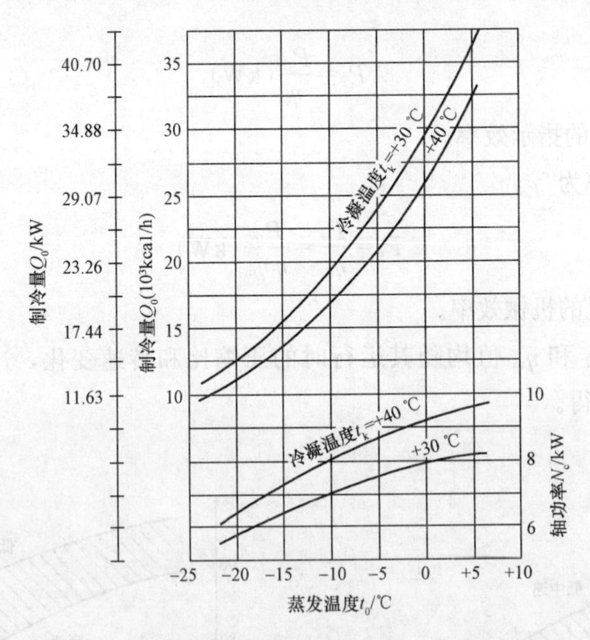

图 3-16　6FW5B 型全封闭式制冷压缩机的性能曲线图

从上述图表中可以看出，当蒸发温度一定时，随着冷凝温度的升高，制冷量减少，而轴功率增大；当冷凝温度一定时，随着蒸发温度的降低，制冷量减少，轴功率也相应减少。

评价活塞式制冷压缩机消耗能量方面的指标有两个：一个是单位轴功率的制冷量 COP（或称为制冷压缩机的性能系数）；另一个是能效比 EER，它是制冷压缩机单位输入功率的制冷量，该指标多用于评价封闭式制冷压缩机。两个指标的计算公式分别如下：

表 3-2　6G—40.2 型半封闭式制冷压缩机的性能参数表

冷凝温度/℃	制冷量 Q_0/kW	蒸发温度/℃										
	功耗 P_e/kW	12.5	10	7.5	5	0	−5	−10	−15	−20	−25	−30
30	Q_0	171.2	157.2	144.1	131.9	109.9	90.8	74.3	60.0	47.8	37.35	28.55
	P_e	24.8	24.4	24.0	23.6	22.6	21.4	20.1	18.61	17.02	15.31	13.51
40	Q_0	154.9	142.2	130.3	119.1	99.1	81.6	66.5	53.5	42.3	32.8	24.8
	P_e	29.6	29.2	28.7	28.1	26.7	25.2	23.4	21.4	19.28	16.97	14.52
50	Q_0	139.1	127.6	116.8	106.8	88.6	72.8	59.1	47.25	37.15	28.55	—
	P_e	35.0	34.2	33.4	32.5	30.6	28.5	26.3	24.0	21.7	19.34	—

$$\mathrm{COP}=\frac{\varphi_0}{P_e}(\mathrm{kW/kW}) \tag{3-14}$$

$$\mathrm{EER}=\frac{\varphi_0}{P_m}(\mathrm{kW/kW}) \tag{3-15}$$

四、活塞式制冷压缩机的规定工况

活塞式制冷压缩机的制冷量和轴功率随着工况不同而变化。因此，要说明制冷压缩机的制冷量和轴功率，必须给出相应的工况。只有在相同的工况下，才能比较两台制冷压缩机的制冷量和轴功率。

为了能在一个共同标准下说明制冷压缩机的性能，根据我国制冷技术实际情况，对中小型活塞式制冷压缩机规定了两个工况，即标准工况和空调工况，见表 3-3。

表 3-3　标准工况和空调工况

工作温度/℃	标准工况			空调工况		
	R717	R12	R22	R717	R12	R22
蒸发温度 t_0	−15	−15	−15	+5	+5	+5
冷凝温度 t_k	+30	+30	+30	+40	+40	+40
吸气温度 t_1	−10	+15	+15	+10	+15	+15
过冷温度 t_{gl}	+25	+25	+25	+35	+35	+35

【例 3-1】 有一台 8 缸压缩机，气缸直径 $D=100$ mm，活塞行程 $S=70$ mm，转速 $n=960$ r/min，其实际工况 $t_k=30$ ℃，$t_0=-15$ ℃，按基本理论循环工作，制冷剂为氨。试计算压缩机实际制冷量，并确定压缩机配用电机的功率。

【解】 (1)压缩机的活塞排量 V_h。

$$V_h=\frac{\pi}{240}D^2SZn=\frac{3.14}{240}\times0.1^2\times0.07\times8\times960=0.0703(\mathrm{m^3/s})$$

(2)从氨的饱和状态热力性质图(或表)中查得下列参数：$h_1=1\ 363.141\ \text{kJ/kg}$；$h_2=1\ 598.84\ \text{kJ/kg}$；$h_3=h_4=264.787\ \text{kJ/kg}$；$p_k=1.169\ \text{MPa}$；$p_0=0.236\ 36\ \text{MPa}$；$v_1=0.506\ 82\ \text{m}^3/\text{kg}$。

(3)单位容积制冷量q_v。

$$q_v=\frac{q_0}{v_1}=\frac{h_1-h_4}{v_1}=\frac{1\ 363.141-264.787}{0.506\ 82}=2\ 167.15(\text{kJ/m}^3)$$

(4)容积效率η_V。

$$\eta_V=0.94-0.085\left[\left(\frac{p_2}{p_1}\right)^{\frac{1}{m}}-1\right]=0.94-0.085\left[\left(\frac{1.169}{0.236\ 36}\right)^{\frac{1}{1.28}}-1\right]=0.729$$

(5)压缩机的实际制冷量φ_0。

$$\varphi_0=\eta_V V_h q_v=0.729\times0.070\ 3\times2\ 167.15=111.1(\text{kW})$$

(6)压缩机的理论功率P_{th}。

$$P_{th}=\frac{\eta_V V_h}{v_1}(h_2-h_1)=\left[\frac{0.729\times0.070\ 3}{0.506\ 82}(1\ 595.84-1\ 363.141)\right]=23.53(\text{kW})$$

(7)压缩机的轴功率P_e。

$$P_e=\frac{P_{th}}{\eta_i\eta_m}=\frac{23.56}{0.7}=33.61(\text{kW})$$

(8)压缩机的配用电机功率P。

若电机与压缩机直接连接时，$\eta_d=1$。即

$$P=(1.10\sim1.15)\frac{P_e}{\eta_d}=1.1\times\frac{33.61}{1}=36.97(\text{kW})$$

第三节　螺杆式制冷压缩机

螺杆式制冷压缩机是一种容积型回转式制冷压缩机。它是利用一个或两个螺旋形转子(螺杆)在气缸内旋转，从而完成对气体的压缩。按照转子数量的不同，螺杆式制冷压缩机分为双螺杆和单螺杆两种形式。双螺杆式制冷压缩机由两个转子组成；单螺杆式制冷压缩机由一个转子和两个星轮组成。

近年来，螺杆式制冷压缩机的制造技术发展迅速，结构日趋完善，优点更加突出，在中型和大型制冷空调设备中得到广泛的应用，已基本取代传统的活塞式制冷压缩机。

一、双螺杆式制冷压缩机

1. 双螺杆式制冷压缩机的构造

双螺杆式制冷压缩机的构造如图 3-17 所示。其主要部件有阴、阳转子、机体(包括气缸体和进、排气端座)、轴承、轴封、平衡活塞及能量调节装置。

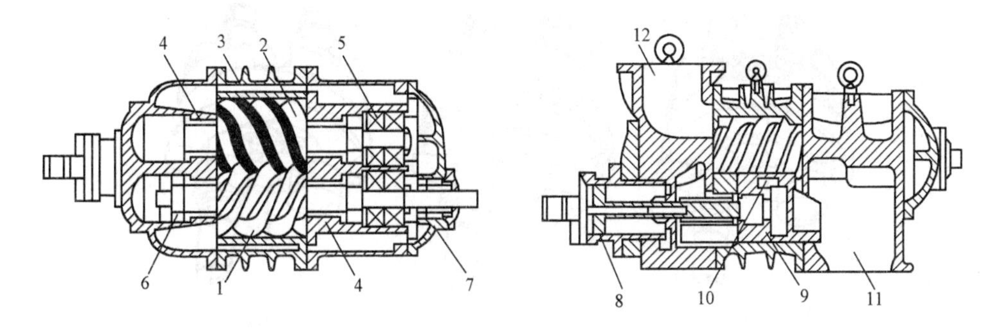

图 3-17 双螺杆式制冷压缩机结构示意图

1—阳转子；2—阴转子；3—机体；4—滑动轴承；5—止推轴承；6—平衡活塞；
7—轴封；8—能量调节用卸载活塞；9—卸载滑阀；10—喷油孔；11—排气口；12—进气口

双螺杆式制冷压缩机气缸体轴线方向的一侧为进气口，另一侧为排气口，不同于活塞式制冷压缩机那样设进气阀和排气阀。阴阳转子之间以及转子与气缸壁之间需喷入润滑油。喷油的作用是冷却气缸壁，降低排气温度，润滑转子，并在转子及气缸壁面之间形成油膜密封，减小机械噪声。双螺杆式制冷压缩机运转时，由于转子上产生较大轴向力，所以必须采用平衡措施，通常在两转子的轴上设置推力轴承。另外，阳转子上轴向力较大，还要加装平衡活塞予以平衡。

2. 双螺杆式制冷压缩机的工作过程

双螺杆式制冷压缩机的气缸体内装有一对互相啮合的螺旋形转子——阳转子和阴转子。阳转子为凸形齿，阴转子为凹形齿，两转子按一定速比啮合反向旋转。一般阳转子由原动机直联，阴转子为从动。

图 3-18 所示为双螺杆式制冷压缩机的工作过程。当齿槽与吸气口相通时，吸气过程开始，随着螺杆的旋转，制冷剂蒸汽不断进入齿槽空间。当齿槽脱离吸气口，吸气过程结束，如图 3-18(a)所示。螺杆继续旋转，两螺杆的齿与齿槽互相啮合，由气缸体、啮合的螺杆和排气端座组成的齿槽容积变小，而且位置向排气端移动，完成了对蒸汽压缩和输送的作用，如图 3-18(b)所示。当齿槽与排气口相通时，压缩终了，蒸汽被排出，如图 3-18(c)所示。每一个齿槽的空间都经历着吸气、压缩、排气三个过程。在同一时刻同时进行着吸气、压缩、排气三个过程，只不过它们发生在不同的齿槽空间或同一齿槽空间的不同位置。

3. 双螺杆式制冷压缩机的特点

双螺杆式制冷压缩机有以下优点：

(1)只有旋转运动，没有往复运动，因此平衡性好、振动小，可以提高制冷压缩机的转速。

(2)结构简单、紧凑，质量轻，无进、排气阀，易损件少，可靠性高，检修周期长。

(3)没有余隙，没有进、排气阀，因此在低蒸发温度或高压缩比工况下仍然有较高的容积效率；另外，由于气缸内喷油冷却，所以排气温度较低。

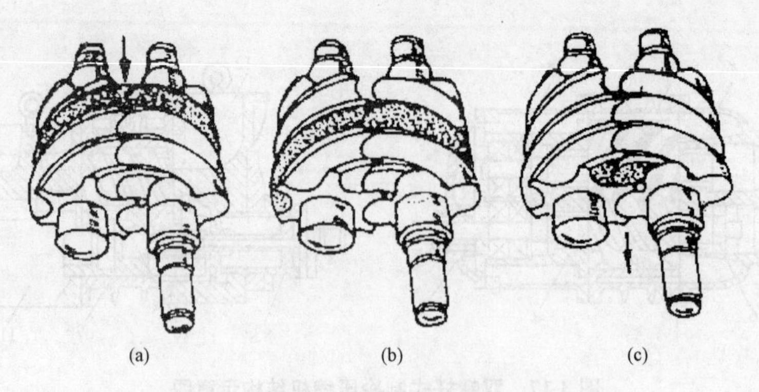

图 3-18　双螺杆式制冷压缩机的工作过程

(a)吸气；(b)压缩；(c)排气

(4)对湿压缩不敏感。

(5)制冷量可以实现无级调节。

双螺杆式制冷压缩机有以下缺点：

(1)运行时噪声大。

(2)能耗较大。

(3)需要在气缸内喷油，因此润滑油系统比较复杂，机组体积庞大。

二、单螺杆式制冷压缩机

单螺杆式制冷压缩机是在 20 世纪 50 年代由法国人辛麦恩发明，并于 1963 年正式投产。20 世纪 80 年代技术真正成熟后，其应用范围才日渐扩大。单螺杆式制冷压缩机虽比双螺杆式制冷压缩机问世晚数十年，但因其性能优异而上升势头强劲。目前在国际市场上(包括工业、空调在内的各种用途)，单、双螺杆式约各占 50%，但在国内空调制冷压缩机市场上，双螺杆式制冷压缩机仍占据大部分份额。

单螺杆式制冷压缩机的结果类似于机械传动中的蜗轮蜗杆，但其作用不是机械传动，而是用来压缩气体。单螺杆式制冷压缩机的主要零件是一个外圆柱面上铣有 6 个螺旋槽的螺杆，在螺杆的两侧对称布置完全相同的是有 11 个轮齿的星轮，如图 3-19 所示。螺杆的一端与电动机直联，螺杆在水平方向旋转时，同时，带动 2 个星轮以相反的方向在垂直方向上旋转。运转时，星轮的轮齿与螺杆的沟槽相啮合，形成密封线。星轮的轮齿一方面绕中心旋转，同时，也逐渐侵入到螺杆的沟槽中去，使沟槽的容积逐渐缩小，从而达到压缩气体的目的。

单螺杆式制冷压缩机的工作过程如图 3-20 所示。

(1)吸气过程。螺杆的沟槽在星轮的轮齿尚未啮入前与吸气腔相通，处于吸气状态。当螺杆转到一定位置时，星轮的轮齿将螺杆的沟槽封闭，吸气过程结束。

(2)压缩过程。随着螺杆继续转动，该星轮的轮齿沿着螺杆的沟槽推进，封闭的齿间容积逐渐减小，实现气体的压缩过程。当齿间容积与排气口相通时，压缩过程结束。

(3)排气过程。由于螺杆继续旋转，被压缩气体通过排气口排出。直至该星轮的轮齿脱

图 3-19　螺杆与星轮

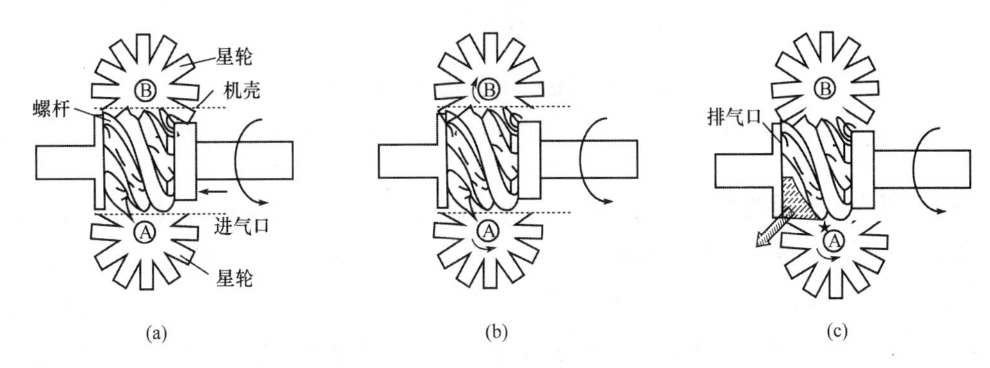

图 3-20　单螺杆式制冷压缩机的工作过程

(a)吸气；(b)压缩；(c)排气

离螺杆的沟槽，排气过程结束。

单螺杆式制冷压缩机的优点是结构简单，零部件少，质量轻，效率高，能耗低，振动小，噪声低。

第四节　涡旋式制冷压缩机

涡旋式制冷压缩机为容积型回转式制冷压缩机。20 世纪 80 年代，日本和美国制造出了应用于空调制冷的涡旋式制冷压缩机。随着新技术的应用以及材料和机械加工工艺的发展，涡旋式制冷压缩机在 20 世纪 90 年代后得以飞速发展，目前已成为中小型制冷空调装置的重要压缩机品种。

一、涡旋式制冷压缩机的构造及工作过程

涡旋式制冷压缩机的构造如图 3-21 所示。它由运动涡旋盘(动盘)、固定涡旋盘(静盘)、机体、防自转环、偏心轴等零部件组成。

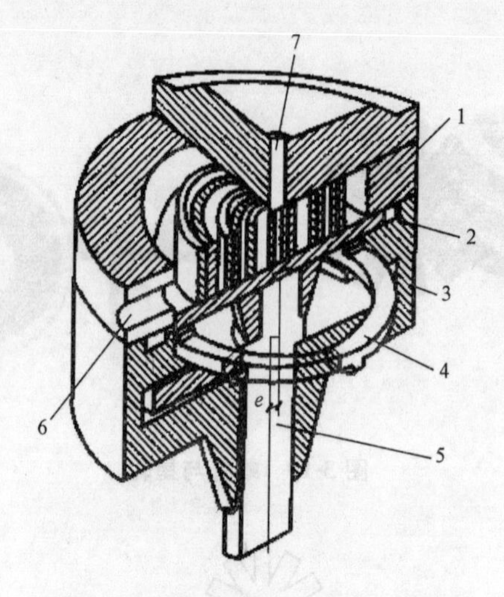

图 3-21　涡旋式制冷压缩机的构造

1—动盘；2—静盘；3—机体；4—防自转环；5—偏心轴；6—吸气口；7—排气口

动盘和静盘的螺旋板曲线相同，安装时将两盘对置，相位差 180°，并相互啮合。这样，两盘之间就形成了一系列月牙形柱体工作腔。静盘固定在机体上，外侧设有吸气口，端板中心设有排气口。动盘由偏心轴带动，使之绕静盘的轴线回转平移。为了防止动盘自转，设有防自转环。该环的上、下端面上具有两对相互垂直的键状突肋，分别嵌入动盘的背部键槽和机体的键槽内。

涡旋式制冷压缩机的工作过程如图 3-22 所示。制冷剂蒸汽从静盘的外侧吸入，当动盘的最外部与静盘啮合成封闭的月牙形空间时，吸气过程结束。随着偏心轴的旋转，月牙形空间不断缩小，并逐渐向中心移动，即吸入的蒸汽不断被压缩，最后由静盘中心部位的排气口排出。

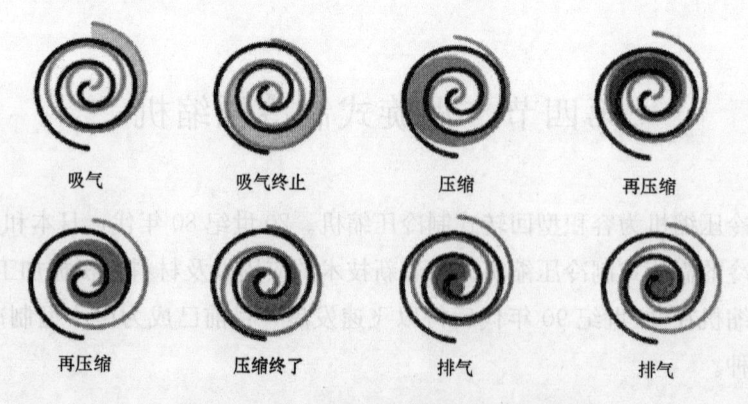

图 3-22　涡旋式制冷压缩机的工作过程

二、涡旋式制冷压缩机的特点

涡旋式制冷压缩机有以下优点：

(1)其相邻压缩腔之间的气体压差小，气体泄漏量少，容积效率高。

(2)结构精密，体积小，质量轻，寿命长。

(3)力矩变化小，平衡性高，振动小，运转平稳。

(4)无进、排气阀，可靠性高，特别适用于变频调速技术。

(5)无余隙容积，容积效率高。

涡旋式制冷压缩机有以下缺点：

(1)需要高精度的加工设备及精确的调心装配技术，因此制造成本较高。

(2)密封要求高，且密封机构复杂。

第五节　离心式制冷压缩机

离心式制冷压缩机是一种速度型压缩机。它是利用高速旋转的叶轮对气体做功使气体获得动能，而后通过扩压器将动能转变为压能来提高气体的压力。

一、离心式制冷压缩机的构造及工作过程

离心式制冷压缩机的构造如图 3-23 所示。其主要部件有吸气口、叶轮、扩压器、蜗壳、排气口。

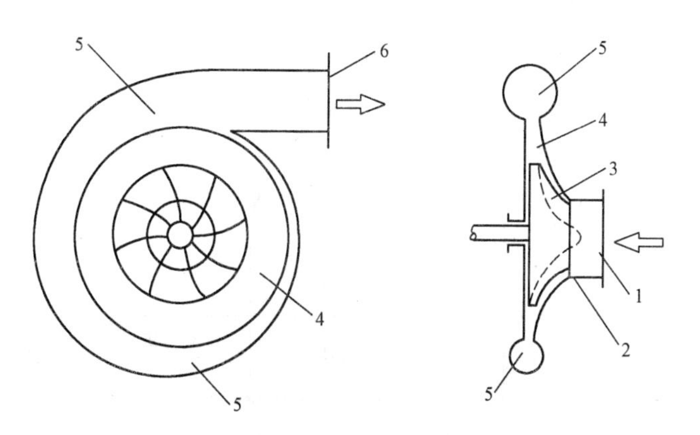

图 3-23　离心式制冷压缩机的构造

1—吸气口；2—叶轮；3—叶片流道；4—扩压器；5—蜗壳；6—排气口

离心式制冷压缩机工作时，制冷剂蒸汽从轴向吸气口吸入，进入高速旋转的叶轮中，在离心力的作用下，蒸汽经流道流向叶轮的边缘，同时动能和压能提高。蒸汽离开叶轮后首先进入扩压器中，使蒸汽减速，压力提高，而后汇集到蜗壳中，再由排气口排出。

离心式制冷压缩机有单级和多级之分。单级离心式制冷压缩机在主轴上只有一个叶轮；而多级离心式制冷压缩机在主轴上串联多个叶轮，蒸汽在制冷压缩机中顺次流过各级叶轮。这种多级离心式制冷压缩机可以获得较大的压缩比。

二、离心式制冷压缩机的特点

离心式制冷压缩机有以下优点：

(1)制冷量大，而且效率较高。

(2)结构紧凑，质量轻，占地面积小。

(3)易损件少，因而工作可靠，维护费用低。

(4)无往复运动，因而运转平稳，振动小，噪声小，基础简单。

(5)制冷量可以经济地实现无级调节。

(6)能够经济合理地使用能源，即可以用多种驱动机来拖动。

(7)制冷剂基本上与润滑油不接触，这样就不会影响蒸发器和冷凝器的传热。

离心式制冷压缩机有以下缺点：

(1)其所能适应的工况范围比较差，对制冷剂的适应性也较差。

(2)转速高，因而对材料强度、加工精度和制造质量均要求严格。

(3)其只适用于大制冷量的范围。

三、离心式制冷压缩机的特性

1. 喘振

图 3-24 所示为离心式制冷压缩机的特性曲线，即排气量与有效能量头的关系。

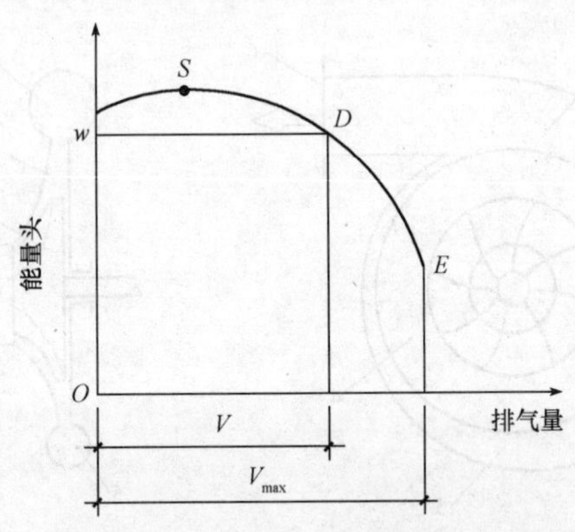

图 3-24　离心式制冷压缩机的特性曲线

图中 D 点为设计工作点。离心式制冷压缩机在此工况下运行时的效率最高，偏离此工况，制冷压缩机的效率均要降低，偏离得越远，效率降低得越多。E 点为最大排气量点。排气量增加到此流量时，制冷压缩机叶轮进口处蒸汽的流速达到声速，阻力损失增加，蒸汽所获得的能量头用以克服这些阻力损失，排气量不可能再继续增加。S 点为喘振点。当制冷压缩机的流量低于该点对应的流量时，由于蒸汽通过叶轮流道的能量损失增加较大，离心式制冷压缩机的有效能量头将不断下降，使得叶轮不能正常排气，致使排气压力陡然下降。这样，叶轮以后高压部位的蒸汽将倒流回来。当倒流的蒸汽补充了叶轮中的气量时，叶轮又开始工作，将蒸汽排出。而后流量仍然不足，排气压力又会下降，又出现倒流，这样周期性地重复进行，使制冷压缩机产生剧烈的振动和噪声而不能正常工作，这种现象称为喘振现象。离心式制冷压缩机在运转过程中应极力避免喘振的发生。

2. 影响离心式制冷压缩机制冷量的因素

离心式制冷压缩机是根据给定的工作条件和选定的制冷剂设计制造的。当工况变化时，制冷压缩机的性能也将发生变化。

(1)蒸发温度的影响。当制冷压缩机的转速和冷凝温度一定时，蒸发温度对制冷压缩机制冷量的影响如图 3-25 所示。由图可见，离心式制冷压缩机的制冷量受蒸发温度变化的影响比活塞式制冷压缩机明显。蒸发温度越低，制冷量下降得越剧烈。

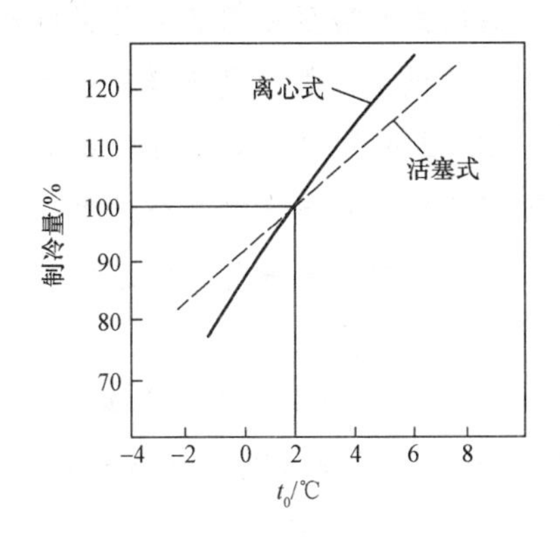

图 3-25　蒸发温度变化的影响

(2)冷凝温度的影响。当制冷压缩机的转速和蒸发温度一定时，冷凝温度对制冷压缩机制冷量的影响如图 3-26 所示。由图可见，当冷凝温度低于设计值时，随着冷凝温度的升高，制冷量略有增加；但当冷凝温度高于设计值时，随着冷凝温度的升高，制冷量急剧下降，并且可能出现喘振现象。这一点在实际运行时必须给予足够的注意。

(3)转速的影响。当运行工况一定时，转速对制冷压缩机制冷量的影响如图 3-27 所示。由图可见，离心式制冷压缩机受转速变化的影响比活塞式制冷压缩机明显。这是因为活塞式制冷压缩机的制冷量与转速成正比，而离心式制冷压缩机的制冷量与转速的平方成正比。所以随着转速的降低，离心式制冷压缩机的制冷量急剧降低。

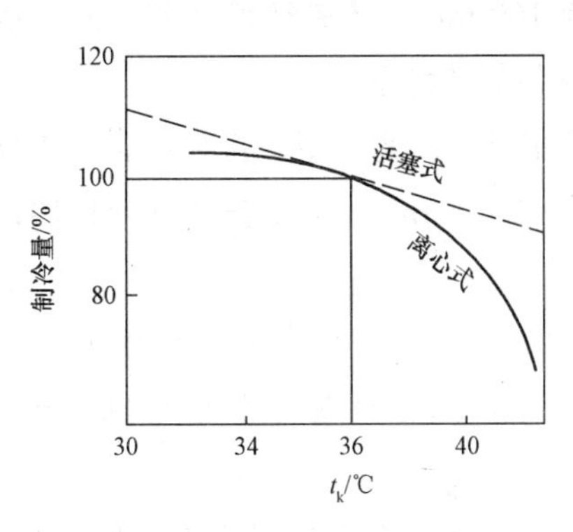

图 3-26　冷凝温度变化的影响

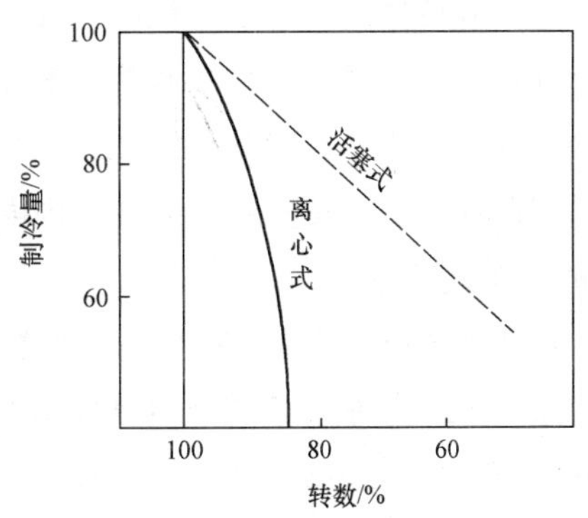

图 3-27　转速变化的影响

思考题与习题

1. 制冷压缩机的作用是什么？制冷系统中可以不装压缩机吗？

2. 制冷压缩机分为哪几类？

3. 活塞式制冷压缩机按所采用的制冷剂不同可分为哪两类？

4. 活塞式制冷压缩机按气缸排列形式不同可分为哪几类？

5. 开启式、半封闭式、全封闭式制冷压缩机各有什么特点？

6. 我国中小型活塞式制冷压缩机系列型号是怎样表示的？各代号的含义分别是什么？

7. 说明 8AS12.5A、4FW12.5B 型号中各符号的意义。

8. 活塞式制冷压缩机的理想工作过程包括哪几个过程？

9. 活塞式制冷压缩机的实际工作过程与理想工作过程有什么区别？

10. 什么是气缸的工作容积？如何计算？

11. 什么是活塞式制冷压缩机的活塞排量？如何计算？

12. 为什么活塞式制冷压缩机的实际排气量总是小于活塞排量？

13. 什么是活塞式制冷压缩机的容积效率？

14. 影响活塞式制冷压缩机容积效率的主要因素有哪些？

15. 在工程上，活塞式制冷压缩机容积效率如何计算？

16. 活塞式制冷压缩机的制冷量如何计算？

17. 什么是活塞式制冷压缩机的指示功率、摩擦功率、轴功率？分别应如何计算？

18. 如何确定压缩机配用电动机的功率？

19. 影响活塞式制冷压缩机性能的主要因素是什么？

20. 试分析冷凝温度 t_k 和蒸发温度 t_0 的升高或降低对压缩机制冷量有什么影响？对压缩机轴功率有什么影响？

21. 我国对于中小型活塞式制冷压缩机规定了哪两种工况？

22. 有一台活塞式制冷压缩机，气缸直径为 100 mm，活塞行程为 70 mm，四缸，转数 n=960 r/min，试计算气缸的工作容积和压缩机的活塞排量。

23. 吸气压力为 0.32 MPa 的 R12 气态制冷剂进入活塞式制冷压缩机，经压缩后，排气压力为 1.02 MPa，压缩机为开启式，其转速 n=960 r/min，多变指数 m=1.13，试计算该压缩机的容积效率 η_V。

24. 试计算 8AS12.5A 型制冷压缩机在 t_k=30 ℃，t_0=−15 ℃，t_{gl}=25 ℃，t_1=−10 ℃时的制冷量。已知该制冷压缩机的气缸直径 D=125 mm，活塞行程 S=100 mm，转速 n=960 r/min，气缸数 Z=8，制冷剂为 R717。

25. 某 R12 蒸汽压缩式制冷系统，t_k=30 ℃，膨胀阀前液态制冷剂温度为 25 ℃，蒸发温度 t_0=−15 ℃，压缩机吸气温度为−10 ℃，系统的制冷量为 17.5 kW，若不考虑流动阻力和传热损失，试确定：

(1)所需的压缩机的理论排气量 V_h；

(2)若指示效率 η_i＝0.9 ℃，摩擦效率 η_m＝0.9，压缩机与电机直联，请问压缩机配用的电动机功率为多少？

26. 有一台6FW12.5 A型压缩机，其气缸直径 D=125 mm，活塞行程 S=100 mm，转速 n=960 r/min，采用R22作制冷剂，试估算该压缩机在空调工况下的制冷量。

27. 试述螺杆式制冷压缩机的工作原理。

28. 试述涡旋式制冷压缩机的工作原理。

29. 试述离心式制冷压缩机的工作原理。

第四章　冷凝器与蒸发器

第一节　冷凝器

冷凝器是制冷装置中主要的热交换设备。它的作用是将制冷压缩机排出的高温、高压气态制冷剂冷却并使之液化。

一、冷凝器的种类、构造及特点

根据冷却介质的种类不同，冷凝器可分为水冷式、空冷式(风冷式)、水-空气冷却式三类。

1. 水冷式冷凝器

水冷式冷凝器是以水作为冷却介质，用水的温升带走冷凝热量。常用的冷却水有井水、河水、自来水等。冷却水可以一次使用，也可以循环使用。当冷却水循环使用时，需配置冷却塔或凉水池。水冷式冷凝器不受气象条件变化的影响，且冷凝温度较低，是目前应用最为广泛的冷凝器。

根据结构形式的不同，水冷式冷凝器可分为立式壳管式、卧式壳管式、套管式和钎焊板式等几种。

(1)立式壳管式冷凝器。立式壳管式冷凝器的构造如图 4-1 所示。其外壳是由钢板卷焊而成的圆筒，圆筒两端各焊一块多孔管板，板上用胀管法或焊接法固定着许多无缝钢管。冷凝器顶部装有配水箱，箱内设有均水板。冷却水自顶部进入水箱后，被均匀地分配到各个管口，每根钢管的管口上顶端装有一个带斜槽的导流管嘴，如图 4-2 所示。冷却水经导流斜槽沿，以螺旋线状沿管内壁向下流动，则会在管内壁形成一层水膜，其不但可以提高冷凝器的冷却效果，还可以节省水量。吸热后的冷却水汇集于冷凝器下面的水池中。气态制冷剂从筒体中部进入筒体内钢管之间的空间，与冷却水换热后在管外呈膜状凝结，凝液沿管外壁流下，积于冷凝器的底部，经出液管流出。此外，筒体上还设有液面指示器、压力表、安全阀、放空气阀、平衡管、放油管等管接头，以便与相应的设备和管路相连接。

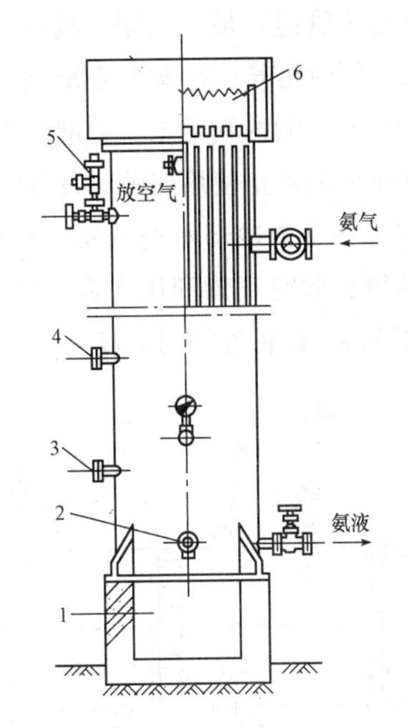

图 4-1　立式壳管式冷凝器

1—水池；2—放油阀；3—混合气体管；4—平衡管；5—安全阀；6—配水箱

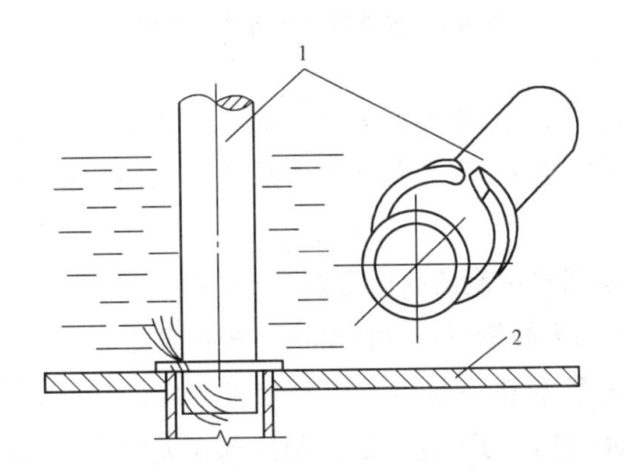

图 4-2　导流管嘴

1—导流管嘴；2—管板

立式壳管式冷凝器的优点是占地面积小，可安装在室外，无冻结危险，清除方便，且清洗时不必停止制冷系统的运行，对冷却水的水质要求不高；其主要缺点是冷却水用量大。立式壳管式冷凝器应用于大、中型氨制冷装置中。

(2)卧式壳管式冷凝器。卧式壳管式冷凝器分氨用和氟利昂用两种，它们在结构上大体相同，只是在局部细节和金属材料的选用上有差异。

氨用卧式壳管式冷凝器的结构如图 4-3 所示。其外壳是由钢板卷焊而成的圆筒，圆筒两端各焊一块多孔管板，板上用胀管法或焊接法固定着许多根传热管。筒体两端管板的外面有端盖，端盖内部设有隔板，从而将全部管束分成几个管组。冷却水在管内流动，从一端封盖的下部进入，按顺序通过每个管组，最后从同一端封盖上部流出。这样可以提高冷却水的流动速度，增强传热效果，同时延长了冷却水在冷凝器内的延续时间，增大了进出口的温差，可以减少冷却水量。在另一侧的端盖上，上部装有放气旋塞，以便在充水时排出空气，下部装有放水旋塞，可在长期停止使用时放尽冷却水，以免冬季冻裂管子。气态制冷剂从上部进入筒体传热管间，与管内冷却水充分发生热量交换后，凝液从下部排出。此外，筒体上设有安全阀、平衡管、放空气管和压力表、冷却水进出口等管接头。此外，在封盖上还设有若干个与相应的管路和设备连接的管接头。

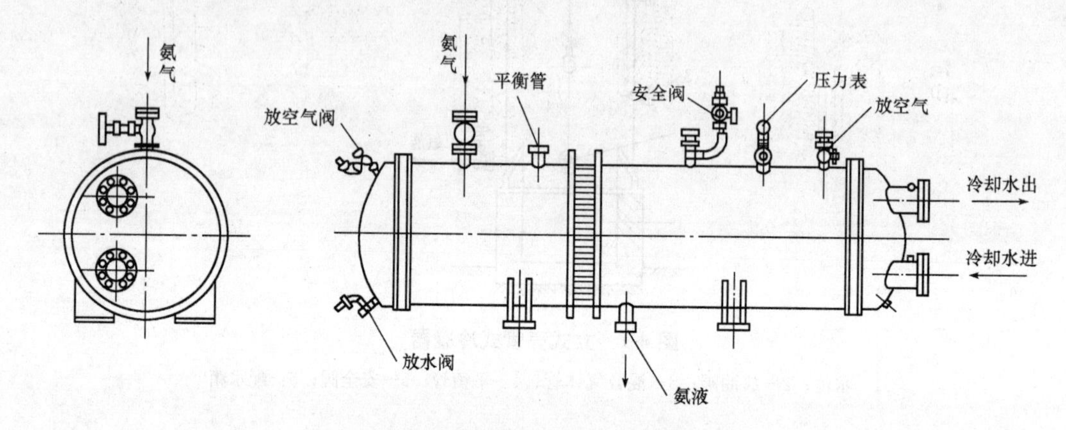

图 4-3　氨用卧式壳管式冷凝器

卧式壳管式冷凝器的主要优点是传热系数较高，冷却水用量较少；其缺点是清洗不方便，且需要停止制冷系统的运行，对冷却水的水质要求也高。卧式壳管式冷凝器广泛应用于氨和氟利昂制冷装置中。

(3)套管式冷凝器。套管式冷凝器的构造如图 4-4 所示。它的外管通常采用 ϕ50 mm 的无缝钢管，管内套有一根或若干根紫铜管或低肋铜管，内外管套在一起后，用弯管机弯成螺旋形。冷却水在内管中流动，流向为下进上出，制冷剂在大管内小管外的管间流动，流向为上进下出。制冷剂与冷却水呈逆流换热，传热效果好。

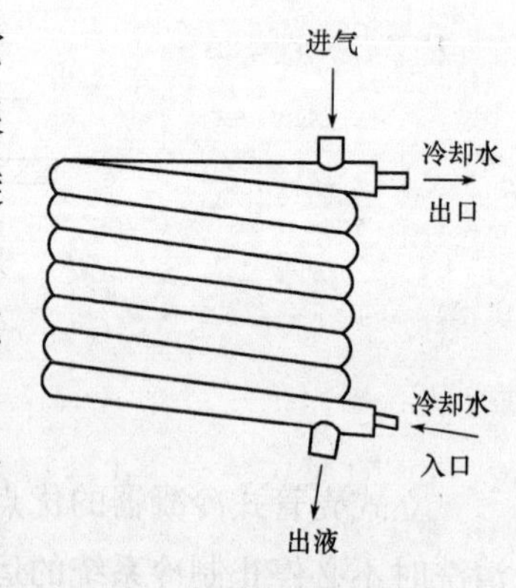

图 4-4　套管式冷凝器

套管式冷凝器的优点是结构简单，制造方便，体积小，传热效果好；其缺点是冷却水流动阻力大，不方便清洗水垢。套管式冷凝器应用于小型氟利昂制冷装置中。

(4)钎焊板式冷凝器。钎焊板式冷凝器的构造如图 4-5 所示。它是由一组不锈钢波纹金属板叠装焊接而成，板上的四孔分别为冷热两种流体的进出口，在板四周的焊接线内，形成传热板两侧的冷、热流体通道，在流动过程中通过板壁进行热交换。由于两种流体在流道内呈逆流流动，而板片表面制成的点支撑形、波纹形、人字形等各种形状，有利于破坏流体的层流边界层，在低流速下产生众多旋涡，形成旺盛紊流，又强化了传热；另外，板片间形成许多支撑点，承压约 3 MPa 的换热器板片的厚度仅为 0.5 mm 左右（板距一般为 2～5 mm）。所以在相同的换热负荷情况下，钎焊板式冷凝器的体积仅为壳管式冷凝器的 1/6～1/3，质量仅为壳管式冷凝器的 1/5～1/2，所需的制冷剂充注量约为壳管式冷凝器的 1/7，在相同介质、相同负荷以及同样的流速下，钎焊板式冷凝器的传热系数可达 2 000～4 650 W/(m^2 · ℃)，是壳管式冷凝器的 2～5 倍。

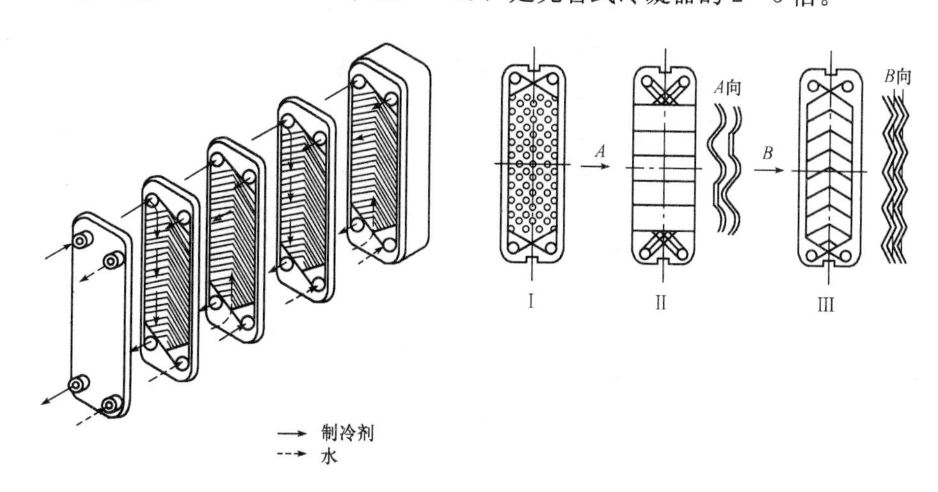

图 4-5　钎焊板式冷凝器

钎焊板式冷凝器体积小，质量轻，传热效率高，可靠性好，加工过程简单，近年来得到广泛应用。但是板式冷凝器内容积小，易堵塞，对水质的要求高。

当钎焊板式冷凝器作为冷凝器使用时，冷却水下进上出，制冷剂的蒸汽从上面进入，冷凝后的制冷剂液体从下面流出。

钎焊板式冷凝器也可用作蒸发器。

2. 空冷式冷凝器

空冷式冷凝器又称风冷式冷凝器，它是以空气作为冷却介质，靠空气的温升带走冷凝热量。

根据空气流动产生的原因不同，空冷式冷凝器可分为自然对流式和强迫对流式两种。自然对流式空冷式冷凝器的传热效果差，只用在电冰箱等微型制冷装置中，强迫对流式的空冷式冷凝器广泛应用于中、小型氟利昂制冷装置中。

强迫对流式的空冷式冷凝器的结构如图 4-6 所示。气态制冷剂从进气口进入各列传热管中，凝液从下部排出。空气以 2～3 m/s 的迎面流速横向掠过管束，带走制冷剂的冷凝热量。为了强化空气侧的传热，传热管均采用肋片管。肋片管常采用铜管铝片，肋片大多为连续整片。

空冷式冷凝器的优点是可以不用水，从而使冷却系统变得十分简单，且一般不会产生腐蚀；其缺点是冷凝温度受环境影响很大，在冬季运行时会导致蒸发器缺液，从而使得制冷量下降。

3. 水-空气冷却式冷凝器

水-空气冷却式冷凝器是以水和空气作为冷却介质。根据排除冷凝热量的方式不同，水-

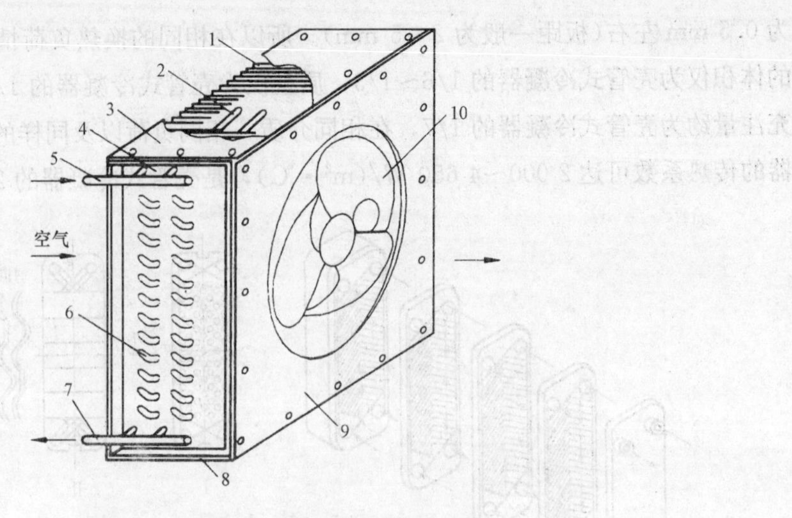

图 4-6　强迫对流式的空冷式冷凝器

1—照片；2—传热管；3—上封板；4—左封板；5—进气集管；6—弯头；
7—出液集管；8—下封板；9—前封板；10—通风机

空气冷却式冷凝器分为蒸发式和淋水式两种。蒸发式冷凝器主要是靠水在空气中蒸发带走冷凝热量；淋水式冷凝器主要是靠水的温升带走冷凝热量。

(1)蒸发式冷凝器。蒸发式冷凝器的结构如图 4-7 所示。气态制冷剂从盘管上部进入管内，凝液从盘管下部流出。水盘内的冷却水由水泵送到喷水管，经喷嘴喷淋在盘管的外表面，一部分冷却水吸收制冷剂的热量而蒸发，其余的落入水盘内。空气在风机的作用下掠过盘管，不断地带走蒸发形成的水蒸气，以加速水分的蒸发。为了防止未蒸发的水滴被空气带走，在喷水管的上部应装有挡水板。

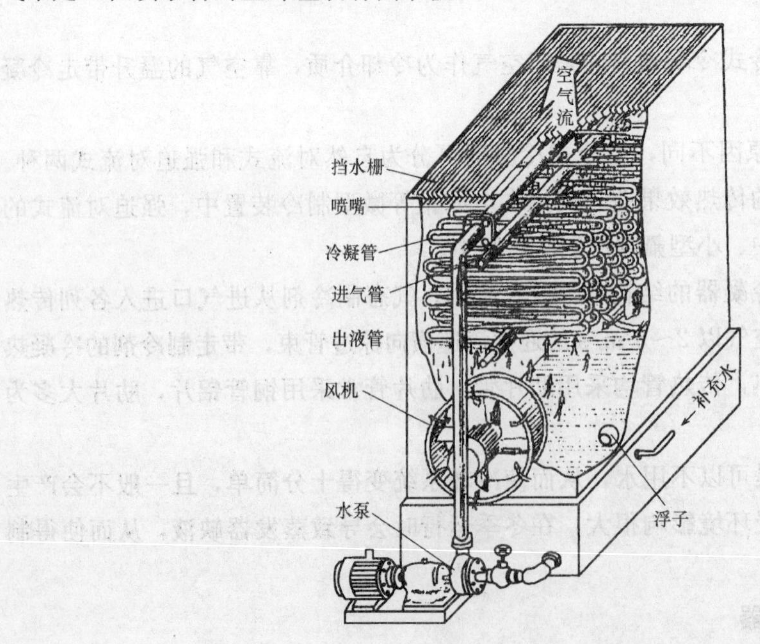

图 4-7　蒸发式冷凝器

根据风机安装位置的不同，蒸发式冷凝器可分为吸入式和压送式两种。风机安装在上部，冷凝盘管位于风机吸气端的是吸入式蒸发式冷凝器，如图 4-8(a)所示；风机安装在下部，冷凝盘管位于风机压出端的是压送式蒸发式冷凝器，如图 4-8(b)所示。吸入式由于空气均匀地通过盘管，所以传热效果好，但风机电机的工作条件恶劣，易发生故障。压送式则与之相反。

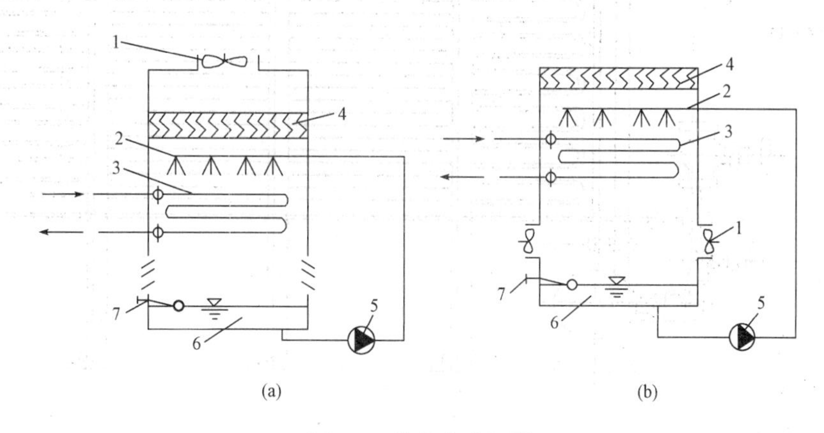

图 4-8　蒸发式冷凝器

(a)吸入式；(b)压送式

1—风机；2—淋水装置；3—盘管；4—挡水板；5—水泵；6—水箱；7—浮球阀补水

蒸发式冷凝器的优点是冷却水用量少；其缺点是设备易腐蚀，管外表面易结垢，且清垢工作比较烦琐。蒸发式冷凝器常用于中、小型氨制冷装置中。

(2)淋水式冷凝器。淋水式冷凝器的结构如图 4-9 所示。气态制冷剂从下面进入蛇形管，凝液从蛇形管的一端经排液管流入贮液器。冷却水从配水箱流入水槽中，经水槽下面的缝隙流至蛇形管的外表面，最后流入水池。

淋水式冷凝器的优点是构造简单，可在现场加工制作，清垢容易；其缺点是金属耗量大，占地面积大。淋水式冷凝器应用于大、中型氨制冷装置中。

二、冷凝器的选择与计算

1. 冷凝器形式的选择

冷凝器形式的选择主要取决于当地的水源条件、气象条件、制冷剂种类等因素。水冷式冷凝器是目前应用最为广泛的冷凝器，凡是水源条件较好的场所均应优先考虑选用水冷式冷凝器；对于冷却水水质较差、水温较高、水量充足的地区宜选用立式壳管式冷凝器。对于水质较好、水温较低的地区宜选用卧式壳管式冷凝器；小型制冷装置可选用套管式冷凝器；对于水源不足或空气相对湿度较低的地区，可选用蒸发式冷凝器；氟利昂制冷装置在供水不便或无法供水的场所，可选用风冷式冷凝器；氨制冷装置切忌选用风冷式冷凝器。

2. 冷凝器传热面积的计算

冷凝器传热面积的计算公式为

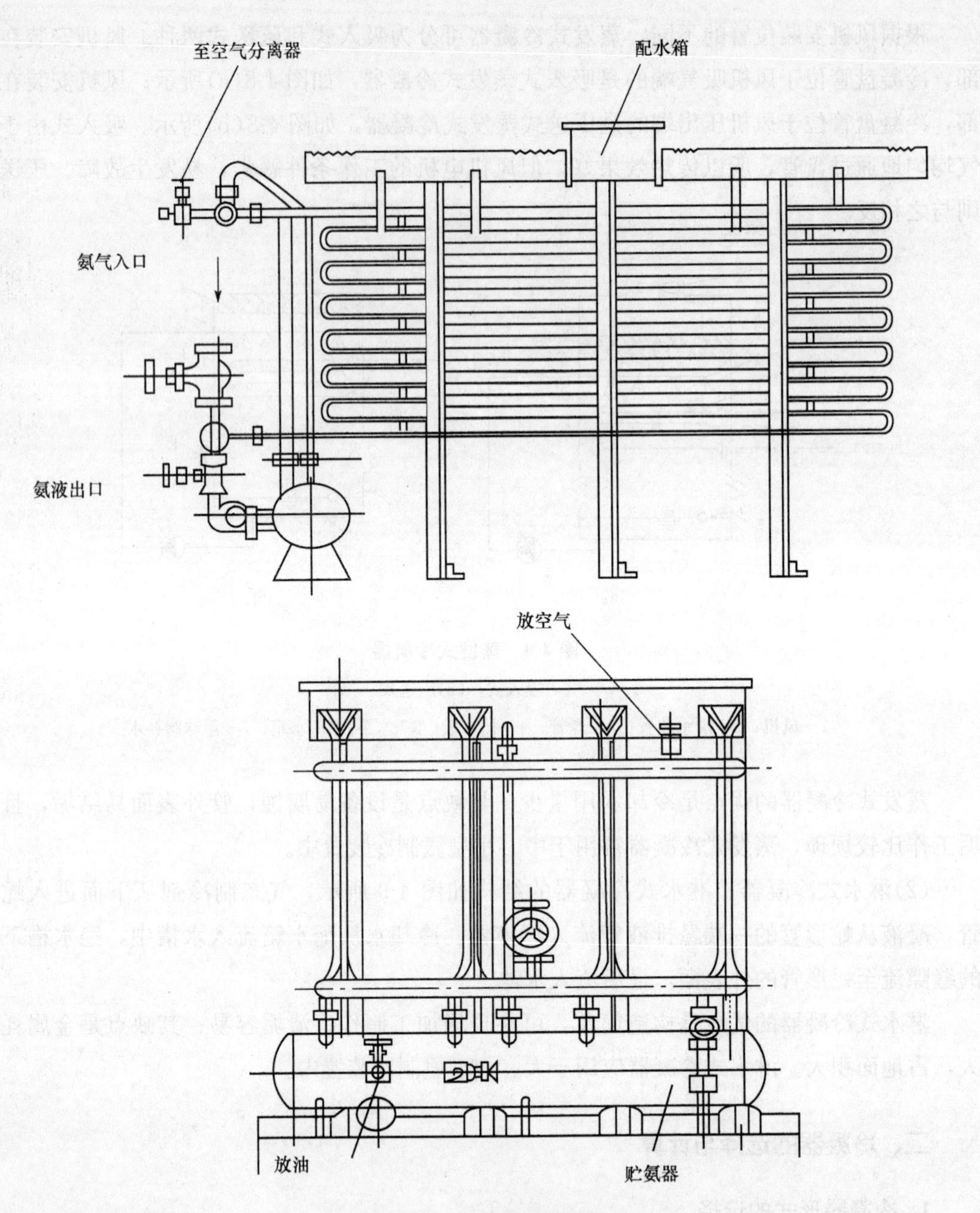

图 4-9　淋水式冷凝器

$$A=\frac{\varphi_k}{K\Delta t}=\frac{\varphi_k}{\psi}(m^2) \tag{4-1}$$

式中　φ_k——冷凝器的热负荷(W)；

K——冷凝器的传热系数[W/(m²·℃)]；

Δt——冷凝器的平均传热温差(℃)；

ψ——冷凝器的热流密度(W/m²)。

下面分别讨论 φ_k、K 和 Δt 等参数的确定方法。

(1)冷凝器的热负荷。冷凝器的热负荷可通过制冷循环的热力计算求得，也可按下式进行概略计算：

$$\varphi_k = \varphi\varphi_0\,(W) \tag{4-2}$$

式中　φ——冷凝负荷系数，可由图 4-10 查得；

φ_0——制冷装置的制冷量(W)。

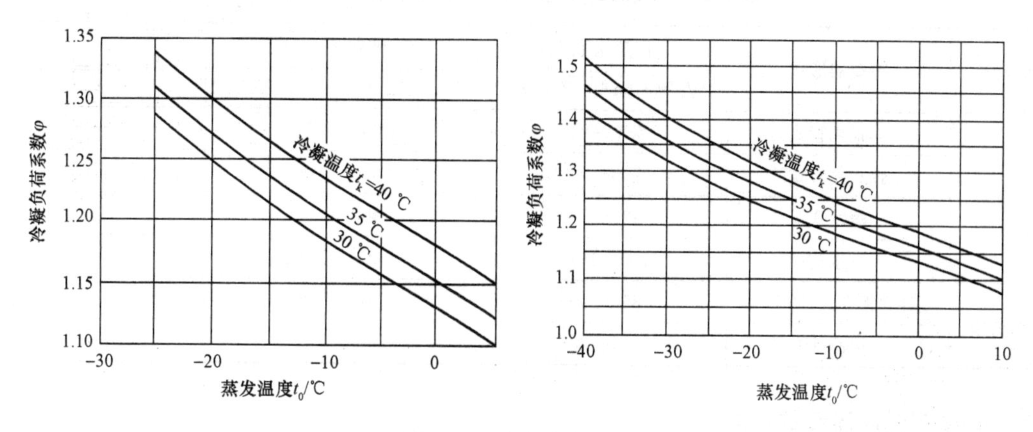

图 4-10　冷凝负荷系数

(2)冷凝器的平均传热温差。制冷剂在冷凝器中冷却、冷凝时是一个变温过程。考虑到制冷剂的放热主要集中在冷凝段，而此时的温度是一定的，为了简化计算，把制冷剂的温度认定为冷凝温度。因此，传热平均温差的计算公式为

$$\Delta t = \frac{t_2 - t_1}{\ln \dfrac{t_k - t_1}{t_k - t_2}}\,(℃) \tag{4-3}$$

式中　t_1、t_2——冷却介质的进、出口温度(℃)；

t_k——冷凝温度(℃)。

由式(4-3)可知，要计算 Δt，首先要确定 t_1、t_2 和 t_k。其中，t_1 可以根据当地的气象及水文条件确定。而 t_2 及 t_k 的确定涉及技术经济问题，要从运行费用和设备投资两方面综合考虑。表 4-1 列出了冷凝器中平均传热温差 Δt 的推荐值。

表 4-1　冷凝器中平均传热温差 Δt 的推荐值

冷凝器种类		平均传热温差 Δt/ ℃	冷却介质温升 t_2-t_1/ ℃
水冷式	氨立壳式	4～6	2～3
	氨卧壳式	4～6	4～6
	氟利昂卧壳式	4～7	4～6
风冷式		8～12	8～10
淋水式		4～6	2～4
蒸发式		2～3	2～4

(3)冷凝器的传热系数。传热系数 K 值可根据有关公式进行计算。计算时首先要计算制冷剂和冷却介质的放热系数，但放热系数是热流密度或壁面温度等的函数，所以传热系数一般用连续逼近法或图解法求出。表 4-2 列出了各类冷凝器的传热系数 K 值和热流密度 ψ 值。

表 4-2　冷凝器的传热系数 K 值和热流密度 ψ 值

制冷剂	冷凝器形式	传热系数 K /[W·(m²·℃)⁻¹]	热流密度 ψ /(W·m⁻²)	平均传热温差 Δt/ ℃
氨	立式壳管式	700～800	4 000～4 500	4～6
	卧式壳管式	700～900	4 000～5 000	4～6
	蒸发式	580～750	1 400～1 800	3
	淋水式	700～1 000	4 000～5 800	4～6
氟利昂	卧式管壳式(肋管)	850～900	4 500～5 000	5
	风冷式	24～28	240～290	8～12

3. 冷却介质流量的计算

冷却介质(水或空气)流量的计算公式为

$$M=\frac{\varphi_k}{c_p(t_2-t_1)}\quad(\mathrm{kg/s})\tag{4-4}$$

式中　φ_k——冷凝器的热负荷(kW)；

c_p——冷却介质的比热[kJ/(kg·℃)]；

t_2-t_1——冷却介质进、出口温差(℃)。

第二节　蒸 发 器

蒸发器也是制冷装置中主要的热交换设备。它的作用是借助制冷剂的汽化从被冷却物体吸取热量，从而达到制冷的目的。

一、蒸发器的种类、构造及特点

根据被冷却介质种类的不同，蒸发器可分为冷却液体的蒸发器和冷却空气的蒸发器两大类。

1. 冷却液体的蒸发器

根据结构形式的不同，冷却液体的蒸发器分为水箱式、卧式壳管式和板式三类。根据蒸发管组的形式不同，水箱式蒸发器分为立管式、螺旋管式、盘管式等；根据供液方式的不同，卧式壳管式蒸发器分为满液式和干式两种。

(1)立管式蒸发器。立管式蒸发器的结构如图 4-11 所示。箱体由钢板焊接而成，箱体内装有两排或多排蒸发管组，每排蒸发管组又由上集管、下集管和许多焊在两集管之间的末端微弯的立管所组成。上集管的一端焊有气液分离器，分离器下面有一根立管与下集管相通，使分离出来的液滴流回下集管。下集管的一端与集油器相连，集油器的上端接有均压管与吸气管相通。每组蒸发管组的中部有一根穿过上集管通向下集管的竖管，这样可以保证液体直接进入下集管，并能均匀地分配到各根立管。立管内充满液态制冷剂，其液面几乎达到上集管。液态制冷剂在管内吸收载冷剂的热量后不断地汽化，汽化后的制冷剂通过上集管经气液分离器分离后，液体返回下集管，蒸汽从上部引出被压缩机吸走。载冷剂从上部进入箱体，被冷却后从下部流出。箱体中装有搅拌器和纵向隔板，使箱体中的载冷剂按一定的方向和速度循环流动。箱体上部装有溢水口，当载冷剂过多时可从溢流口排出。底部又装有泄水口，以备检查清洗时放空使用。为了减少冷量损失，箱体底部和四周外表面应做隔热层。

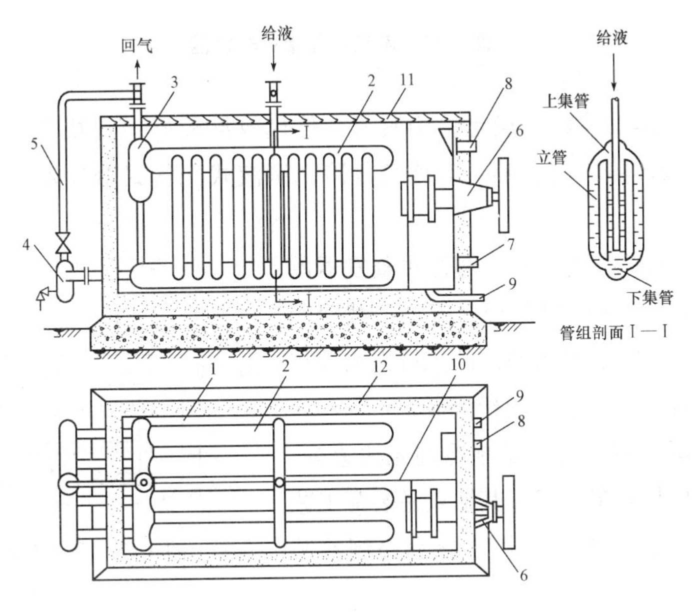

图 4-11　立管式蒸发器

1—水箱；2—管组；3—气液分离器；4—集油器；5—均压管；
6—螺旋搅拌器；7—出水口；8—溢流口；9—泄水口；10—隔板；11—盖板；12—保温层

立管式蒸发器的优点是传热效果好，热温度性好；其缺点是占地面积大，制造复杂。立管式蒸发器广泛应用于氨制冷装置中。

(2)螺旋管式蒸发器。螺旋管式蒸发器是立管式蒸发器的一种变型产品，它的总体结构以及两种流体的流动情况与立管式蒸发器相似，不同之处是其以螺旋管代替两集管之间的立管。与立管式蒸发器相比，螺旋管式蒸发器外形尺寸小，结构紧凑，焊接工作量少，传热系数大。螺旋管式蒸发器广泛应用于氨制冷装置中。

(3)满液式壳管式蒸发器。满液式壳管式蒸发器的构造如图 4-12 所示。它的构造与卧式壳管式冷凝器相似。制冷剂在管外空间汽化，载冷剂在管内流动。液态制冷剂从筒体的下部进入，保证一定的充液高度。对于氨用满液式壳管式蒸发器，其充液高度为筒径的70％～80％；对于氟利昂用满液式壳管式蒸发器，其充液量为筒径的55％～65％。汽化后的制冷剂蒸汽上升至液面，经过顶部的气液分离器分液后，蒸汽被压缩机吸走。为了得知蒸发器内的液位，在气液分离器和筒体之间装设一根旁通管，该管的结霜处即为蒸发器内的液位。筒体底部焊有集油器，可定期放出沉积下来的润滑油。

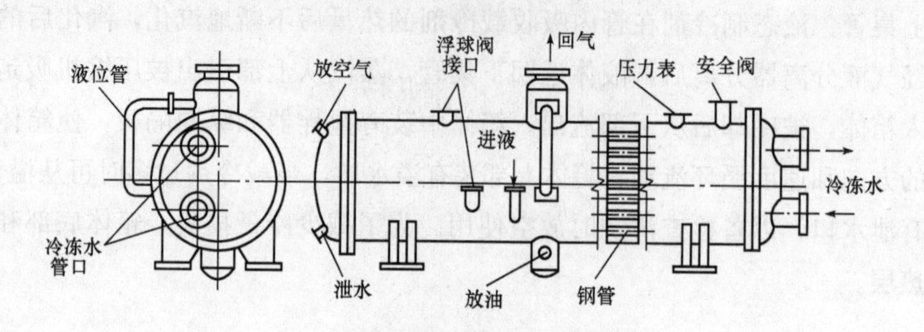

图 4-12　满液式壳管式蒸发器

满液式壳管式蒸发器的优点是结构紧凑，传热效果较好；其缺点是制冷剂的充注量大，蒸发温度受液体静压的影响，有冻结危险。满液式壳管式蒸发器广泛应用于氨制冷装置中。

(4)干式壳管式蒸发器。干式壳管式蒸发器的结构如图 4-13 所示。制冷剂在管内流动，载冷剂在管外空间流动。为了提高载冷剂的流速以增强传热，筒体内装有若干块圆缺形的折流板。

干式壳管式蒸发器的优点是制冷剂充注量少，冻结危险性小，传热效果良好；其缺点是装配工艺较复杂。干式壳管式蒸发器应用于氟利昂制冷装置中。

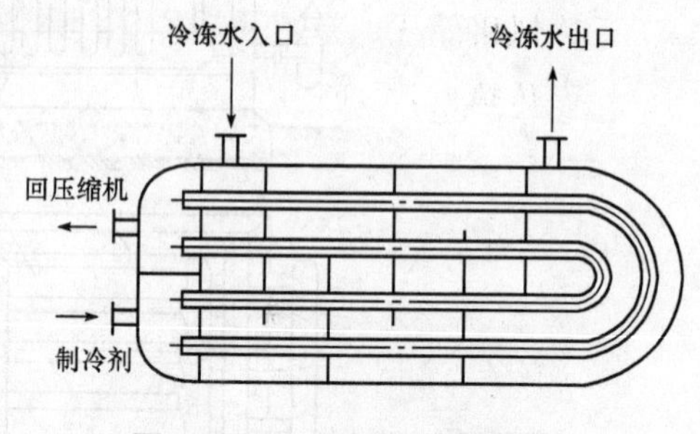

图 4-13　干式壳管式蒸发器

2. 冷却空气的蒸发器

冷却空气的蒸发器可分为两大类，一类是空气作自然对流的蒸发排管；另一类是空气被强制流动的冷风机。

(1)蒸发排管。蒸发排管根据排管放置位置的不同，可分为墙排管、顶排管、搁架式排管；根据排管的结构形式不同，可分为立管式排管、蛇形管排管、U 形管排管；根据管束形式的不同，可分为光管排管和肋管排管。

蒸发排管的优点是结构简单，可现场制造；其缺点是传热系数小。蒸发排管常用于冷藏库中。

(2)冷风机。冷风机是由蒸发管组和通风机所组成。冷库中使用的冷风机是做成箱体形式；空调中使用的冷风机通常是做成带肋片的管簇。

空调用强制对流式的直接蒸发式空气冷却器如图 4-14 所示。制冷剂液体通过分液器均匀地分配到各路传热管中去，产生的蒸汽由集管汇集后流出。空气在风机的作用下横向掠过肋片管簇，将热量传给管内流动的制冷剂，使温度降低。

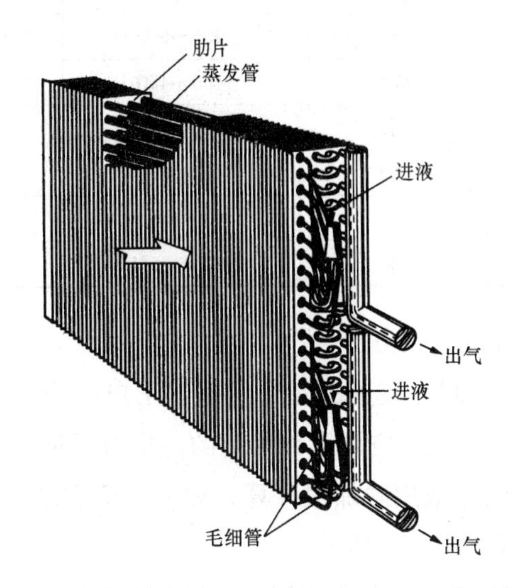

图 4-14　空调用强制对流式的直接蒸发式空气冷却器

冷风机的优点是不用载冷剂，冷损失少，降温快，结构紧凑，易于实现自动控制；其缺点是传热系数较低。冷风机广泛应用于冷藏库和空调装置中。

二、蒸发器的选择与计算

1. 蒸发器形式的选择

蒸发器形式的选择应根据载冷剂及制冷剂的种类和供冷方式而定。当空气处理设备采用水冷式表面冷却器，并以氨作为制冷剂时，可采用卧式壳管式蒸发器；若以氟利昂作为制冷剂时，宜采用干式蒸发器。当空气处理设备采用淋水室时，宜采用水箱式蒸发器；在冷藏库中，一般采用蒸发排管和冷风机。

2. 蒸发器传热面积的计算

蒸发器传热面积的计算公式为

$$A=\frac{\varphi_0}{K\Delta t}=\frac{\varphi_0}{\psi}(\mathrm{m}^2) \tag{4-5}$$

式中　φ_0——制冷装置的制冷量(W)；

K——蒸发器的传热系数[W/(m^2 · ℃)]；

Δt——蒸发器的平均传热温差(℃)；

ψ——蒸发器的热流密度(W/m^2)。

表 4-3 列出了常用蒸发器的传热系数 K 值和热流密度 ψ 值。

表 4-3 常用蒸发器的传热系数 K 值和热流密度 ψ 值

制冷剂	蒸发器形式	载冷剂	传热系数 K /[W·(m²·℃)⁻¹]	热流密度 ψ /(W·m⁻²)	平均传热温差 Δt/℃
氨	满液式	水	450～500	2 300～3 000	5～6
		盐水	400～450	2 000～2 500	5～6
	立管式	水	500～550	2 500～3 500	5～6
		盐水	450～500	2 300～2 900	5～6
	螺旋管式	水	500～550	2 800～3 500	5～6
氟利昂	干式	水	500～550	2 500～3 000	5～6

下面分别讨论 φ_0 和 Δt 的确定方法。

(1)制冷装置的制冷量。制冷装置的制冷量等于用户的冷量与供冷系统的冷量损失之和。用户所需的冷量一般由工艺或空调设计给定的，也可根据冷库工艺和空调负荷进行计算；而供冷系统的冷量损失一般用附加值计算。对于直接供冷系统，一般附加 5%～7%；对于间接供冷系统，一般附加 7%～15%。

(2)蒸发器的平均传热温差。传热平均温差的计算公式为

$$\Delta t=\frac{t_1-t_2}{\ln\dfrac{t_1-t_0}{t_2-t_0}} \quad (℃) \tag{4-6}$$

式中 t_1、t_2——载冷剂的进、出口温度(℃)；

t_0——蒸发温度(℃)。

由式(4-6)可知，要计算 Δt，首先要确定 t_1、t_2 和 t_0。其中，t_1 可以根据生产工艺或空气调节的要求确定。而 t_2 及 t_0 的确定涉及技术经济问题，要从运行费用和设备投资两方面综合考虑。表 4-4 列出了蒸发器中平均传热温差 Δt 的推荐值。

表 4-4 蒸发器中平均传热温差 Δt 的推荐值

蒸发器形式		平均传热温差 Δt/℃	说明
水箱式蒸发器		4～6	载冷剂的温降至载冷剂为淡水时取 4～6 ℃，降为盐水时取 4～6 ℃
卧式壳管式蒸发器	氨	4～6	
	氟利昂	6～8	

3. 载冷剂流量的计算

载冷剂流量的计算公式为

$$M=\frac{\varphi_0}{c_p(t_2-t_1)} \quad (\mathrm{kg/s}) \tag{4-7}$$

式中 φ_0——制冷装置的制冷量(kW)；

c_p——载冷剂的比热[kJ/(kg·℃)]；

t_2-t_1——载冷剂进、出口温差(℃)。

思考题与习题

1. 冷凝器的作用是什么？根据所采用的冷却介质不同可分为哪几类？

2. 水冷式冷凝器有哪几种形式？试比较它们的优缺点和使用场合。

3. 风冷式冷凝器有何特点？宜用在何处？

4. 蒸发式冷凝器有哪两种形式？试比较这两种形式。

5. 造成冷凝器传热系数降低的原因有哪些？

6. 蒸发器的作用是什么？根据被冷却介质的不同可分为哪几类？

7. 满液式蒸发器和非满液式蒸发器各有什么优缺点？

8. 用于冷却盐水或水的蒸发器有哪几种？各有什么优缺点？

9. 在氟利昂系统中用立管式或螺旋管式蒸发器可行吗？为什么？

10. 用于冷却空气的蒸发器有哪几种？各用于什么场合？

11. 如何选择冷凝器和蒸发器？

12. 某空气调节系统所需制冷量为 900 kW，采用氟利昂蒸汽压缩制冷，工作条件下，蒸发温度为 5 ℃，冷凝温度为 40 ℃。试估算卧式壳管式冷凝器的传热面积以及所需冷却水量。

第五章　节流机构与辅助设备

第一节　节流机构

节流机构是组成制冷装置的重要部件，是制冷系统的四大部件之一。其作用如下：

(1)对高压制冷剂液体进行节流降压，保证冷凝器与蒸发器之间的压力差，以使蒸发器中的液态制冷剂在低压下汽化吸热，从而达到制冷的目的。

(2)调节进入蒸发器的制冷剂流量，以适应蒸发器热负荷的变化，使制冷装置正常运行。

节流机构的形式很多，结构也各不相同。常用的节流机构有手动膨胀阀、浮球膨胀阀、热力膨胀阀及毛细管等。

一、手动膨胀阀

手动膨胀阀的外形与普通截止阀相同，只是内部的阀孔较小，阀芯呈锥形或V形，阀杆采用细牙螺纹。所以，当转动阀杆上面的手轮时，就能保证阀门的开启度可以缓慢地增大或关小，以适应制冷量的调节要求。由于手动膨胀阀由人工控制其开启度，全凭经验进行操作，管理麻烦，不易适应冷负荷变化，所以近年来只作为辅助性的节流机构，装在自动节流机构的旁通管上备用。

二、浮球膨胀阀

浮球膨胀阀是根据蒸发器内液态制冷剂的液位来控制蒸发器的供液量。其主要用于氨制冷装置中，作为满液式蒸发器的供液量调节用。

根据节流后的液态制冷剂是否通过浮球室，浮球膨胀阀分为直通式和非直通式两种，如图5-1和图5-2所示。

这两种浮球膨胀阀的工作原理都是利用浮球室内的浮球受液面的升、降作用来控制阀门的开启度，以达到调节供液量的目的。浮球室的上、下用平衡管分别与蒸发器的气空间和液空间相通，因此，浮球室内的液面与蒸发器内的液面是相一致的。当蒸发器的负荷增大时，制冷剂的蒸发量增加，液面下降，浮球室内的液面也相应下降，浮球下降，依靠杠杆作用使阀门的开启度增大，供液量增加；当蒸发器的负荷减小时，制冷剂的蒸发量随之

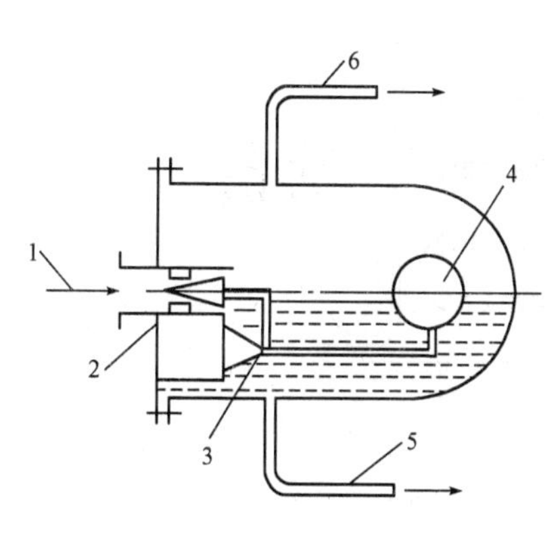

图 5-1　直通式浮球膨胀阀

1—液体进口；2—阀针；3—支点；

4—浮球；5—液体连通管；6—气体连通管

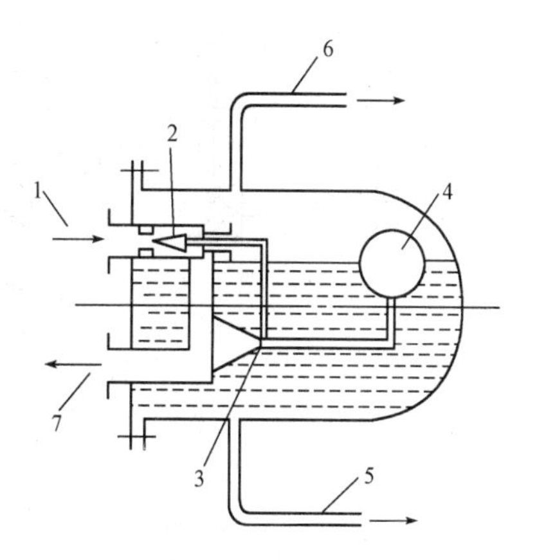

图 5-2　非直通式浮球膨胀阀

1—液体进口；2—阀针；3—支点；

4—浮球；5—液体连通管；

6—气体连通管；7—节流后的液体出口

减少，蒸发器内液面与浮球室内液面均升高，浮球升高，使得阀门的开启度减小，供液量减少。这两种浮球膨胀阀的主要区别是：直通式浮球膨胀阀节流后的液态制冷剂通过浮球室，然后由液体平衡管进入蒸发器；非直通式浮球膨胀阀节流后的液态制冷剂不通过浮球室，而是通过供液管直接进入蒸发器。直通式浮球膨胀阀的优点是构造简单；缺点是浮球室内液面波动大，冲击力大，故容易造成浮球阀失灵。非直通式浮球膨胀阀的优点是浮球室内液面平稳；缺点是构造和安装比较复杂。

三、热力膨胀阀

热力膨胀阀根据蒸发器出口处气态制冷剂的过热度来控制蒸发器的供液量。它主要用于氟利昂制冷系统，作为非满液式蒸发器的供液量调节用。

根据膜片下部的气体压力不同，热力膨胀阀可分为内平衡式热力膨胀阀和外平衡式热力膨胀阀。若膜片下部的气体压力为膨胀阀节流后的制冷剂压力称为内平衡式热力膨胀阀；若膜片下部的气体压力为蒸发器出口的制冷剂压力称为外平衡式热力膨胀阀。

1. 内平衡式热力膨胀阀

图 5-3 所示为内平衡式热力膨胀阀的工作原理。从图中可以看出，内平衡式热力膨胀阀是由阀芯、阀座、弹性金属膜片、弹簧、感温包和调整螺丝等组成。阀体装在蒸发器的供液管路上，感温包紧扎在蒸发器的回气管路上，感温包内充有与制冷系统相同的液态制冷剂，用来感受蒸发器出口的过热温度。毛细管作为密封盖与感温包的连接管，将感温包内的压力传递到弹性金属膜片上方。阀座上安装阀芯，在传动杆的带动下，阀芯与阀座一起移动，开大或关小阀门，以达到调节供液量的目的。调整螺丝用来调整弹簧力的大小，即调整膨胀阀的开启过热度。

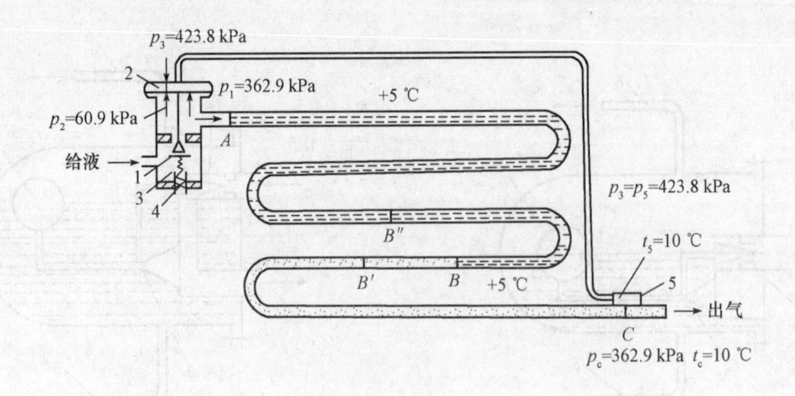

图 5-3　内平衡式热力膨胀阀的工作原理

1—阀芯；2—弹性金属膜片；3—弹簧；4—调整螺丝；5—感温包

通过对弹性金属膜片进行受力分析可以看出，作用在弹性金属膜片上的力有以下三个：

(1)感温包内的压力 p_3。它随回气过热度的变化而变化，作用于膜片的上方，其目的是使阀门开大。

(2)蒸发压力 p_1。它由工艺所要求的蒸发温度而决定，作用于膜片的下方，其目的是使阀门关小。

(3)弹簧作用力 p_2。它是根据膨胀阀控制回气过热度的范围而调定，作用于膜片的下方，其目的是使阀门关小。

当膨胀阀调整结束并保持一定的开启度稳定工作时，作用在膜片上、下方的三个力处于平衡状态，即 $p_3=p_1+p_2$，这时膜片不动，即阀门的开启度不变。而当其中一个力发生变化时，原有平衡就会被破坏，此时 $p_3\neq p_1+p_2$，膜片开始位移，阀口开启度也随之变化，直到建立新的平衡为止。

当蒸发器负荷增大时，则供液量不足，蒸发器出口的制冷剂蒸汽过热度增大，感温包内制冷剂温度升高，这时感温包的压力 $p_3>p_1+p_2$，阀针向下移动，阀门开大；当蒸发器负荷减小时，显得供液量过大，过热度减小，这时 $p_3<p_1+p_2$，弹簧力推动传动杆向上移动，阀门关小。

假定感温包内充注与制冷系统相同的制冷剂 R12，若进入蒸发器的液态制冷剂为 5 ℃，其相应的压力 $p_1=362.9$ kPa，液体在非满液式蒸发器中吸热汽化，如果不考虑制冷剂在蒸发器内的压力损失，则蒸发器各部位的压力均为 362.9 kPa，直到 B 点液体全部汽化为饱和蒸汽。从 B 点开始，制冷剂继续吸热而变成过热蒸汽，气体温度升高了，压力却仍然保持不变。假定由 B 点至装设感温包的 C 点气态制冷剂的温度升高 5 ℃，即达到 10 ℃，由于感温包紧贴管壁，所以感温包内液态制冷剂温度也接近 10 ℃，即 $t_5=10$ ℃，其相应的饱和压力 $p_5=423.8$ kPa，这个压力经过毛细管作用于膜片上方，则膜片上部的压力 $p_3=423.8$ kPa。若将弹簧力 p_2 通过调节螺丝调到 60.9 kPa，则使膜片向上移动，其力为 $p_1+p_2=362.9+60.9=423.8$ kPa。显然，此时 $p_1+p_2=p_3$，膜片上下压力相等，膜片不动，处于平衡状态，相应阀门有一定的开启度。这时，蒸发器出口处气态制冷剂的过热度为 5 ℃。相对应的饱和压力差恰好等于弹簧作用力 p_2。

当蒸发器的负荷减小时，蒸发器内的液态制冷剂沸腾减弱，此时，蒸发器的供液量显得过多，于是蒸发器的液态制冷剂达到全部汽化的终点不是 B 点，而是 B' 点。蒸发器出口 C 点的温度将低于 10 ℃，即过热度也小于 5 ℃，致使感温包内制冷剂的压力也低于 423.8 kPa，则 $p_1+p_2>p_3$，阀门稍微关小，使供液量减小。这时弹簧也随之变松，弹簧作用力变小，膜片又在新的状态下平衡；反之，当蒸发器的负荷增加时，蒸发器内的液态制冷剂沸腾增强，此时，蒸发器的供液量显得过少，于是蒸发器的液态制冷剂在 B'' 点全部汽化。蒸发器出口 C 点的温度将高于 10 ℃，即过热度也大于 5 ℃，感温包内的压力也将大于 423.8 kPa ，则 $p_1+p_2<p_3$，阀门稍微开大，加大供液量。这时，弹簧随之收缩，弹簧作用力增大，膜片又在新的状态下平衡。

内平衡式热力膨胀阀只适用于蒸发器内阻较小的场合，广泛应用于小型制冷机和空调机。对于大型的制冷装置及蒸发器内阻较大的场合，由于蒸发器出口处的压力比进口处下降较大，若使用内平衡式热力膨胀阀，会导致热力膨胀阀供液不足或根本不能开启，影响蒸发器的工作。对于蒸发器管路较长或多组蒸发器装有分液器时，应采用外平衡式热力膨胀阀。

2. 外平衡式热力膨胀阀

外平衡式热力膨胀阀的结构与内平衡式热力膨胀阀基本相同，所不同之处是金属膜片下部空间与膨胀阀出口互不相通，而是通过一根小口径的平衡管与蒸发器出口相连。这样，膜片下方制冷剂的压力 p_1 不是蒸发器的进口压力 p_A，而是蒸发器的出口压力 p_C，此时，热力膨胀阀的工作不受蒸发器内阻的影响。

图 5-4 所示为外平衡式热力膨胀阀的工作原理。假设蒸发器入口处 A 点的压力 $p_A=$ 362.9 kPa，当蒸发器内阻 $\Delta p=54$ kPa 时，蒸发器末端 B 点的压力 $p_B=p_A-\Delta p=362.9-54=308.9$ kPa，相应的饱和温度为 0 ℃，保证 5 ℃的过热度，忽略 BC 段的压力降，则 C 点的压力 $p_C=308.9$ kPa，过热温度为 5 ℃，感温包感受到的温度 5 ℃，通过毛细管传递到膜片上方的压力 $p_3=362.9$ kPa，此时只需调节弹簧的松紧度，使其产生相当于 5 ℃工作过热度的弹簧作用力 $p_2=362.9-308.9=54$ kPa，就可以使膜片处于平衡状态，阀门的开启度不变。当蒸发器的负荷变化时，蒸发器出口处过热度也发生变化，平衡被破坏，膨胀阀将调整开启度，再建立新的平衡。

外平衡式热力膨胀阀可以改善蒸发器的工作条件，但结构比较复杂，安装与调试比较麻烦，因此，只有当蒸发器的压力损失较大时才采用此种膨胀阀。

3. 热力膨胀阀的安装

在氟利昂制冷系统中，热力膨胀阀安装在蒸发器入口处的供液管路上，阀体应垂直安装，不能倾斜，更不能颠倒安装。蒸发器配有分液器时，分液器应直接装在膨胀阀的出口侧，这样使用效果较好。

热力膨胀阀的感温包应装设在蒸发器出口处的吸气管路上，要远离压缩机吸气口 1.5 m

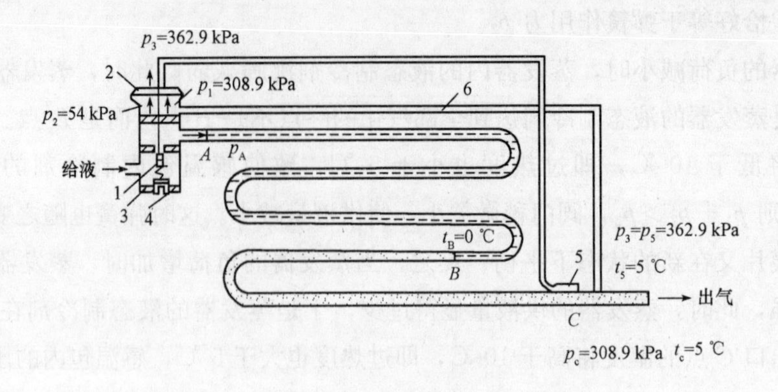

图 5-4　外平衡式热力膨胀阀的工作原理

1—阀芯；2—弹性金属膜片；3—弹簧；4—调节螺丝；5—感温包；6—平衡管

以上。膨胀阀安装的正确与否，很大程度上取决于感温包的布置、安装是否合理，因为膨胀阀的温度传感系统灵敏度比较低，传递信号时产生一个滞后时间，引起膨胀阀启用频繁，使系统的供液量波动，因此，感温包的安装对热力膨胀阀有很大影响。所以，必须认真对待感温包安装，在实际工程中要将感温包紧贴管壁，包扎紧密，如图 5-5 所示。其具体做法是：首先将包扎感温包的吸气管段上的氧化皮清除干净，以露出金属本色为宜，并涂上一层铝漆作保护层，以防生锈。然后，用两块厚度为 0.5 mm 的铜片将吸气管和感温包紧紧包住，并用螺钉拧紧，以增强传热效果(对于管径较小的吸气管也可用一块较宽的金属片固定)。当吸气管外径小于 22 mm 时，可将感温包绑扎在吸气管上面；当吸气管外径大于 22 mm 时，应将感温包绑扎在吸气管水平轴线以下与水平线成 30°角左右的位置上，以免吸气管内积液(或积油)而使感温包的传感温度有误。为防止感温包受外界空气温度的影响，需在外面包扎一层软性泡沫塑料作隔热层。

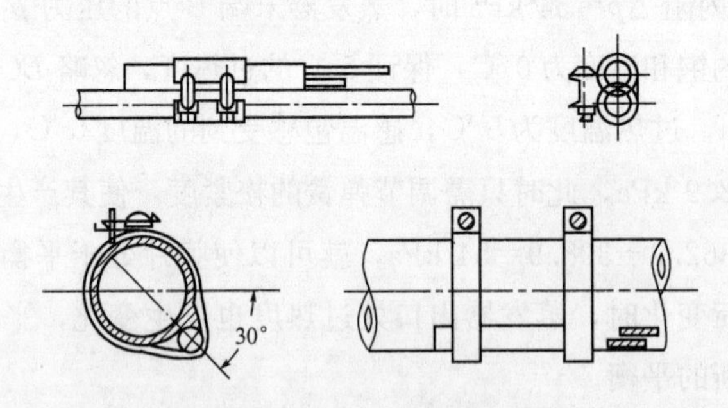

图 5-5　感温包的安装方法

在安装感温包时，务必注意不能把感温包安装在有积存液体的吸气管处，因为在这种管道内制冷剂液体还要继续蒸发，感温包就感受不到过热度(或过热度很小)，从而使阀门关闭，停止向蒸发器供液。直至水平管路中所积存的液态制冷剂全部蒸发，感温包重新感受到过热度时，膨胀阀方可开启，重新向蒸发器供液。为了防止膨胀阀错误操作，蒸发器出口处吸气管需要垂直安装时，吸气管垂直安装处应有存液管，否则只得将感温包装在出口处的立管上，如图 5-6 所示。

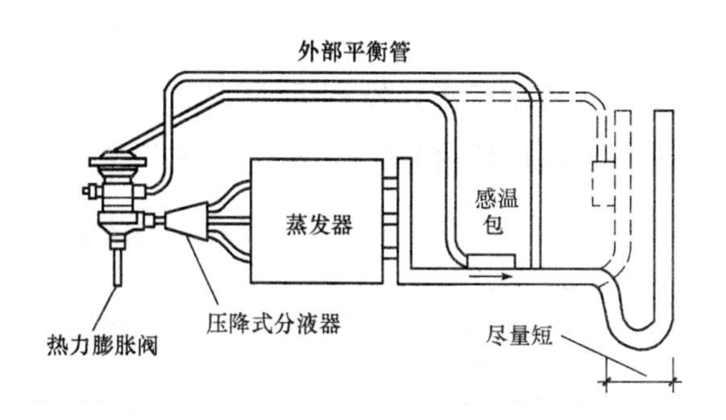

图 5-6 感温包的安装位置

4. 热力膨胀阀的调试

热力膨胀阀安装完毕后需要在制冷装置调试的同时也予以调试，使它在实际工况下执行自动调节。所谓调试，就是调整阀芯下方的弹簧的压紧程度，拧下底部的帽罩，用扳手顺旋(由下往上看为顺时针方向)调节杆，令弹簧压紧而关小阀门，使蒸发压力下降。反旋调节杆，使弹簧放松，阀门开大，则蒸发压力上升。

调整热力膨胀阀时，必须在制冷装置正常运转状态下进行，最好在压缩机的吸气截止阀处装一块压力表，通过观察压力表来判断调整量是否合适，如果蒸发器离压缩机较远，也可根据回气管的结霜(中、低温制冷)或结露(空调用制冷)情况进行判别。对于中、低温制冷装置，如果挂霜后用手触摸，则有一种将手粘住的感觉，表明此时膨胀阀的开启度适宜。在空调制冷装置中，蒸发温度一般在 0 ℃以上，回气管应该结露滴水。但若结露直至压缩机附近，说明阀口过大，则应调小一些，在装有回热器的系统中，回热器的回气管出口处不应结露。相反，蒸发器出口处如果不结露，则说明阀口过小，供液不足，应调大一些。调试工作要细致、认真，一般分粗调和细调两段进行。粗调每次可旋转调节螺丝(即调节螺杆)一周左右，当接近需要的调整状态时，再细调。细调时每次旋转 1/4 周，调整一次后观察约 20 min，直到符合要求为止。调节螺丝转动的周数不宜过多(调节螺杆转动一周)，过热度变化的改变为 1 ℃～2 ℃。

四、毛细管

毛细管是最简单的节流机构，通常为直径 0.7～2.5 mm、长度 0.6～6 m 细而长的紫铜管。毛细管有一定的调节流量的功能，它是根据制冷剂在系统中分配状况的变化而使毛细管的供液能力改变。图 5-7(a)表示了制冷机在正常状态工作时制冷剂的分配状况。冷凝器中主要是气，而在出口处及大部分毛细管中是液体；蒸发器中是气液混合物，在入口处的干度很小，随着流动使干度增大，临近出口处干度达到 1，并成为过热蒸汽。当蒸发器负荷增大时，制冷剂沸腾剧烈，蒸发器中蒸汽含量增多，干度达到 1 的点提前，过热区增大，由于系统中总的充注量不变，则势必导致有一部分制冷剂液体阻留在冷凝器中，如图 5-7(b)所示。这样，液体过冷度增加，且冷凝面积减少，导致冷凝压力升高，毛细管供液能力增大。从而调节了蒸发器的供液量，但是毛细管供液能力的调节范围不大。

毛细管的优点是制造简单，成本低廉，没有运动部件，工作可靠，使用它时，可不装设贮液器，制冷剂的充注量少；缺点是调节性能差。毛细管广泛应用于空调器和冰箱中。

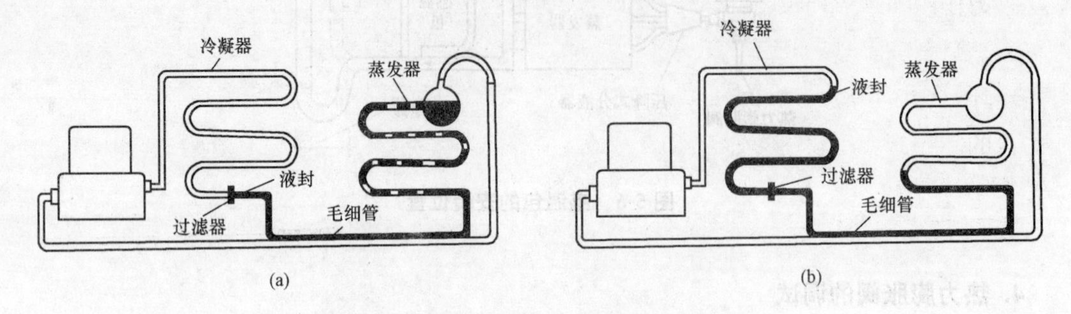

图 5-7　毛细管调节制冷剂流量的原理图

使用毛细管时还应注意以下几点：

(1)采用毛细管后，制冷系统的制冷剂充注量一定要准确，若充注量过多，则在停机时留在蒸发器的制冷剂液体过多，会导致重新启动时负荷过大，还易发生湿压缩，并且不易降温；反之，充液量过少，可能无法形成正常的液封，导致制冷量下降，甚至降不到所需的温度。

(2)毛细管的孔径和长度是根据一定的机组和一定的工况配置的，不能任意改变工况或更换任意规格的毛细管，否则会影响制冷设备的合理工作。

(3)毛细管入口部分应装设 31～46 目/cm^2 的过滤器(网)，以防污垢堵塞其内孔。

(4)当几根毛细管并联使用时，为使流量均匀，最好使用分液器。

(5)要密切地注意系统内部的清洗和干燥。如果系统残留水分，便会在毛细管出口侧产生冰塞，破坏系统的正常运行。另外，系统内的灰尘也容易堵塞毛细管，造成制冷不良。

第二节　辅助设备

制冷装置中除了必不可少的压缩机、冷凝器、节流机构和蒸发器四大设备外，还需要设置许多辅助设备，它们虽不是完成制冷循环所必需的设备，且在小型装置中可能被忽略，但在大、中型设备中对于提高运行的经济性以及保障设备的安全是很重要的。现分述如下。

一、润滑油分离与收集设备

1. 油分离器

油分离器设置在冷凝器前压缩机的排气管路上，其作用是分离掉压缩机排气中所夹带的润滑油，以防带入热交换设备内恶化传热。

目前油分离器常用的形式，用于氨系统的有洗涤式、填料式和离心式三种；用于氟利昂系统的主要是过滤式。

(1)洗涤式油分离器。图 5-8 所示为洗涤式油分离器的示意图。筒内氨液保持一定的液位，排气经氨液洗涤冷却而凝结成较大油滴，部分沉入底部，可能被带出液面的油滴或液滴在重力作用和伞形挡板阻挡作用下被分离出来。

(2)填料式油分离器。图 5-9 所示为填料式油分离器的示意图。其中，填料层的材料一般是瓷环、金属切屑。这种油分离器利用过滤、改变速度方向及降低速度的方法实现分离油的目的。它具有比较高的分油效率，但阻力较大。

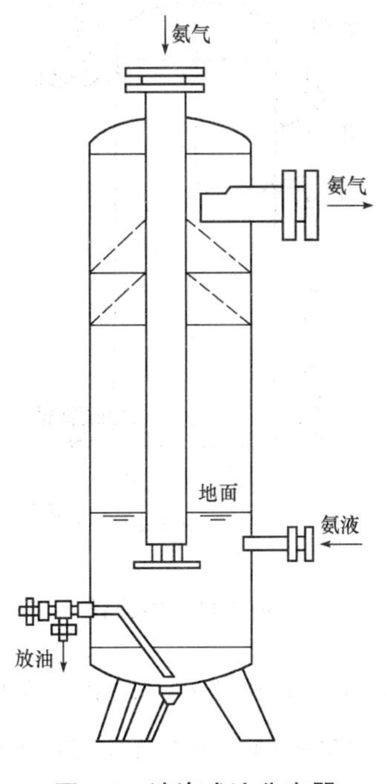

图 5-8　洗涤式油分离器

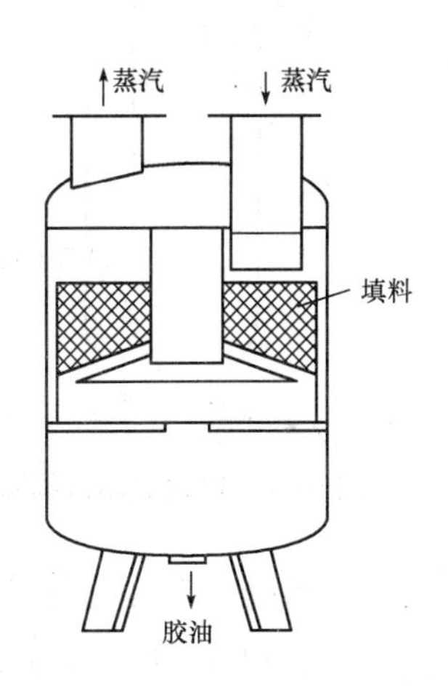

图 5-9　填料式油分离器

(3)离心式油分离器。图 5-10 所示为离心式油分离器的示意图。分离器设有冷却水套。这种油分离器利用离心力的作用将质量较大的油甩到壁面上，并利用冷却、阻挡、改变速度方向等方法进一步将油分离。它的分油效率也比较高。

(4)过滤式油分离器。图 5-11 所示为过滤式油分离器的示意图。这种油分离器利用铜丝网的过滤作用及改变速度方向及降低速度的方法分离润滑油。它的分油效率不太高。

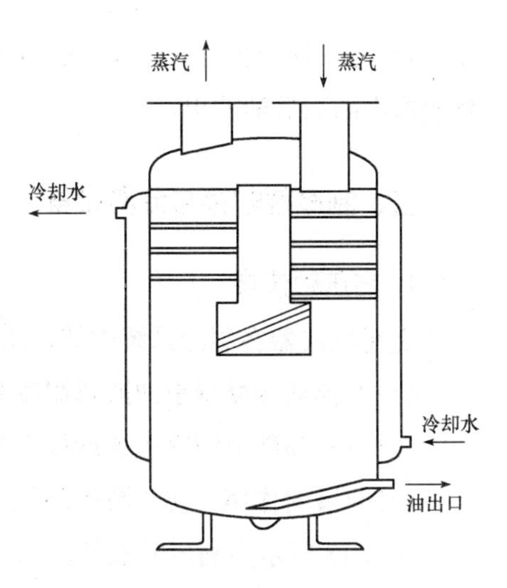

图 5-10　离心式油分离器

2. 集油器

集油器只在氨制冷系统中使用。因为氨液与润滑油不相溶，且润滑油比氨液重，易积存在容器的底部。为了不影响热交换设备的换热效果，必须定期将润滑油从容器中排放出来。集油器的作用就是遵照一定的操作规程将沉积在油分离器、冷凝器、贮液器及蒸发器中的油在低压状态下放出系统，以保证安全放油，同时，又能减少制冷系统中制冷剂的损失。

图 5-12 所示为集油器的示意图。它是由钢板卷制成的圆筒及封头焊接而成，其上设有进油口、放油口、顶部回气管及压力表接头等。

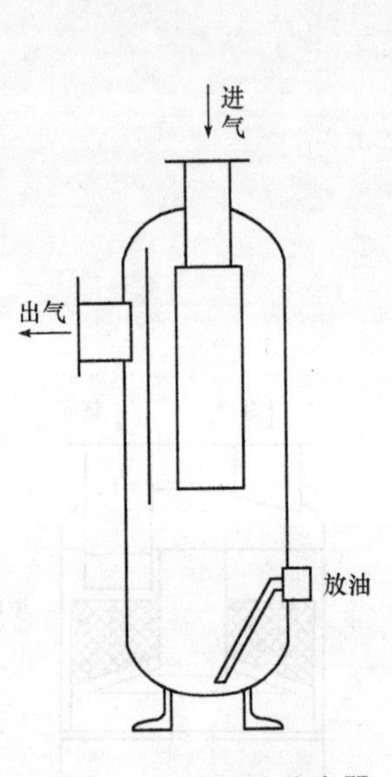

图 5-11 过滤式油分离器

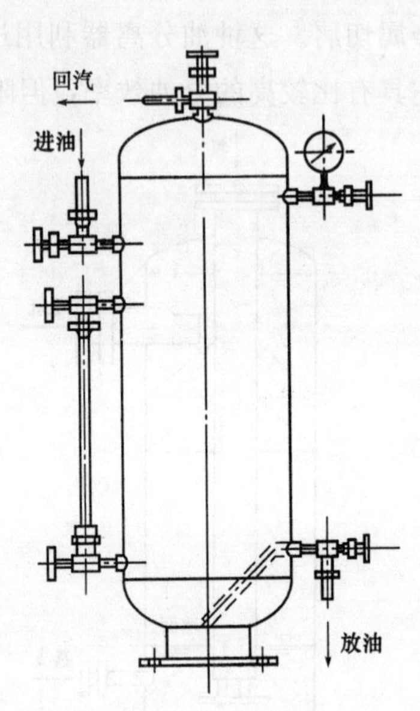

图 5-12 集油器

手动放油最好在系统停止运行时进行，这样使放油效率增高，同时也更加安全。放油时，首先应关闭进油阀和放油阀，开启回气阀，压力降至稍高于大气压时，关闭降压的回气阀，开启进油阀，将某个设备中的润滑油放在集油器内。当集油器中的集油量达到 60%～70%时，关闭进油阀，开启回气阀，待容器内压力降低后，关闭回气阀，开启放油阀，将集油器中的润滑油放出。

二、制冷剂贮存与分离设备

1. 高压贮液器

高压贮液器在制冷系统中的作用如下：

(1)贮存从冷凝器来的液态制冷剂，保证冷凝器的传热面积得以充分发挥作用。

(2)供应和调节制冷系统内各部分设备的液体循环量，以适应工况变动的需要。

(3)起液封作用，防止高压侧气体窜到低压侧而造成事故。

图 5-13 所示为高压贮液器的示意图。其筒体是由钢板卷成圆筒形加上两侧封头焊接而成，筒体上设有若干管接头与系统中的其他设备相连接。其中，进液管和均压管分别与冷凝器的出液管和均压管相连接。均压管使两个设备压力平衡，利用液位差将冷凝器的液体

流入贮液器中。出液管与各有关设备及总调节站连通。放空气管和放油管分别与不凝性气体分离器和集油器连通。

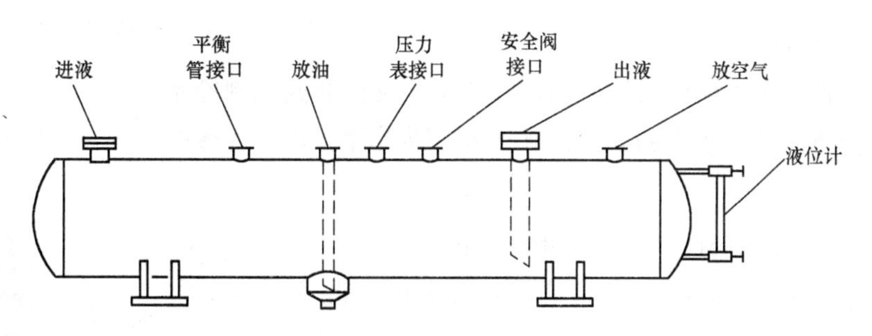

图 5-13 高压贮液器

2. 气液分离器

气液分离器只在氨制冷系统中使用。它的作用如下：

(1)分离掉膨胀阀后的闪发蒸汽，让它直接返回压缩机，因为这种闪发蒸汽已失去制冷能力，进入蒸发器后反而影响传热。

(2)分离掉蒸发器回气中夹带的液滴，防止其返回压缩机而造成液击。

图 5-14 所示为气液分离器的示意图。其筒体上装有许多管接头。其中，氨液入口接膨胀阀出口，氨液出口接蒸发器的入口；氨气入口接蒸发器的回气口，氨气出口接压缩机的吸气总管。

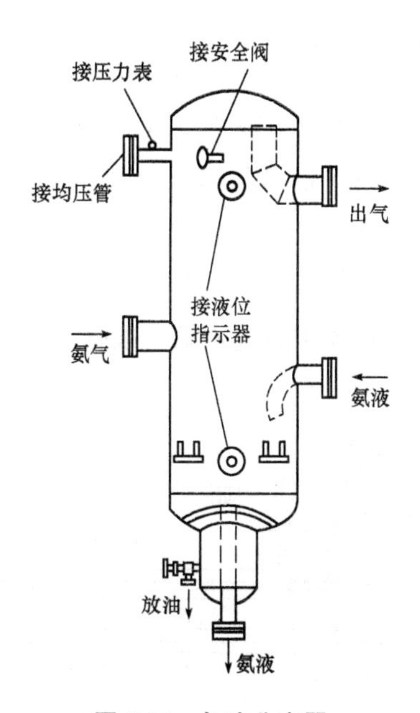

图 5-14 气液分离器

为了减少冷量损失，气液分离器的筒体外部应作保温层。

三、制冷剂净化设备

1. 空气分离器

空气分离器又称不凝性气体分离器。通常装设在低温氨制冷系统中，用来分离制冷系统内的空气及其他不凝性气体。这些气体的主要来源有：

(1)在第一次充灌制冷剂前系统中的残留空气。

(2)补充润滑油、制冷剂或检修机器设备时，混入系统中的空气。

(3)当蒸发压力低于大气压力时，从不严密处渗入系统中的空气。

(4)制冷剂和润滑油分解时产生的不凝性气体。

系统中如果有空气和其他不凝性气体存在时，会使冷凝器的传热效果变差，压缩机的排气压力升高，排气温度升高，压缩机耗功增加。因此，必须将它们及时分离出去。

目前常用的空气分离器有立式和卧式两种。

(1)立式空气分离器。图 5-15 所示为立式空气分离器的示意图。混合气体进入筒体后被蒸发管冷却。其中，氨气凝结成氨液留在筒体的底部，不凝性气体经放空气口排出系统。积存在底部的高压氨液通过膨胀阀降压后进入蒸发管，蒸发管中的氨气返回压缩机。

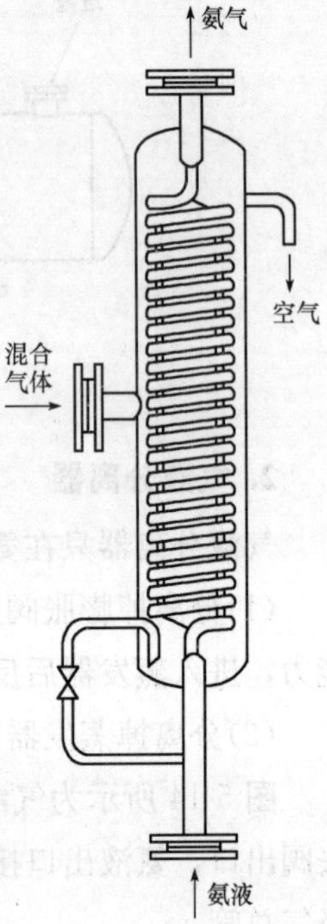

图 5-15　立式空气分离器

(2)卧式空气分离器。图 5-16 所示为卧式空气分离器的示意图。它是由四根直径不同的同心管焊接而成。从内往外，第一根管与第三根管相通；第二根管与第四根管相通。节流后的氨液由第一根管进入，汽化后的氨气由第三根管引出，被压缩机吸走。混合气体由第四根管进入，被冷却后，其中的氨气凝结为氨液，而不凝性气体由第二根管放出。凝结下来的氨液可通过旁通管经节流阀降压后进入第一根管，汽化产生的氨气返回压缩机。

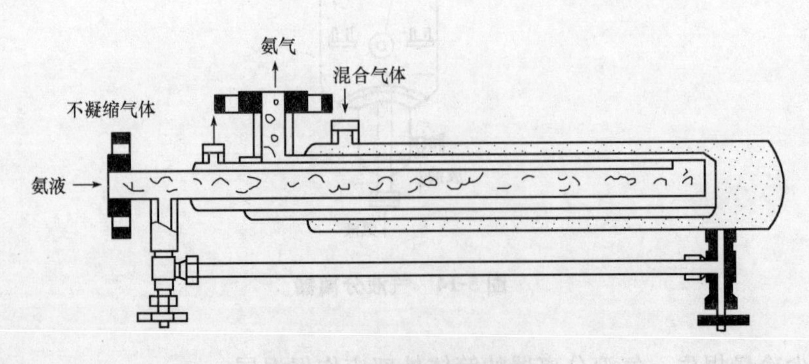

图 5-16　卧式空气分离器

2. 过滤器

过滤器的作用是清除制冷剂中的机械性杂质，如金属屑、焊屑、砂粒、氧化皮等。

氨过滤器分液用和气用两类。氨液过滤器装设在电磁阀、浮球阀或氨泵前的液体管路上，用以保护阀口的严密性或氨泵的运转部件；氨气过滤器通常安装在压缩机的吸气管路上，以保护气缸和阀口的精度。图 5-17、图 5-18 所示分别为氨液过滤器和氨气过滤器的示意图。

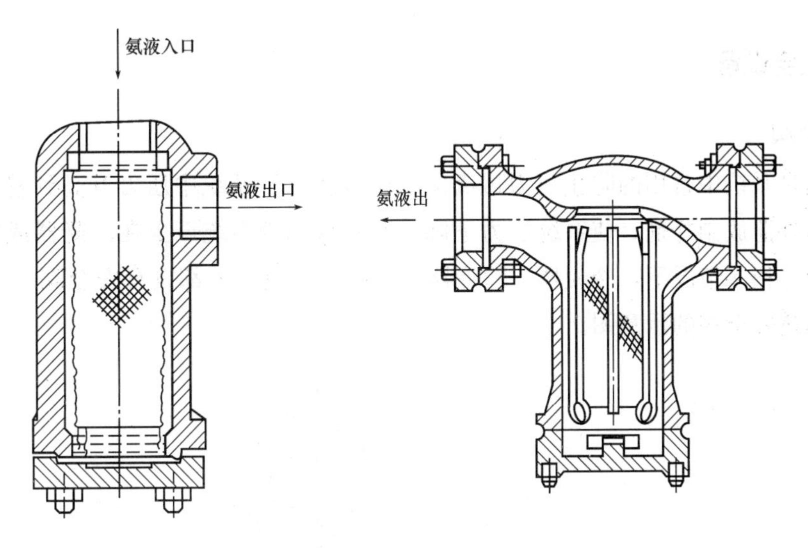

图 5-17　氨液过滤器

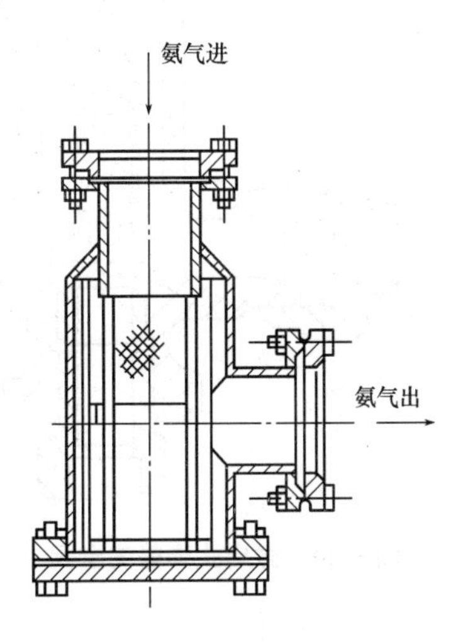

图 5-18　氨气过滤器

3. 干燥器

干燥器用于溶水能力小的氟利昂系统中，装在节流机构前，吸收氟利昂系统中所含的水，防止水分在节流阀中结冰而堵塞。干燥器通常与过滤器结合在一起，称为干燥过滤器，如图 5-19 所示。干燥器中的干燥剂一般是颗粒状的硅胶、分子筛等。

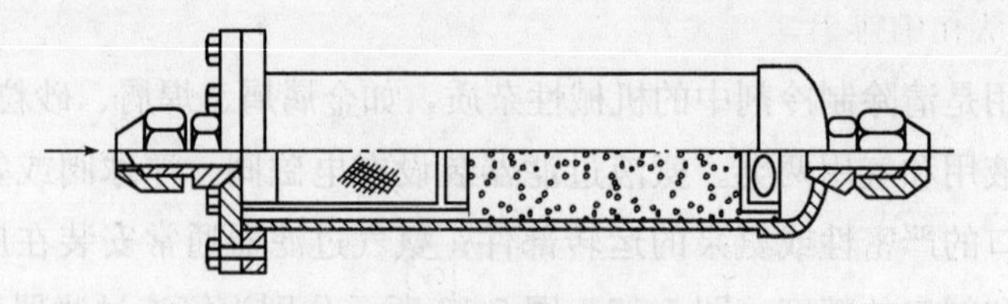

图 5-19　干燥过滤器

四、安全设备

1. 安全阀

安全阀是系统中常用的防止压力过高的安全设备。当系统中压力升高到警戒值时，该阀开启，向外泄放制冷剂，使系统压力下降。大多数制冷系统至少在冷凝器或贮液器上装一个安全阀，很多情况下，冷凝器、贮液器、蒸发器等设备上都设有安全阀。图 5-20 所示为微启式弹簧安全阀的示意图。

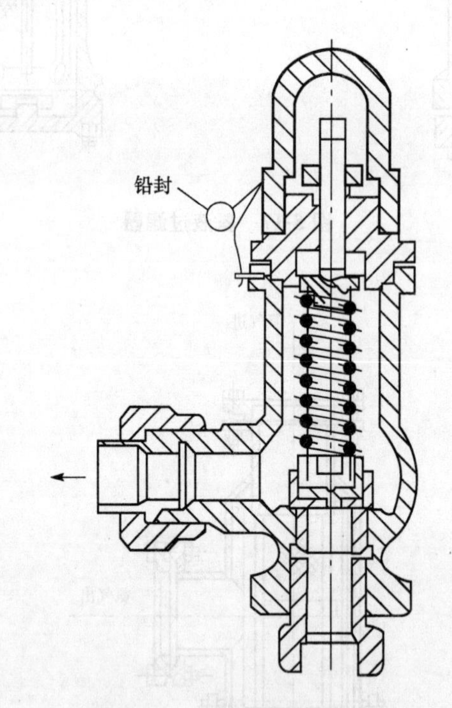

图 5-20　微启式弹簧安全阀

2. 易熔塞

对于小型氟利昂制冷系统，常用易熔塞代替安全阀，图 5-21 所示为易熔塞的示意图。在易熔塞的中间部分填满了低熔点合金，熔化温度一般在 75 ℃以下。易熔塞只限于用在容积小于 500 L 的冷凝器或贮液器上。易熔塞安装的位置应防止压缩机排气温度的影响，通常安装在容器接近液面的气体空间部位。当容器的温度超过熔塞的熔点时，低熔点合金熔化，制冷剂气体从孔中排出。

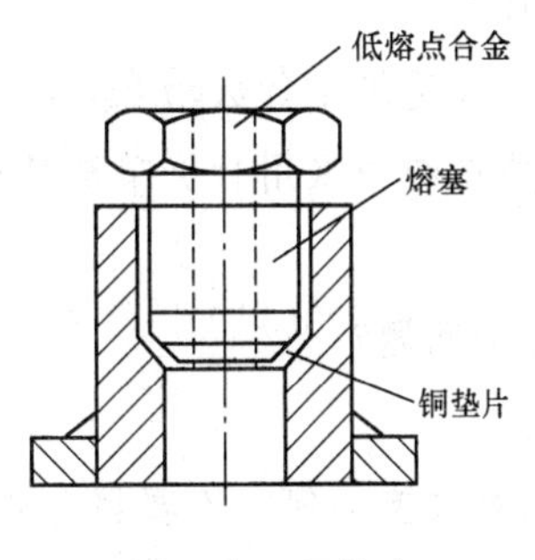

图 5-21　易熔塞

3. 紧急泄氨器

紧急泄氨器用于大、中型氨制冷系统中，其作用是遇有火灾或其他意外事故时把系统中各容器内的氨液快速排入下水道中，避免重大事故的发生。

图 5-22 所示为紧急泄氨器的示意图。若需要使用时的情况紧急，必须先放水后放氨，让氨液经自来水稀释后再排入下水道。

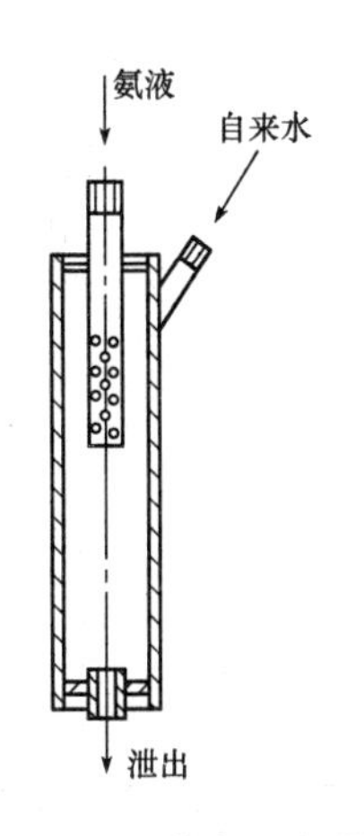

图 5-22　紧急泄氨器

思考题与习题

1. 节流机构在制冷装置中起什么作用？

2. 常用的节流机构有哪几种？它们各用于什么场合？

3. 手动膨胀阀(即手动调节阀)与截止阀的主要区别是什么？并说明其安装位置及应用场合。

4. 浮球膨胀阀的工作原理是什么？

5. 浮球膨胀阀有哪两种形式？各有什么优缺点？

6. 试画出浮球膨胀阀与蒸发器的管路连接图。

7. 热力膨胀阀的工作原理是什么?

8. 热力膨胀阀有哪两种形式? 各适用于什么场合?

9. 电冰箱和空气调节器的制冷系统中采用什么节流装置?

10. 试述毛细管的工作原理。

11. 毛细管在使用中应注意哪些问题?

12. 高压贮液器的作用是什么?

13. 高压贮液器与冷凝器的相对位置如何? 冷凝器与贮液器之间为什么要装有压力平衡管? 如果不安装压力平衡管会产生什么影响?

14. 油分离器有哪几种形式?

15. 系统中为什么有不凝性气体? 有何危害?

16. 氨气过滤器和氨液过滤器分别安装在什么位置?

17. 氟利昂制冷系统中为什么要设置干燥过滤器?

第六章　压缩式冷水机组

空调工程中常用冷水来处理空气，冷水机组则是制备冷水的装置，它将制冷系统中的设备全部配套地组装在一起，成为一个整体式的制冷装置。冷水机组结构紧凑，使用灵活，管理方便，占地面积小，安装简单。

常用冷水机组按其制冷原理的不同，分为压缩式和吸收式两大类。压缩式冷水机组根据其压缩机类型的不同，可分为活塞式、螺杆式、涡旋式和离心式；吸收式冷水机组根据其获取热量途径的不同，可分为蒸汽型、热水型和直燃型。冷水机组根据其冷凝器冷却方式的不同，又可分为水冷式和风冷式。

本章主要介绍压缩式冷水机组，吸收式冷水机组将在第七章详述。

表 6-1 列出了各种冷水机组的制冷量范围。

表 6-1　各种冷水机组的制冷量范围

种类		制冷剂	单机制冷量/kW
蒸汽压缩式冷水机组	活塞式	R22、R134a、R407C	10～1 588
	螺杆式	R22、R134a	112～2 200
	涡旋式	R22	≤335
	离心式	R123、R134a、R22	703～10 548
溴化锂吸收式冷水机组	热水型		175～23 260
	蒸汽型		175～23 260
	直燃型		175～23 260

第一节　活塞式冷水机组

活塞式冷水机组是发展最早、技术最成熟的一种冷水机组，也是曾经应用最广泛的冷水机组。由于螺杆式制冷压缩机和涡旋式制冷压缩机技术的发展，活塞式冷水机组目前的应用范围已经大大缩小了。

图 6-1 所示为活塞式冷水机组的系统图。活塞式冷水机组除设有活塞式制冷压缩机、卧式壳管式冷凝器(或风冷式冷凝器)、热力膨胀阀和干式蒸发器这四大部件外，还有干燥过滤器、视镜、电磁阀等辅助设备，以及高低压保护器、油压保护器、温度控制器、水流

开关和安全阀等控制保护装置。整个制冷装置安装在底架上。在现场安装时，用户只需在基础上固定底架，连接冷却水管和冷冻水管以及电动机电源即可进行调试。活塞式冷水机组中常用的制冷剂为R22，也有用R134a、R407C等替代制冷工质的机型。

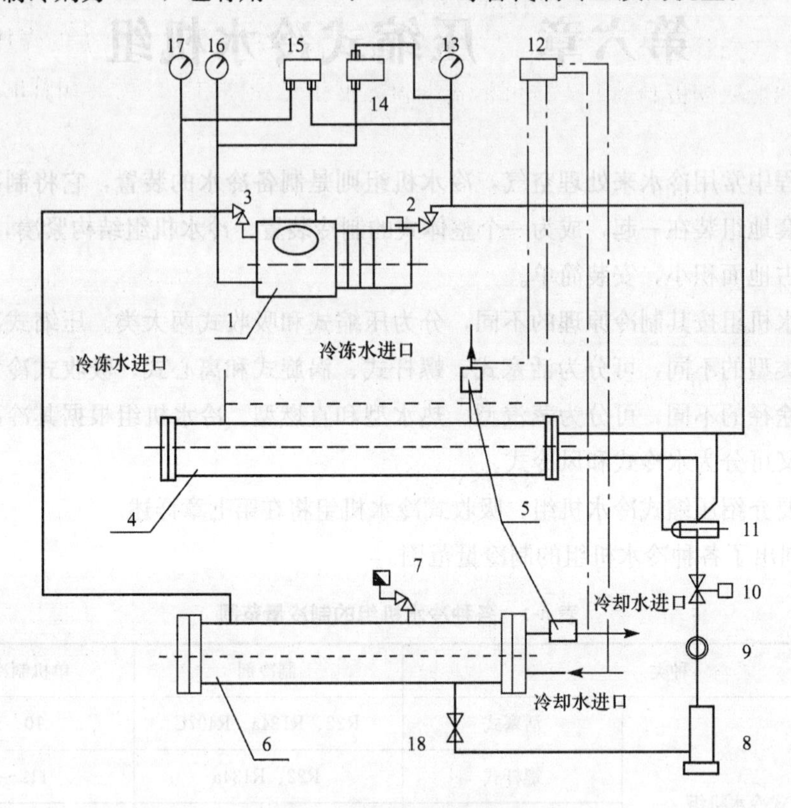

图6-1　活塞式冷水机组

1—压缩机；2—吸气阀；3—排气阀；4—蒸发器；5—水流开关；6—冷凝器；7—安全阀；8—干燥过滤器；9—视镜；10—电磁阀；11—热力膨胀阀；12—温度控制器；13—吸气压力表；14—油压保护器；15—高低压保护器；16—油压表；17—排气压力表；18—截止阀

根据机组中冷凝器的冷却介质不同，活塞式冷水机组可分为水冷和风冷两种。根据机组所选配制冷压缩机的形式不同，活塞式冷水机组可分为开启式、半封闭式和全封闭式三种。根据一台冷水机组中制冷压缩机台数的不同，活塞式冷水机组可分为单机头(一台制冷压缩机)和多机头(两台以上制冷压缩机)两种。

图6-2　约克YAEP99 VB7 C型风冷活塞式冷水机组

1—冷凝器风扇；2—冷凝器；3—壳管式蒸发器；4—干燥过滤器；5—压缩机；6—电源及控制面板

活塞式冷水机组结构紧凑，占地面积小，操作简单，管理方便；但其维护费用高，振动较大，单机制冷量小。它适用于中小型制冷系统。图6-2所示为约克YAEP99 VB7 C型风冷活塞式冷水机组。该机组有

6 台半封闭式的制冷压缩机，8 台式风冷水冷凝器，1 台干式壳管式蒸发器。系统分 2 个制冷剂的回路，每个回路包括带有充注口的截止阀、带有潮气指示的视液镜、热力膨胀阀、电磁阀和干燥过滤器。

蒸发器为干式壳管式热交换器，制冷剂走管内，冷冻水在带有折流板的壳体内流动。挡水板由防腐的镀锌钢板制成。壳体可拆式端盖方便了对壳体内部的无缝铜管的检修。蒸发器带有排水管和放气管接口。蒸发器外壳包有 19 mm 厚的软质闭孔泡沫结构的橡塑保温材料，减少能量损失。同时，每个制冷剂回路均安装了安全阀。

冷凝器盘管采用倒“M”形，无缝铜管，叉排布置，带有波纹状的铝翅片，自带整体式过冷器。盘管固定架、端板、管束支撑以及盘管风机的挡板均由镀锌钢板制成。低噪声高效冷凝器风机由 LY12 铝合金表面喷塑处理制成，由独立的电机直接驱动，向上排风。风机的网罩采用表面喷塑。所有的叶片都需经过静态和动态平衡试验。

第二节　螺杆式冷水机组

螺杆式冷水机组是由螺杆式制冷压缩机、冷凝器、节流阀、蒸发器、油分离器、油冷却器、油泵、自控元件和仪表等组成。图 6-3 所示为螺杆式冷水机组的系统图。由于螺杆式制冷压缩机运行平稳，机组安装时可以不装地脚螺栓，而直接放在具有足够强度的水平地面或楼板上。国产的螺杆式冷水机组中多以 R22 为制冷剂，但目前已开始转而采用 R134a 等其他制冷剂。

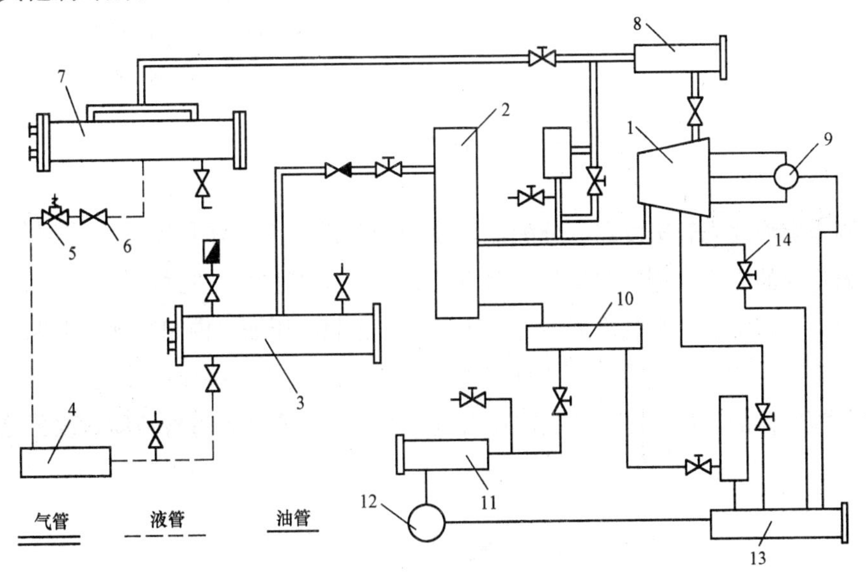

图 6-3　螺杆式冷水机组

1—压缩机；2—油分离器；3—冷凝器；4—干燥过滤器；5—电磁阀；
6—节流阀；7—蒸发器；8—吸气过滤器；9—容量调节四通阀；10—油冷却器；
11—油粗滤器；12—油泵；13—油精滤器；14—喷油阀

根据制冷压缩机结构的不同，螺杆式冷水机组可分为单螺杆和双螺杆两种。根据制冷压缩机密封形式的不同，螺杆式冷水机组可分为开启式、半封闭式和全封闭式三种。

螺杆式冷水机组结构紧凑，运行平稳，冷量能进行无级调节，节能性好，易损件少，它的使用范围正日益扩大，适用于大、中型的空调制冷系统。

图 6-4 所示为约克 YS 型螺杆式冷水机组。机组中的制冷压缩机为可变容积、直接启动的双螺杆式制冷压缩机。电动机采用开式防滴漏型鼠笼异步式电机。电机直接带动阳转子，阴转子则依靠阳转子来带动。转子间以及转子与制冷压缩机壳体不相互接触，转子间通过带压油封隔开，该油封可以防止高压气体泄漏到低压区域。低压气体轴向进入制冷压缩机，在旋转中被阴阳转子压缩并排出。由于排气中含有大量的润滑油，所以系统中设置了三级油分离器。

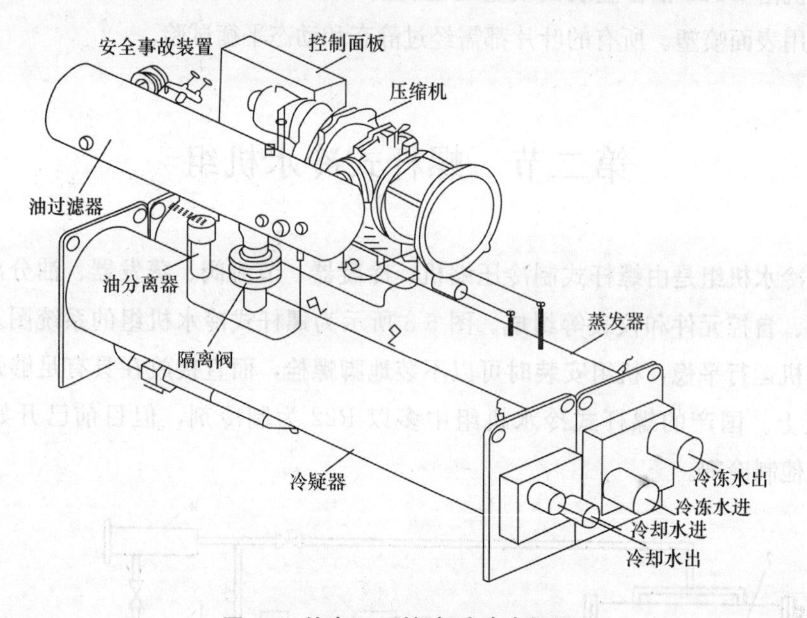

图 6-4　约克 YS 型螺杆式冷水机组

蒸发器为满液式壳管蒸发器。分配盘能使制冷剂沿整个壳体长度方向均匀分布，与流经蒸发器铜管内的冷冻水进行热交换。蒸发器顶部焊接有挡板，它可以积聚从制冷压缩机上掉下的油，可以防止油和制冷剂混合，还可以防止制冷压缩机内制冷剂液击现象的发生。

冷凝器采用卧式壳管式冷凝器。排气挡板可以防止气体直接而高速地冲击管束，并合理分配制冷剂气体的流量。冷凝器底部设有过冷器，可以有效地过冷液体，改善循环效率。

第三节　离心式冷水机组

离心式冷水机组是由离心式制冷压缩机、冷凝器、蒸发器、节流机构和调节机构等组成。图 6-5 所示为离心式冷水机组的系统图。离心式冷水机组中常用的制冷剂为 R22、

R123 和 R134a。

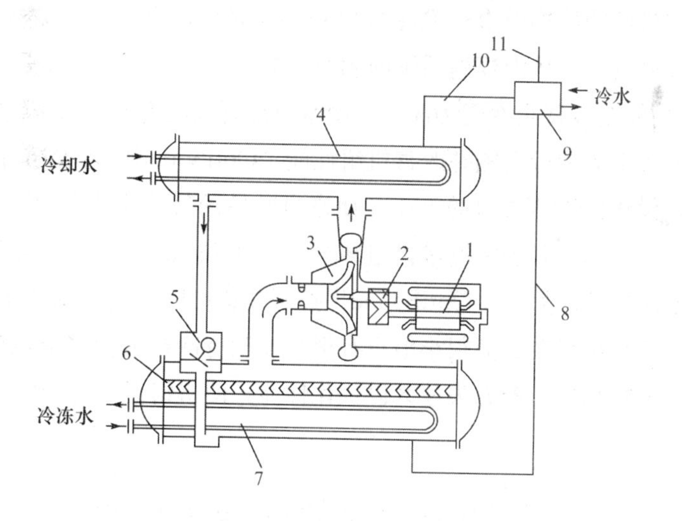

图 6-5　离心式冷水机组

1—电动机；2—增速器；3—压缩机；4—冷凝器；5—浮球式膨胀阀；
6—挡液板；7—蒸发器；8—制冷剂回收管；9—制冷剂回收装置；10—抽气管；11—放空管

离心式冷水机组制冷量大，机械磨损小，易损件少，运行平稳，振动小，可实现无级调节，但效率较低，有高频噪声，操作不当时会发生喘振。它适用于大型的空调制冷系统。

图 6-6 所示为约克 YK 型离心式冷水机组。机组中的制冷压缩机为单级离心式，开式电机驱动，蜗壳可拆卸，垂直环形结合，用细粒铸铁制成，运行组件可拆装。转子组件包括经热处理过的合金钢驱动轴和从动轴，以及高强度的全封闭式铸铝叶轮。叶轮设计考虑了推力平衡，并经过平衡和超速测试以达到平稳、无振动地运行。翼形导流叶片减少了气流的扰动，使部分负荷能保持最高效的性能。制冷压缩机可从 100％负荷卸载平稳地降到最低负荷。

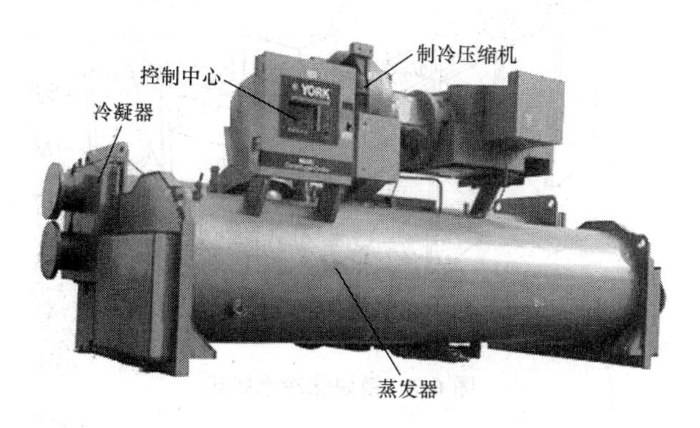

图 6-6　约克 YK 型离心式冷水机组

蒸发器采用混合降膜式蒸发器，和传统的满液式蒸发器相比，制冷剂首先通过喷淋的方式被均匀分配到降膜换热区，自然下降成膜，与换热管实现膜式换热。使传热系数大大提高，制冷剂充注量明显减少。

冷凝器为壳管式，用排气折流板来防止高速流体直接撞击管束，该板同时也起到均流作用，以便得到最好的传热效果。在冷凝器壳体的底部，有一个内置式过冷器，它为液态制冷剂提供高效的过冷，从而提高系统的制冷系数。

OptiSound™控制装置是专门为离心式冷水机组开发的专利设计，它可显著降低机组的运行噪声，扩展机组的运行范围并改善机组性能。OptiSound™装置通过持续监测制冷压缩机的排气状态，优化扩压器通道的大小，使来自叶轮的气流更平稳。这一创新的技术可平均减少机组噪声 7 dBA，对于大冷量机组甚至可达到 13 dBA，同时还能使机组部分负荷时的噪声水平低于满负荷。另外，OptiSound™控制装置可以扩展冷水机组的运行范围。在非设计工况下，尤其是机组在负荷很小但只有很少或没有冷却水温降低的时候，OptiSound™控制装置可以通过减小扩压器的失速区以优化性能，使机组运行更稳定、更高效。

第四节　模块化冷水机组

近几年，国内外正在生产模块化冷水机组。它是由多个模块单元组合而成，如图 6-7 所示。各模块的结构、性能完全相同，每个模块能提供一定的冷量，用户可根据实际所需冷量选用模块数量。各个模块单元可以各自独立运行并互为备用，一旦某一单元需停机维护，不会影响其他单元的正常运行，从而保证制冷机组连续供冷，且其可靠性高，无须备用机组。

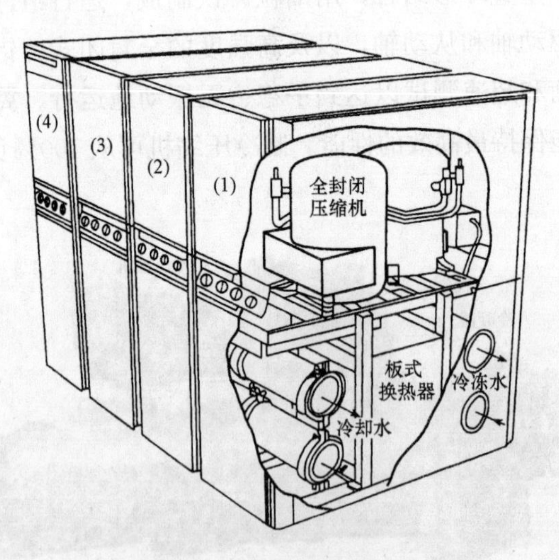

图 6-7　模块化冷水机组

制冷压缩机一般为全封闭或半封闭的活塞式、螺杆式和涡旋式制冷压缩机，以涡旋式居多。冷凝器和蒸发器采用高效板式换热器或高效壳管式换热器。各模块中的冷却水管和冷冻水管可通过特定的连接方式相互连接，电源可通过接插口连接。

模块化冷水机组安装方便，结构紧凑，使用灵活，占地面积小且外形美观，但目前价格较高。模块式冷水机组适用于制冷量适中且负荷变化较大的场所。

先进的模块化冷水机组备有一套微机处理机，制冷机组的有关运行参数可以从液晶显示屏上显示出来。微机具有保护和监视的双重功能，它可以不断地监视蒸发器和冷凝器的进、出口水温和流量，并可根据温度对时间的变化率控制投入运行的模块数目，使机组的制冷量与实际需求制冷量相匹配。该机组同时可对全封闭式制冷压缩机的排气温度和压力、电动机过载和过热等进行监控。当系统发生故障时，它还可以将当时的运行参数和故障发生的日期和时间记录下来，并通过显示屏幕显示出来，或用打印机打印出来。对由多个模块组成的冷水机组，当某一个模块中的机组出现异常时，该模块中的制冷压缩机就会停止运行，自控系统将立即命令另一台机组启动补上。这种机电控制一体化的方式也是现代所有制冷机组的发展方向。

思考题与习题

1. 什么是冷水机组？
2. 冷水机组如何分类？
3. 不同冷水机组的应用范围如何？
4. 什么是模块化冷水机组？它有什么优缺点？

第七章　热　泵

第一节　热泵的概念、工作原理及分类

一、热泵的概念

热泵是一种利用高位能使热量从低位热源传向高位热源的装置。简单地说，热泵就是利用冷凝器放出的热量来供热的制冷系统。

二、热泵的工作原理

热泵的工作原理与制冷机相同，两者都是按热机的逆循环工作的。其区别在于工作温度范围不同，使用目的也不同。如图 7-1 所示，T_0 表示低温物体的温度，T_A 表示环境温度，T_h 表示高温物体的温度。图 7-1(a)表示热泵，其从周围环境中吸取热量，并将其传递给需要加热的高温物体，以实现供热的目的；图 7-1(b)表示制冷机，其从需要冷却的低温物体吸取热量，并将其传递到周围环境中，以实现制冷的目的；图 7-1(c)表示同时供热供冷联合循环机，其从需要冷却的低温物体吸取热量，以实现制冷的目的。同时，又把热量传递给需要加热的高温物体，以实现供热的目的。

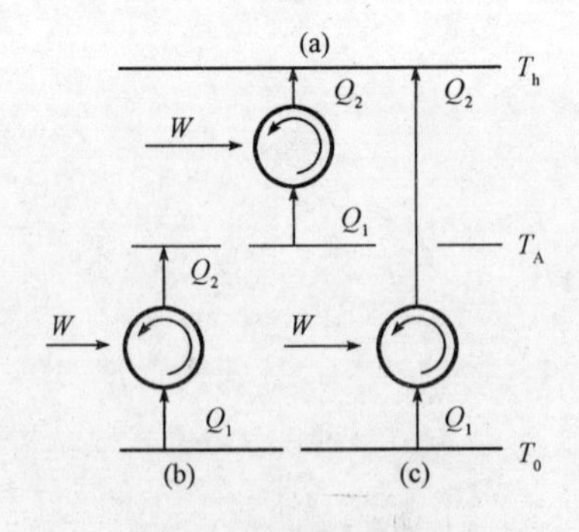

图 7-1　热泵与制冷机

热泵虽然也要消耗一定量的高位能，但所供给的热量却是消耗的高位能和吸取的低位热量的总和。因此，采用热泵装置可以节约高位能，特别是对于一些同时需要制冷和供热的场合，采用热泵装置就更经济、合理了。

热泵的性能用制热系数来表示。制热系数为向高温热源传递的热量与消耗的高位能之比。制热系数始终大于1。

三、热泵分类

1. 按低温热源种类分类

(1)空气源热泵。

(2)水源热泵。

(3)土壤源热泵。

(4)太阳能热泵。

2. 按热泵的驱动方式分类

(1)压缩式热泵。

(2)吸收式热泵。

3. 按低温端与高温端所使用的载热介质分类

(1)空气—空气热泵。

(2)空气—水热泵。

(3)水—水热泵。

(4)水—空气热泵。

(5)土壤—水热泵。

(6)土壤—空气热泵。

4. 按用途分类

(1)仅用于供热的热泵。

(2)冬季供热、夏季制冷的热泵。

(3)同时制冷与供热的热泵。

(4)热回收热泵。

第二节　空气源热泵

空气作为低温热源，取之不尽，用之不竭，而且空气源热泵的安装和使用也比较方便。图7-2所示为风冷热泵冷热水机组制冷、制热循环流程图。

夏季制冷时，压缩机排出的高温高压制冷剂气体经四通阀进入空气侧换热器3(此时为冷凝器)，向室外排出热量，冷凝后的制冷剂液体流经单向阀4a、储液器5、干燥过滤器6、视镜7、电磁阀8，进入膨胀阀9进行节流降压，通过单向阀4d进入水侧换热器10(此时为蒸发器)，将冷冻水从12 ℃冷却至7 ℃，制冷剂液体则吸热汽化为低温、低压的气体，再经四通阀进入气液分离器11，在气液分离器中分离的气体被压缩机吸入后被压缩，重复上

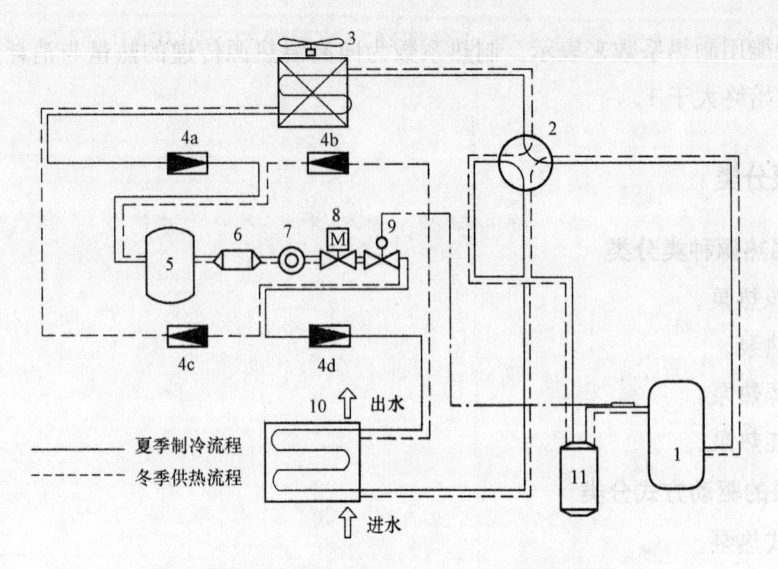

图 7-2　风冷热泵冷热水机组制冷、制热循环流程图

1—压缩机；2—四通阀；3—空气侧换热器；4a、4b、4c、4d—单向阀；5—储液器；
6—干燥过滤器；7—视镜；8—电磁阀；9—膨胀阀；10—水侧换热器；11—气液分离器

述循环。

冬季供热时，压缩机排出的高温高压制冷剂气体经四通阀进入水侧换热器 10(此时为冷凝器)，将热水从 40 ℃加热至 45 ℃，冷凝后的制冷剂液体流经单向阀 4b、储液器 5、干燥过滤器 6、视镜 7、电磁阀 8，进入膨胀阀 9 进行节流降压，通过单向阀 4c 进入空气侧换热器 10(此时为蒸发器)，从室外空气吸取热量，制冷剂液体则吸热汽化为低温低压的气体，再经四通阀进入气液分离器 11，在气液分离器中分离的气体被压缩机吸入后被压缩，重复上述循环。

空气源热泵的主要缺点如下：

(1)室外空气的状态参数随地区和季节的不同有很大变化，这对热泵的容量和制热系数影响很大。室外气温越低，热泵的制热系数就越低，势必造成热泵的供热量与建筑物耗热量之间的供需矛盾。

解决空气源热泵的供热能力与建筑物耗热量之间矛盾的问题应从三方面入手：①经济合理地选择平衡点；②配备一个合理的辅助加热系统；③热泵的能量调节。

(2)冬季室外气温很低时，室外换热器中工质的蒸发温度也很低。当室外换热器表面温度低于 0 ℃时，换热器表面就会结霜，致使空气源热泵的制热系数和可靠性都会降低。

解决空气源热泵结霜问题的途径一般有两个：①设法防止室外换热器结霜；②选择良好的除霜方式。

(3)空气的热容量小，为了获得足够的热量，则需要较大的空气量，因而风机的容量较大，致使空气源热泵的噪声较大。

空气源热泵虽然有许多缺点，但从国外空气源热泵的运行经验来看，对于气候适中、度日值不超过 3 000 的地区，采用空气—空气热泵仍是经济的。另外，要注意只有根据气象、地理、设备使用条件等综合因素，合理确定各部件的容量和配比问题，才能使热泵高效运行。同时，可利用室内排气来加热新鲜空气，以提高空气源热泵的品质。

第三节　水源热泵

可作为热泵低温热源的水源有地表水(江河水、湖水、海水等)、地下水(深井水、泉水、地热水等)、生活废水和工业废温水(工业设备冷却水等)。

图 7-3 所示为水源热泵机组的工作原理图。

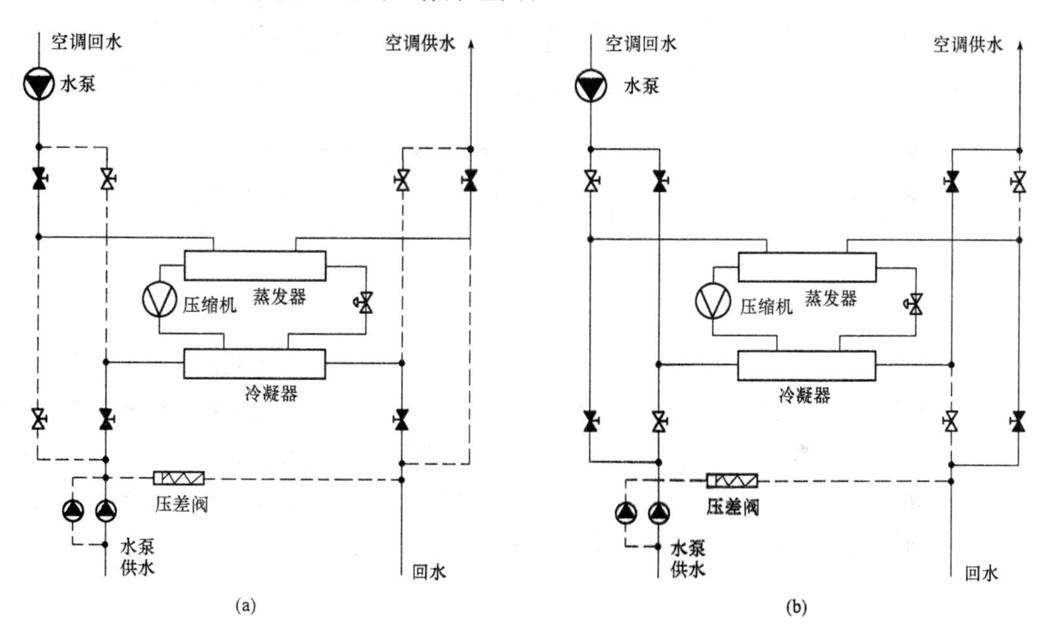

图 7-3　水源热泵机组的工作原理图

(a)制冷工况；(b)制热工况

水源热泵的主要优点如下：

(1)水的热容量大，传热性能好，所以换热设备较紧凑。

(2)水温较稳定，所以热泵的运行工况较稳定。

水源热泵的主要缺点如下：

(1)受水资源因素影响较大。

(2)投资一般也较大。

一、地表水

一般来说，只要地表水冬季不结冰，均可作为低温热源。用江、河、湖、海水作为热泵的低温热源，可获得良好的经济效果。地表水通常含有一定的泥沙和浮游生物等，因此，需要设置取水和水处理设施，并考虑管道和设备的腐蚀问题。

二、地下水

无论是深井水还是地下热水，都是热泵的良好低温热源。地下水位于较深的地层中，由于地层的隔热作用，其温度随季节变化的波动很小，特别是深井水的水温常年基本不变。这对热泵的运行十分有利。但是，大量抽取地下水会导致地面下陷，因此，地下水的利用要采用“深井回灌”技术，将抽取的地下水利用后回灌到地下。

当水源水质较好时，可采用直接换热方式，将地下水直接打入热泵的蒸发器；当水质较差时可采用间接换热方式，通过板式换热器将深井水与热泵相隔离，如图 7-4 所示。图中运行模式下，抽灌井 1 为抽水井，抽灌井 2 为回灌井；当冬、夏季节更换时，抽灌井 2 为抽水井，抽灌井 1 为回灌井。这就是所谓的“夏灌冬用”和“冬灌夏用”。这样，既可以避免地下水被过量抽取，又可以维持冬、夏季理想水温。对于含泥沙多的水源，应过滤处理后再利用。

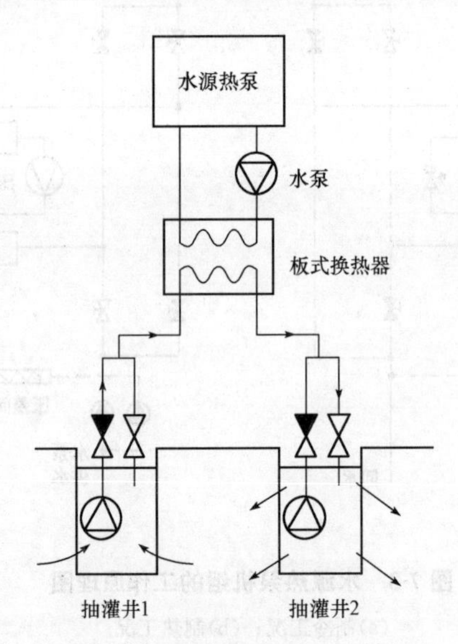

图 7-4　间接换热深井水回灌系统

地下热水是很宝贵的资源，用地下热水作为热泵的低温热源是合理利用地下热水的方案之一。对于有地下热水的地区，常把地下热水直接作为供热的热媒。如果把直接利用后的地下热水再作为热泵的低温热源，就可以增大使用地下热水的温度差，提高地热利用率。

地下热水一般矿化度较高，且常含有有害成分。为了避免热污染和地面污染，一般采用回灌井，即把用完的地下热水再回灌到地层里。

三、生活废水

洗衣房、浴池、旅馆等的废水温度较高，用这些废水作为热泵的低温热源，会使热泵具有较高的制热性能系数。但是，其中存在的最大问题是如何贮存足够多的水以平衡供热负荷的波动，以及如何保持换热器表面的清洁和防止其腐蚀。

四、工业废温水

工业废温水的形式颇多且数量可观，大有利用的前途。有些工业废水温度很高，可作为高温热源，直接使用。如冶金钢铁工业中的废水，可作为驱动机的动力，或直接供热，或作为吸收式热泵的高温热源。但有些工业废水温度较低，不能直接利用，却可作为低温热源使用。如挤压机、空气压缩机、熔炉、铸模和热处理设备的冷却水，火力发电站的凝汽器中的低温排水等，这些都是热泵良好的低温热源。

第四节　土壤源热泵

土壤的温度变化不大，并有一定的蓄热作用，夏季的土壤比环境空气温度低，冬季的土壤比环境空气温度高，因此，可作为热泵很好的冷、热源。这种温度特性使得土壤源热泵比空气源热泵运行效率要高，节能效果明显，运行更加可靠、稳定。另外，地热是一种可再生且无污染的能源，不受地区限制，可使用范围广。埋地换热器表面也不需要除霜。但由于土壤的导热系数小，使得埋地换热器的换热面积较大，初投资较大。

埋地管采用高强度塑料管，封闭环路中充满介质，通常是水或防冻水溶液。利用泵作为循环动力。冬季，热泵机组从土壤中吸取热量，向建筑物供暖；夏季，热泵机组从室内吸取热量，并将其转移释放到土壤中，实现建筑物空调制冷。

地埋管系统可分为水平式、螺旋式和垂直式三种。

一、水平式埋管系统

图 7-5 所示为水平式埋管系统示意图。当有足够的土地表面可供利用时，可采用此系统形式。塑料管水平埋设在沟壕中，一般埋设深度为 1.2～3 m，每个沟壕中有 1～6 根管子。

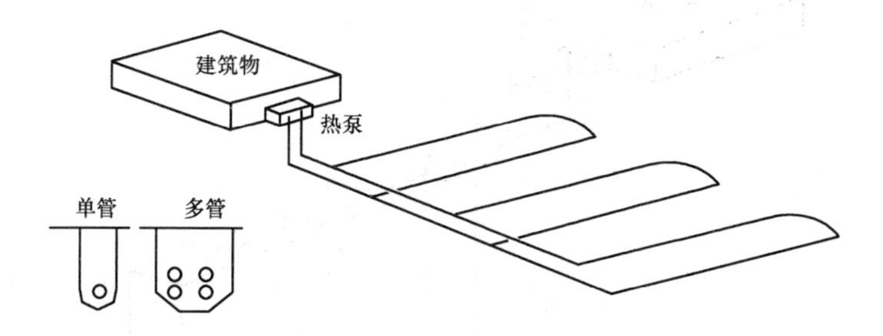

图 7-5　水平式埋管系统示意图

优点：挖沟壕比打井的成本低；安装灵活。

缺点：需要大量的土地面积；由于埋设深度浅，土壤温度易受季节与温度的影响，因此，热泵的效率略低；土壤热特性随季节、降雨量、埋设深度而波动。

二、螺旋式埋管系统

图 7-6 所示为螺旋式埋管系统示意图。其是水平环路的一个变体，管路在沟壕内呈螺旋状放置。螺旋环路系统通常需要很长的管子，但沟壕的数量少于水平环路系统。其同样适用于土地面积较大的场所。

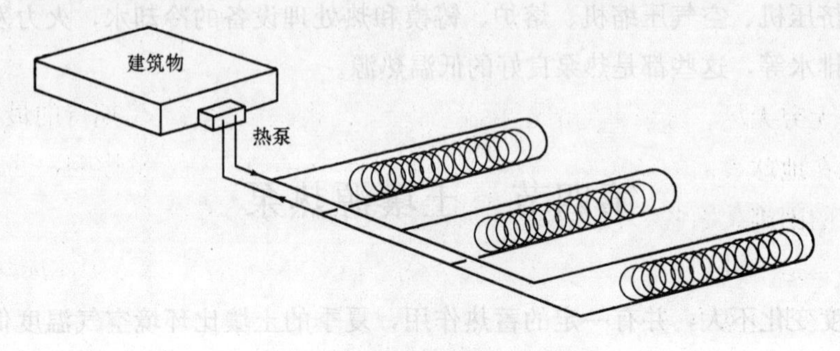

图 7-6　螺旋式埋管系统示意图

优点：比水平环路占地少；安装成本相对较低。

缺点：所需管子较长；需要相对大的土地；土壤温度易受季节与温度的影响；比水平系统需要更大的泵，能耗大；在填埋工程中易损坏管路。

三、垂直式埋管系统

图 7-7 所示为垂直式埋管系统示意图。当土地面积受限制时，可考虑采用此系统形式。这种埋管也称为 U 形埋管，封闭管路插入垂直的井中，并用导热系数高的材料填充，钻井数根据负荷规模确定。为了增加换热量，在一个井中设置两根并联或者串联的 U 形管的做法也较常见，称为双 U 管。

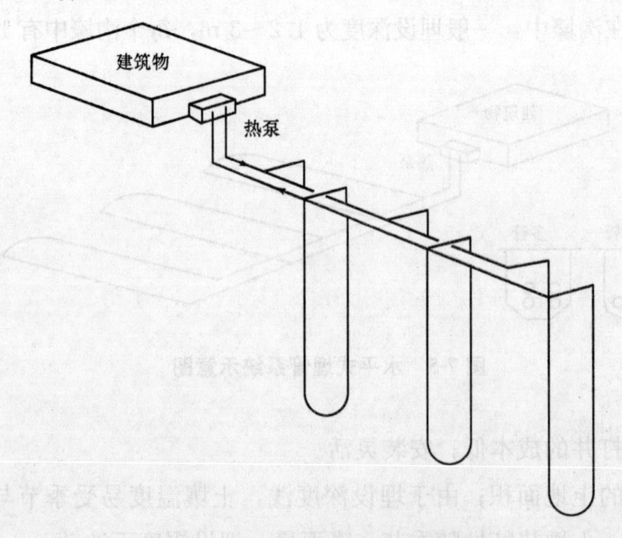

图 7-7　垂直式埋管系统示意图

优点：所需管材较其他埋管系统省；泵的能耗最小；土地面积要求最少；土壤温度不易受季节变化的影响。

缺点：钻井费用高；施工难度较大。

第五节　太阳能热泵

太阳能是无穷无尽、无公害的清洁能源，也是21世纪以后人类可期待的最有希望的能源。但太阳能在地球表面的能源密度较低，而且受天气阴晴和昼夜的影响，这为利用太阳能带来了一定的困难。因此，利用太阳能时，需要大量的设备投资。

太阳能热泵是一种利用太阳能较好的方案。其把10 ℃～20 ℃的太阳能提升到30 ℃～50 ℃，再供热。其主要优点如下：

(1)可以采用结构简单的低温平板集热器。集热器常用敞开式，并常与建筑物做成一体，如图7-8所示。图7-8(a)所示为敞开下降式，是在屋顶上的无玻璃金属波纹管的简易集热器；图7-8(b)是在住宅区露天停车场的地下埋设聚乙烯塑料管等作热泵的热源。

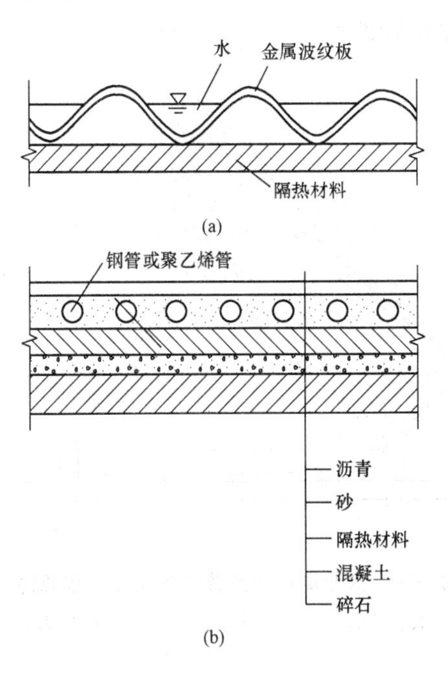

图7-8　和建筑物做成一体的集热器

(a)敞开下降式；(b)停车场的地下集热器

(2)作为热泵，热源的低温平板集热器效率较高。因为是从低的给水温度开始加热，所以，虽然是简易的集热器，甚至在日照比较短的时候，也能高效地集热。

(3)热泵可不设除霜装置。为了解决太阳能利用的间歇性和不可靠性的问题，太阳能热泵系统应设蓄热槽。蓄热槽有的分别安装在热泵低温侧和高温侧两边，有的只安装在低温侧。因为只在高温侧一边设置蓄热槽，热泵热源侧的温度变化大，影响热泵工作的稳定性。日照不足的过渡季节可简单地用卵石床蓄热，如图 7-9 所示。

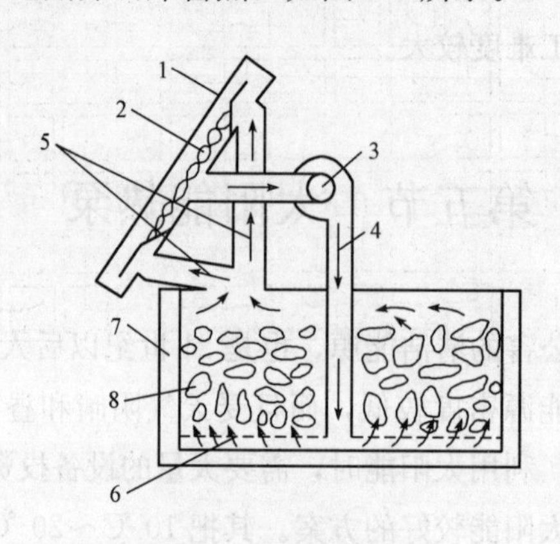

图 7-9　卵石床蓄热

1—集热器；2—蒸发器；3—风机；4—进蓄热器的空气；5—离开蓄热器的空气；
6—空气分配器；7—保温；8—卵石

图 7-10 所示为太阳能热泵热源侧的蓄热式集热器。集热器与蒸发器组合在一起，集热器与水平线呈 50°倾斜角，配有蓄热槽。

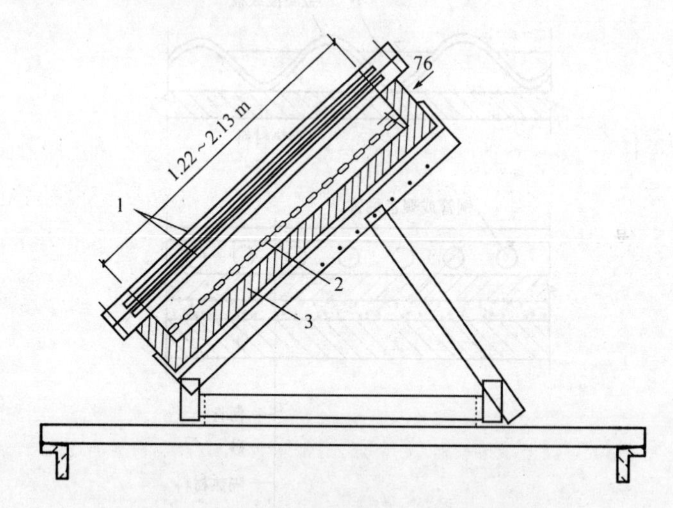

图 7-10　太阳能热泵热源侧的蓄热式集热器

1—双层玻璃；2—蒸发器平板；3—7.6 cm 隔热层

由于太阳能是一个强度多变的低温热源，因此，在太阳能热泵系统中一般都设有太阳能蓄热器。常用的蓄热器有蓄热水槽和岩石蓄热器。

图 7-11 所示为迷宫式蓄热水槽。其在一个单通路的水路上设置了 36 个高、低孔，通路的一端水温较高，另一端水温较低。热水的储入或取出都在同一端，需要加热或使用后的凉水也都在同一端出入。这种迷宫式蓄热水槽能有效地阻止冷热水混合。

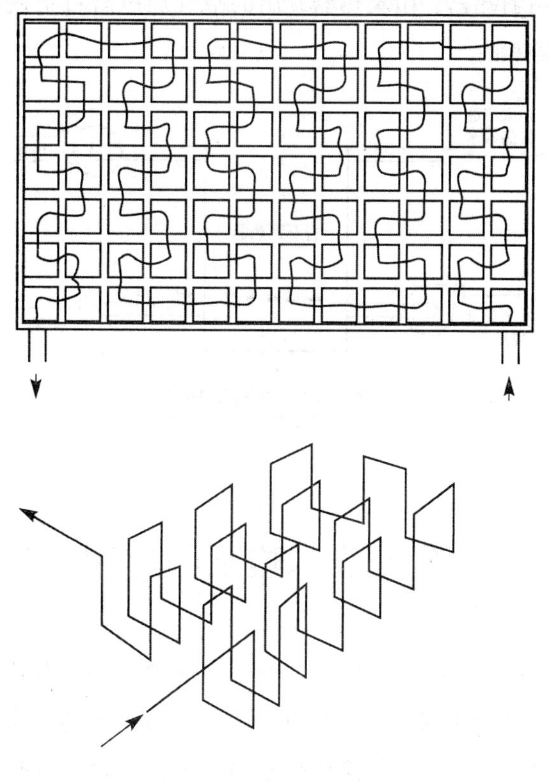

图 7-11　迷宫式蓄热水槽

图 7-12 所示为可浮动隔膜的蓄热水槽。在水槽高度中部固定一层带有涂层的纤维隔膜，隔膜将水分成上、下两部分。上部分温度高，下部分温度低。隔膜根据冷热水的比例变化而上下浮动。在隔膜附近形成一层很薄的水层，阻止热量传递。为了防止隔膜被吸入出入口，在出入口附近要设置格栅。这种蓄热水槽能有效地防止冷热水混合，而且节省投资。

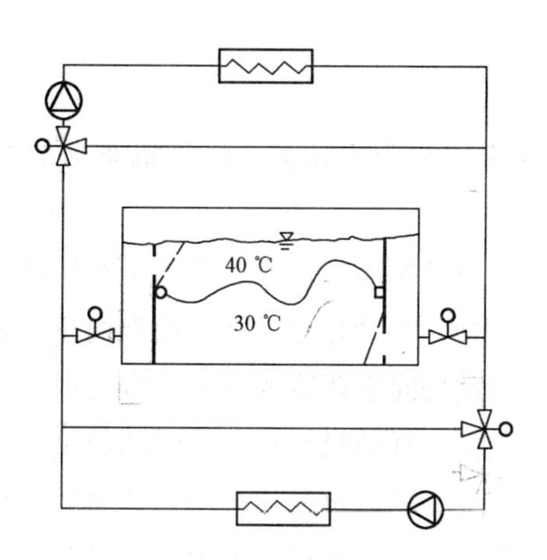

图 7-12　可浮动隔膜的蓄热水槽

图 7-13 所示为岩石蓄热器。由集热器发出的空气通过岩石集热器，将岩石加热。所蓄的热量作为热泵的低温热源。

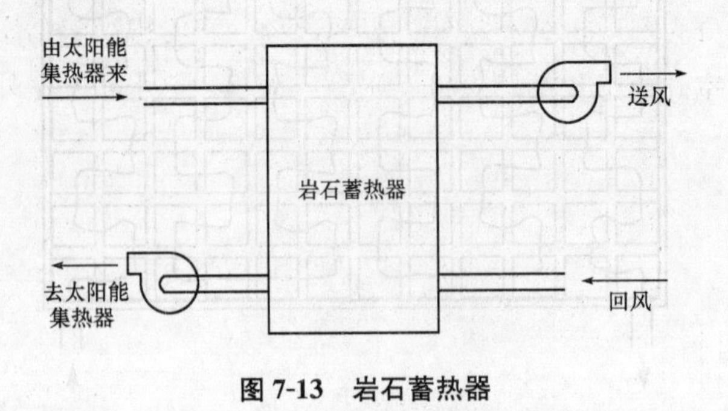

图 7-13　岩石蓄热器

第六节　热泵的应用

建筑物的供热方式有大型区域锅炉房、中小型锅炉房、热电站、电阻式加热装置、热泵、太阳能供热等。①目前我国主要的供热方式是锅炉房供热。但从能量消耗观点上看，锅炉房供热的能量利用系数不高，尤其是小型锅炉房。因此，当前一些地区积极发展热电站供热。②电阻式加热装置的能量利用系数低，但由于其具有使用方便、容易控制、无污染等优点，所以经常在国外采用。我国由于电力缺乏，直接用电采暖或供应热水并不多见。③热泵供热，当有较合适的低温热源时，有比较高的能量利用系数，所以其是一种比较合理的、新型的供热方式。特别是对于同时有供热和供冷要求的建筑物，或对于有全年空调要求且冬季热负荷不大的建筑物，热泵就有了明显的优势。它不仅节省了能量，而且可以用一套设备满足供热和供冷的要求，减少了设备的初投资。

一、单户热泵采暖

对于单户采暖可采用热泵型房间空调器、燃气机驱动的空气—空气热泵或空气—水热泵。

热泵型房间空调器通过四通转换阀的变换，在冬季实现供热循环，在夏季实现制冷循环。热泵型房间空调器安装方便，自动化程度高，操作简单，容易购买，是国内用得最多的空气—空气热泵。这种热泵型房间空调器的容量通常是根据夏季冷负荷来选择的。除了寒冷地区以外，按照夏季冷负荷选择的机组在冬季时的容量大于采暖负荷，可以满足冬季的要求。而在寒冷地区，往往夏季的冷负荷比较小，冬季的热负荷又比较大。为这些地区选择热泵时，应当统筹考虑设备的供热和供冷能力。如果冬季供热能力不是过度小于热负荷，则应选用电热辅助型的热泵型空调器或适当加大机组的容量，尽可能满足供热的要求，不再另设一套辅助加热装置；如果两者相差很大，则应综合考虑初投资和运行费用来确定设备的容量。

燃气机驱动的空气—空气热泵机组的原理图如图 7-14 所示。该机组可为住宅制冷、供热、供应热水。机组分为室内机组和室外机组两部分。室内机组包括室内空气换热器、室内加热器、风机等；室外机组包括燃气机、制冷压缩机、热水箱、室外空气换热器等。机组的工作原理如下：

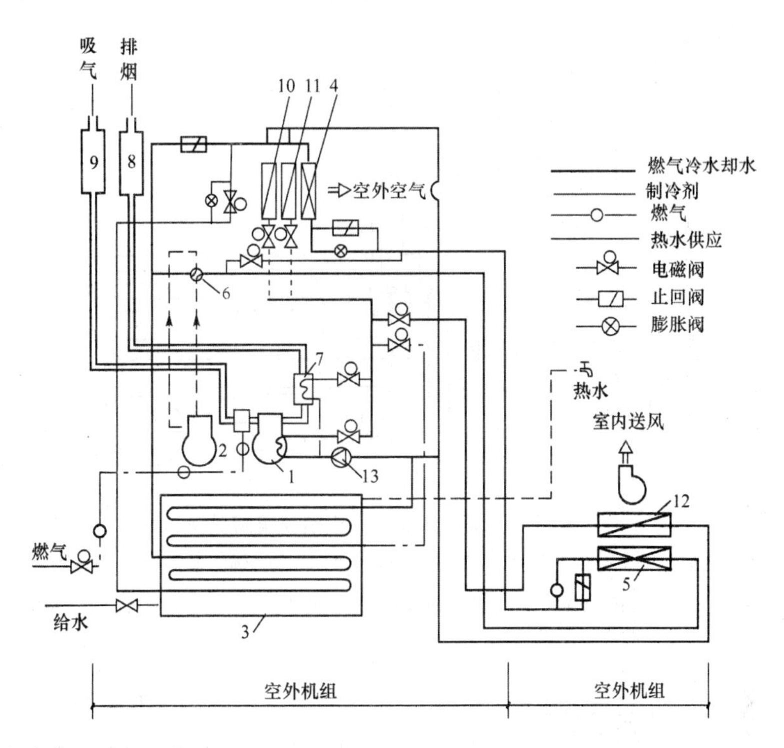

图 7-14　燃气机驱动的空气—空气热泵机组的原理图

1—燃气机；2—制冷压缩机；3—热水箱；4—室外空气换热器；5—室内空气换热器；6—四通阀；7—排烟冷却器；8—排烟消声器；9—吸气消声器；10—散热器；11—除霜加热器；12—室内加热器；13—水泵

(1)冬季运行时，四通阀 6 如图 7-14 所示的通路。制冷剂的循环路线为：制冷压缩机 2→四通阀 6→室内空气换热器 5(冷凝器)→止回阀→膨胀阀→室外空气换热器 4(蒸发器)→四通阀 6→制冷压缩机 2。燃气机的冷却水所带的热量主要用于加热水，作热水供应。也可把冷却水引入室内加热器 12 作采暖用。当室外换热器结霜时，可把冷却水引入除霜换热器 11 中作除霜用。

(2)夏季运行时，四通阀转向。制冷剂的循环路线为：制冷压缩机 2→四通阀 6→热水箱 3 中的换热器→电磁阀→室外空气换热器 4(冷凝器)→止回阀→膨胀阀→室内空气换热器 5(蒸发器)→四通阀 6→制冷压缩机 2。燃气机的冷却水用于热水箱中加热水，多余热量可通过散热器 10 排到室外。

(3)当室内机组不工作时，仍然可以供应热水。这时四通阀处于夏季工作的位置，热水箱中的换热器作冷凝器，室外换热器作蒸发器。

单户住宅水—水热泵采暖系统如图 7-15 所示。图示热泵所用的低温热源为井水。即从一口井中汲取，再从另一口井回灌回去。一般冷凝器提供的热水温度不高(40 ℃左右)，故用地板辐射采暖方式为宜，也可接少量散热器。由于采暖地板辐射采暖方式，该系统不宜用作夏季空调。但这种系统的蓄热能力大，而且夜间的负荷大，因此，大部分消耗的电能是夜间低峰负荷时的低价电能。总体来说，这种系统每平方米建筑面积所花费的经常费用比空气—空气热泵要少。

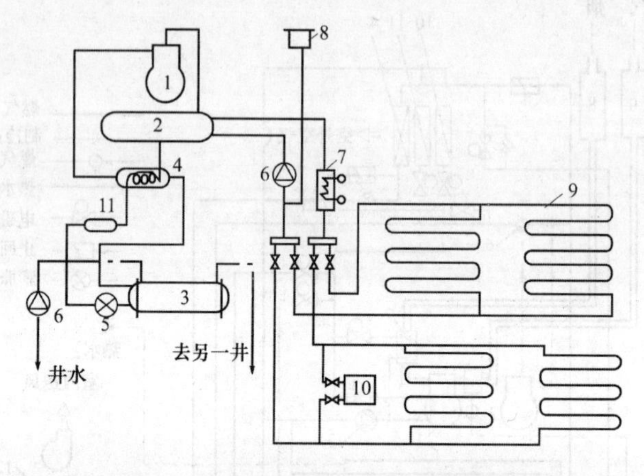

图 7-15　单户住宅水—水热泵采暖系统

1—制冷压缩机；2—冷凝器；3—蒸发器；4—热交换器；5—膨胀阀；6—水泵；7—备用电加热器；8—膨胀水箱；9—地板采暖排管；10—散热器；11—干燥过滤器

二、公共建筑中的热泵应用

(一)空气源热泵

空气源热泵的主要系统形式为空气—空气热泵和空气—水热泵。在公共建筑中用得最多的是空气—水热泵，可以进行全年空调。图 7-16 所示为上海某商场的空气—水热泵系统。该系统夏季为商场制冷，冬季为商场供热。用手动阀转换制冷剂的流动方向。冬季热水由水泵 7 供到设在商场内的各个风机盘管中，为商场供热。冬季工况时，阀门 9、12、15 关闭，阀门 11、13、14 开启，制冷剂的循环路线为：制冷压缩机 1→油分离器 6→阀门 14→水换热器 2(冷凝器)→阀门 11→贮液器 4→膨胀阀 8→室外空气换热器 3(蒸发器)→阀门 13→集液器 5→制冷压缩机 1。夏季工况时，阀门 11、13、14 关闭，阀门 9、12、15 开启，制冷剂循环路线为：制冷压缩机 1→阀门 15→室外空气换热器 3(冷凝器)→阀门 9→贮液器 4→膨胀阀 10→水换热器 2(蒸发器)→阀门 12→集液器 5→制冷压缩机 1。系统中还设置有辅助电加热器及蓄热水箱。

从我国的气候条件来看，空气热源热泵在建筑中的应用有着广阔的前景。特别是在黄河流域和长江流域，均有着比较适中的低气温，在这些地区采用空气热源热泵时，其制热性能系数都很高。尤其是这些地区的夏季又炎热，空调应为必需品，因此采用空气热源热泵对建筑物进行全年空调还是很适宜的。

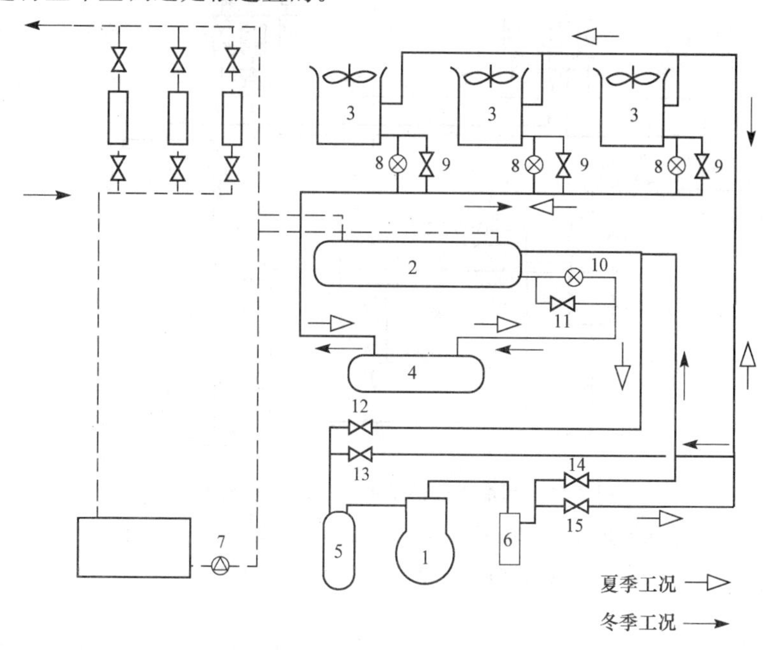

图 7-16　上海某商场的空气—水热泵系统

1—制冷压缩机；2—水换热器；3—室外空气换热器；4—贮液器；5—集液器；6—油分离器；
7—水泵；8、10—膨胀阀；9、11、12、13、14、15—阀门

(二)水源热泵

在水源丰富或有废水可利用的地方，采用水源热泵进行全年空调是理想的。图 7-17 所示为苏联黑海沿岸某一公共建筑物用海水作热源的全年空调热泵系统。冬季工况时，阀门 13、14、17、18、21 开启，阀门 12、15、16、19、20 关闭。水泵 7 将海水压送到蒸发器 3，途径阀门 14。被冷却后的海水经阀门 18 排回到海中。系统中循环的淡水从温水箱 10 中汲出，经水泵 5、阀门 13 到冷凝器 4。水在冷凝器中被加热后再经阀门 17、水泵 6、阀门 21 到空调机组的空气加热器中，最后又返回水箱 10 中。夏季工况时，阀门 12、15、16、19、20 开启，阀门 13、14、17、18、21 关闭。海水经水泵 7、阀门 15 到冷凝器 4 中，被加热后的海水再经阀门 19 排回到海中。冷水由温水箱 10 中汲出，经水泵 5、阀门 12 到蒸发器 3 中，被冷却后，经阀门 16 又水泵 6 打入冷水箱中，冷水箱 11 中的水由水泵 8、9 压送到空调机组的喷水室中冷却空气，最后又返回温水箱 10 中。

以海水作为热源的热泵系统的主要缺点是海水对设备、管路有腐蚀性，从而降低了系统的寿命。解决方法之一是热泵系统采用淡水循环，而淡水与海水进行热交换。但这样增加了传热温差，热泵系统的性能系数下降，因此，应采用高效的不锈钢板式换热器。

(三)以建筑物内部热量作为热源的热泵

在一些现代的大型建筑中，往往可以将建筑物划分为周边区和内区。有时在内区，即使是在冬季也需要制冷。这时，可采用以建筑物内部热量作为热源的热泵系统。也就是利

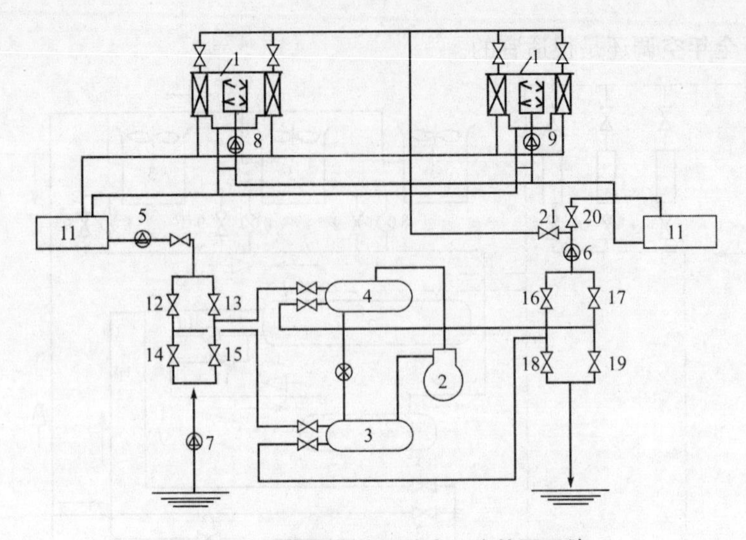

图 7-17　用海水作热源的水—水热泵系统

1—空调机组；2—制冷压缩机；3—蒸发器；4—冷凝器；5～9—水泵；

10—温水箱；11—冷水箱；12～21—截止阀

用热泵把热量由内区转移到周边区，这样无疑会减少建筑物的能耗。另外，建筑的排风也可被利用为热泵的热源。

1. 用双管束冷凝器的热泵系统

图 7-18 所示为一双管束冷凝器的热泵空调系统。系统中设有若干台空调机组 5，分别用于内区和周边区的空调。空调机组设有新风预热、冷却去湿和再加热设备，并根据空调区的需要启动其中的处理设备。在冬季，周边区的空调机组只需加热，而内区的空气处理主要是冷却去湿及新风加热。系统中还设有若干台回收排风热量的机组 6，建筑物的排风经冷却后排入大气。因此，通过这个系统，可将内区的热量及排风的热量转移到周边区中或用于加热新风。在春秋季或夏季，周边区的需热量逐渐减少，而冷量的需求增加，这时开启冷却塔 4，排走一部分或全部热量，排风机组 6 关闭。这个热泵系统全部利用内区热量及排风热量，而无外热源，因此，具有较高的制热性能系数。系统中一般还设有辅助加热器，热源可以是蒸汽、热水或电力。辅助加热器可设在温水系统中，即把冷凝器中流出来的水继续加热；也可设在蒸发器的冷水系统中，这样，既可以补充不足的热量，又可在冷负荷降低时防止水温太低而发生蒸发器冻结事故。另外，系统中经常设有蓄热槽，这样可以把由于冷、热负荷不平衡而多余的冷量或热量储存起来，还可以利用夜间廉价电力储存冷量或热量。

2. 水环热泵空调系统

水环热泵空调系统相当于利用了循环冷却水的废热。其最适合的场合是有内区和周边区的大型建筑物，且大部分时间内有同时制冷和供热要求的场所。

图 7-19 所示为水环热泵空调系统原理图。该系统由室内水源热泵、水循环环路和辅助设备(冷却塔、加热设备、蓄热设备等)三部分组成。一般来说，水环热泵以水—空气式机组为多。

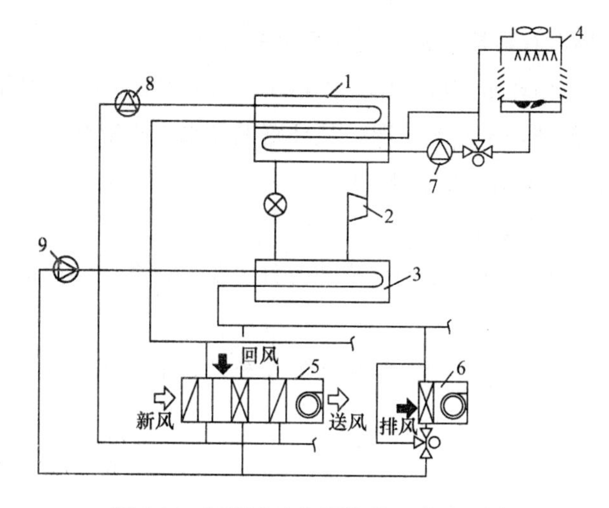

图 7-18　双管束冷凝器的热泵空调系统

1—双管束冷凝器；2—制冷压缩机；3—蒸发器；4—冷却塔；5—空调机组；

6—回收排风热量的机组；7、8、9—水泵

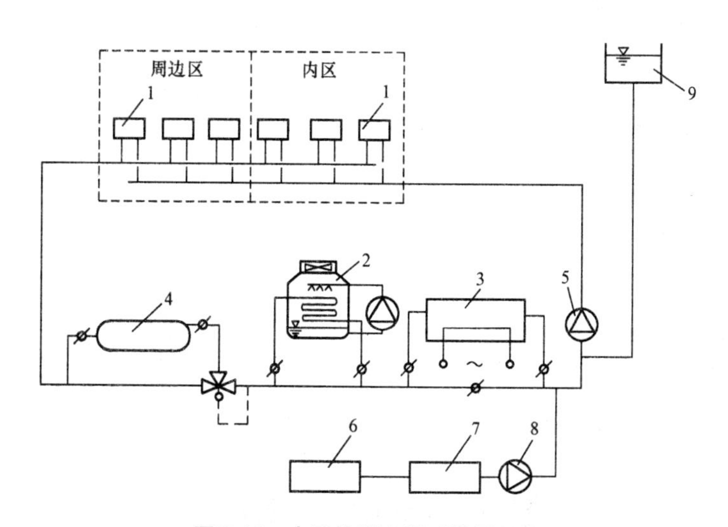

图 7-19　水环热泵空调系统原理图

1—水—空气热泵机组；2—闭式冷却塔；3—锅炉；4—蓄热设备；

5—循环泵；6—水处理设备；7—补水箱；8—补水泵；9—膨胀水箱

水环热泵空调系统全年运行时可能出现以下五种运行情况：

(1)在夏季，各热泵都处于制冷工况，向环路释放热量，冷却塔全负荷运行，将冷凝热量释放到大气中，使水温降到 35 ℃以下。

(2)大部分机组制冷，循环水温度上升，到达 35 ℃时，部分循环水流经冷却塔或进行蓄热。

(3)在过渡季节，当建筑物周边区的热负荷与内区的冷负荷比例适当时(一般热负荷与冷负荷之比约为 1.8)，排入水环路的热量与从环路中提取的热量相当，水温维持在 15 ℃～35 ℃，冷却塔和辅助加热设备均停止运行。由于从内区向周边区转移的热量不可能每时每

刻都平衡，因此系统中还设有蓄热设备，暂存多余的热量。

(4)大部分机组制热，循环水温度下降，到达 15 ℃时，投入部分辅助加热设备。

(5)在冬季，所有热泵都处于制热工况，从环路循环水中吸取热量，这时所有辅助加热设备均投入运行，使循环水水温不低于 15 ℃。

水环热泵空调系统的特点如下：

(1)调节方便。用户根据室外气候的变化和各自的要求，在一年内的任何时间均可随意进行房间的供热或制冷调节。

(2)虽然循环管是双管制系统，但其与四管制系统一样可以达到同时制冷和供热的效果。

(3)建筑物热回收效果好。

(4)系统布置简单，施工及运行管理方便。

思考题与习题

1. 什么是热泵？
2. 热泵和制冷机有什么不同？
3. 热泵的性能指标是什么？
4. 热泵的种类有哪些？
5. 空气源热泵有哪些优缺点？
6. 水源热泵有哪些优缺点？
7. 土壤源热泵有哪些优缺点？
8. 土壤源热泵地埋管系统有哪些形式？各有什么特点？
9. 太阳能热泵有哪些优缺点？
10. 如何解决太阳能利用的间歇性和不可靠性的问题？
11. 常见的太阳能集热板的形式有哪些？
12. 常用的太阳能蓄热器的形式有哪些？
13. 常用的太阳能蓄热水槽的形式有哪些？
14. 单户热泵采暖一般采用哪些形式？
15. 公共建筑中应用的热泵系统多采用哪些形式？
16. 水环热泵空调系统有什么特点？

第八章　直接蒸发式空调机组

直接蒸发式空调机组是局部空调系统中使用的设备。其是由空气处理设备、制冷设备和风机等组成的一个整体，可直接对空气进行处理。直接蒸发式空调机组结构紧凑，占地面积小，安装和使用方便，因此，在中小型空调系统中得到了广泛的应用。

直接蒸发式空调机组有多种形式，一般可分为房间空调器、单元式空调机组和多联式空调系统三大类。根据其是否采用热泵技术制热，又可分为单冷型和热泵型两大类。

第一节　房间空调器

一、分体式空调器

分体式空调器是把制冷压缩机、冷凝器(热泵运行时为蒸发器)同室内空气处理设备分开安装的空调机组，如图 8-1 所示。冷凝器和压缩机组成一个机组，置于室外，称为室外机；空气处理设备组成另一个机组，置于室内，称为室内机。室外机和室内机之间用制冷剂管道连接。

分体式空调器的室内机可根据用户的要求选择任意位置来布置，但室内机和室外机之间的连接管道长度应不大于 15 m，高差应小于 10 m，以保证润滑油顺利返回制冷压缩机。室外机布置在室外，使制冷压缩机和冷凝器风扇噪声被隔绝在室外，因此，室内噪声大大下降。

分体式空调器的室内机有壁挂式、落地式(柜式)、嵌入式(四面出风型及双面出风型，又称卡式机)、卧式暗装型等。壁挂式是家庭中使用最多的空调器，如图 8-1 所示。但其受室内机布置形式的限制，一般用于面积较小的房间。当房间面积较大(如客厅)时，采用落地式较多，其冷量及风量较大，空调控制区域也较大。

当房间面积较大而且层高又较高时，为了减少占地面积，可以采用四面出风型，如图 8-2 所示。四面出风型室内机回风口位于四个条形出风口的中间，布置十分紧凑。机组内配置了微型排水泵，排水管比机组底部最多高出 750 mm，这样，可以避免排水管为排出凝结水而低于吊顶影响美观。四面出风型室内机在小型餐饮等商用场合应用最多。其底部安装高度应在 4.2 m 以下，过高会影响其冬季送热风的效果。

双面出风型室内机使用条件和特点与四面出风型相似，但因少了 2 个出风方向，送风区域有所减少，适用于略为窄长的房间，单位面积造价相对偏高。

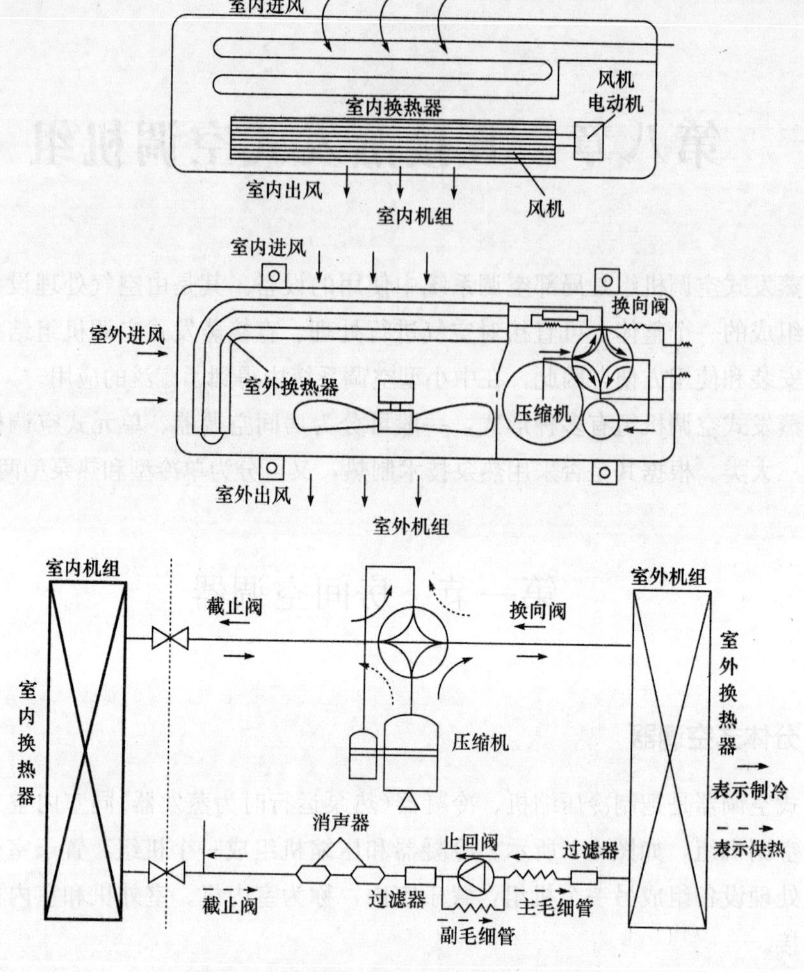

图 8-1　分体式空调器结构及工作原理图

卧式暗装型室内机需暗装在吊顶内，采用侧送风形式，因此，多用于商用和层高较高的别墅。其结构与集中式空调系统的风机盘管十分相似，如图 8-3 所示。室内空气经回风口被离心式风机吸入后，经蒸发器处理后直接送入房间内。卧式暗装型室内机在安装时，其进、出风口还需接一小段风管和百叶送、回风口。

二、分体一拖多空调器

分体一拖多空调器一般为 1 个室外机，连接 2～4 个室内机。室外机可以根据室内机的数量，设置 1～2 台制冷压缩机。图 8-4 所示为 1 台制冷压缩机拖动 2 台室内机的连接方式，该方式系统成本较低，但系统可靠性略差。图 8-5 所示为 2 台制冷压缩机分别拖动 2 台室内机，实际上是两套独立的制冷系统，只是室外机合在一个机壳内。该方式系统可靠性强，目前国内的一拖多空调器多为该形式。

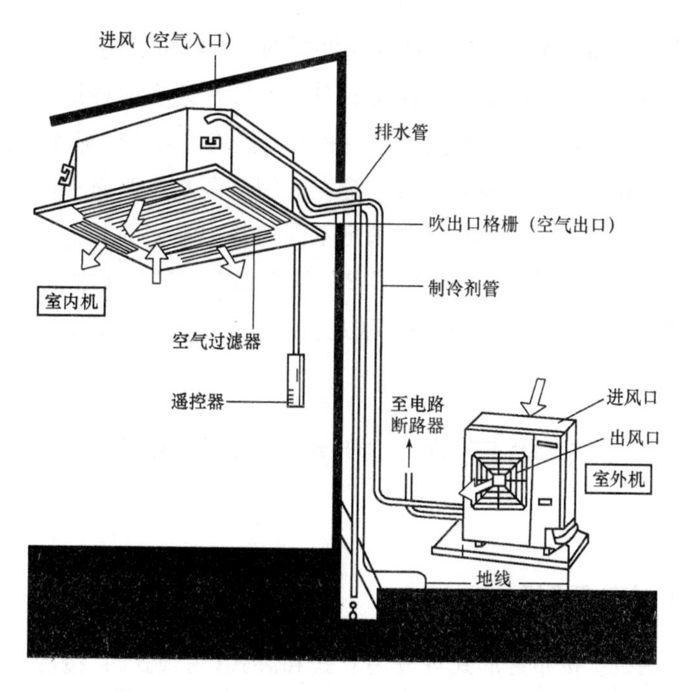

图 8-2　四通出风型分体式空调器系统示意图

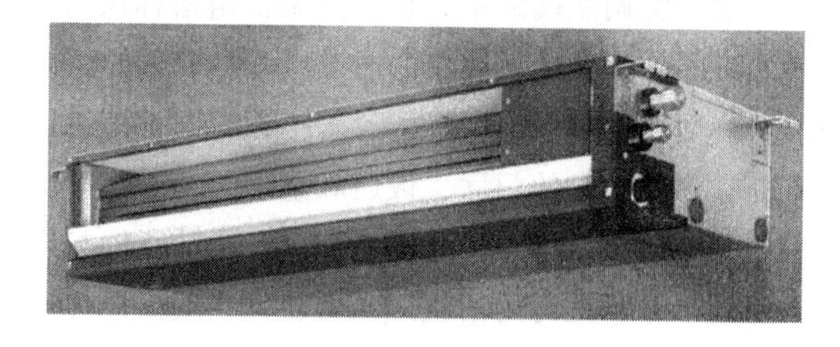

图 8-3　卧式暗装型室内机

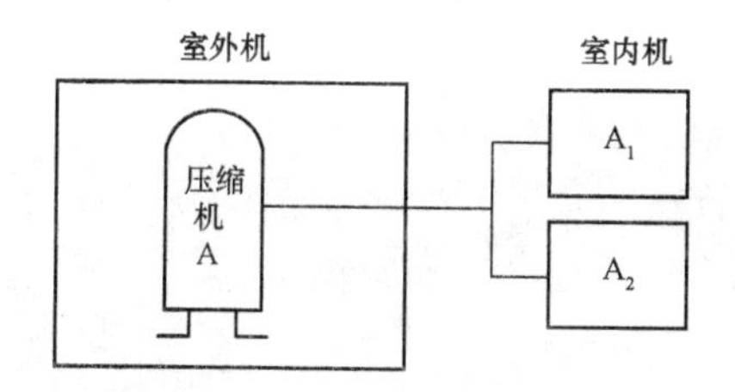

图 8-4　1 台制冷压缩机拖动 2 台室内机

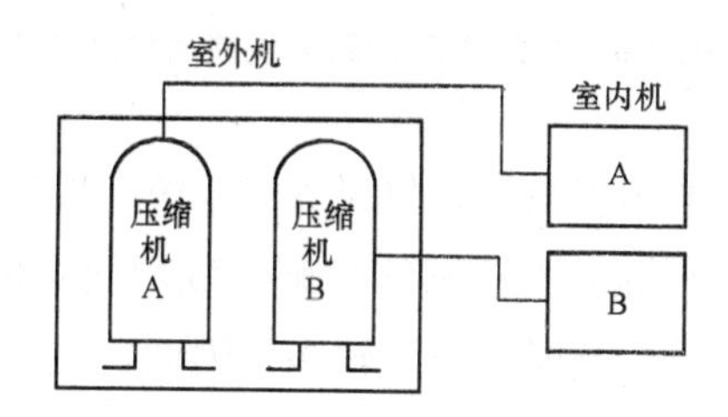

图 8-5　2 台制冷压缩机分别拖动 2 台室内机

分体一拖多空调器的室内机与分体式空调器的室内机可通用。

分体式空调器和分体一拖多空调器均有单冷型和热泵型两种形式。部分分体式空调器还采用了制冷压缩机变频技术，使其舒适性和节能性均得到了明显提高。

分体式空调器和分体一拖多空调器系统在家用空调及空调面积不大的商用空调领域应用十分广泛。由于室内机形式多样，可满足不同建筑中空调的装饰要求。分体一拖多空调器的多个制冷压缩机组合形式，既减少了室外机占用空间，其成本也低于多联式变频(或数码涡旋)空调系统，成为分体式空调和多联式空调的应用领域之间的补充。

第二节　单元式空调机组

一、单元柜式空调机组

单元柜式空调机组按布置形式可分为立式和卧式(吊顶式)；按冷却方式可分为风冷式和水冷式。其中，风冷式一般为分体式；而水冷式有整体式和分体式两种。

应用于民用建筑舒适性空调系统的单元柜式空调机组俗称风管机。风管机进、出口分别接、送回风管，也可在回风管上接新风管。通过风管上设置的送风口将冷(热)风送到各空调房间或空调区域。一般风冷热泵型吊顶式风管机在我国长江流域南北等地区的民用建筑中应用较多，如面积数百平方米的门厅、饭店和别墅等。对于出口静压较低的吊顶式风管机，一般回风先经过风机加压，再经蒸发器至出风口，其结构与直接送风的卧式暗装型室内机是相同的；对于出口静压较高的吊顶式风管机，一般回风先经过蒸发器，再由风机吸入后送至出风口。这时连接的风管需接变径管。图 8-6 所示为高静压卧式风管机室内机的外形图。为降低机组高度，该机组采用了 4 台小风机，因此有 4 个风机出口。

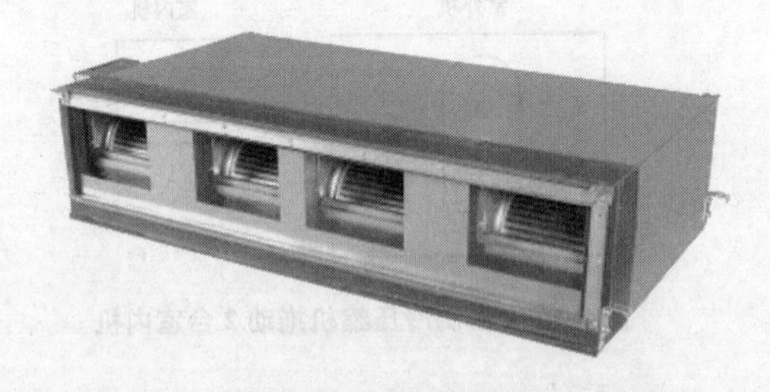

图 8-6　高静压卧式风管机室内机的外形图

由于送风口风量调节上的难度较大，故风管机系统一般不对各空调房间进行单独控制，也就是说，当风管机运行时，机组所控制的空调区域均同时供冷或供热。这对于需要对各房间进行单独控制的用户而言，其能耗浪费较多。因此，风管机更适合应用在酒店的大堂、饭店餐厅、中小型商场、展厅等大空间里的空调场所。

在工业建筑中，常采用立柜式冷风机组对车间(或仓库等)进行降温、除湿。机组往往直接放在车间内，而回风口直接开在机组立面上。图 8-7 所示为水冷整体式柜式空调机组的结构示意图。如需冬季供热，则机组也可做成热泵型或采用电加热、蒸汽加热。

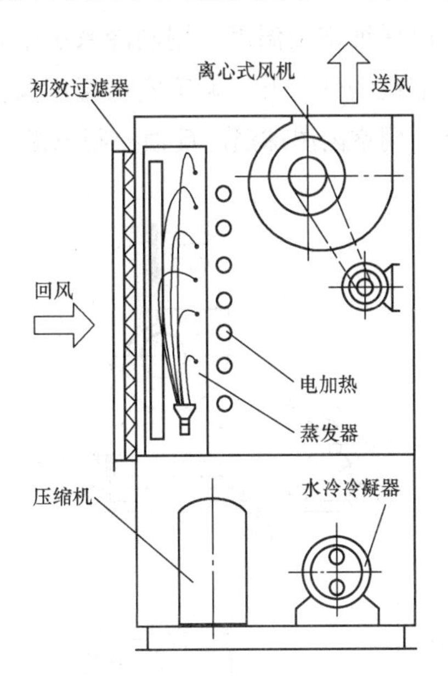

图 8-7　水冷整体式柜式空调机组的结构示意图

二、恒温恒湿空调机组

恒温恒湿空调机组也是一种柜式空调机组，但它可以精确控制室内的温度和相对湿度，一般应用于工业生产、图书档案保存、标准检测等对温湿度要求高的场合。与普通柜式空调机组相比，其不仅有蒸发器、加热器(电加热或热水、蒸汽盘管)，还有加湿设备。由于功能多、控制精度高，其控制系统的成本也较高。

恒温恒湿空调机组一般为立柜式，有在顶部设置侧吹风口直接往室内送风的直吹型，也有类似于图 8-7 通过顶部出风口送风的风管型。前者机组容量一般较小，可直接置于空调房间内使用。恒温恒湿空调机组的外形与立柜式冷风机组相差不大，有的厂家生产的这两种产品为同一个机组构架，仅是内部组成的部件有所不同。

空气流过恒温恒湿空调机组蒸发器的外表面，在被冷却的同时，含湿量也降低。由于采用制冷剂直接蒸发冷却空气，蒸发温度低于空调冷冻水的平均温度(9.5 ℃、7 ℃供水，12 ℃回水)2 ℃～3 ℃，因此除湿能力更强。为了保证能够达到房间所要求的湿度，机组中设有加湿器。加湿器多采用电极式加湿器或电热式加湿器，也有的采用湿膜加湿，用于湿度控制精度较低的场合。另外，机组中还装有电加热器，可对空气进行干式加热，用以提高空气的温度和降低其相对湿度，或者在冬季用来供热。有的恒温恒湿空调机组设计成热泵型，利用部分冷凝热量来对空气进行加热，可以节约 2/3 的电加热耗电量，但系统及控制更复杂一些。

图 8-8 所示为恒温恒湿空调机组的原理图。其包括制冷系统(制冷压缩机、冷凝器、毛细管、蒸发器)、电加热器、加湿器及温湿度自动控制元件等。其工作原理是：夏季利用蒸发器把回风和新风混合的空气冷却，然后再经过通风机加压送至室内。通过室温反馈用自动控制仪表控制电加热器，以保证室内温度。用制冷系统中的蒸发器将空气冷却降温，通过湿球温度反馈控制制冷压缩机的停与开，调节室内温度及湿度。冬季用自动控制电加热器加热空气，保证室内温度。用室内湿球温度反馈控制电极式加湿器调节室内相对湿度。

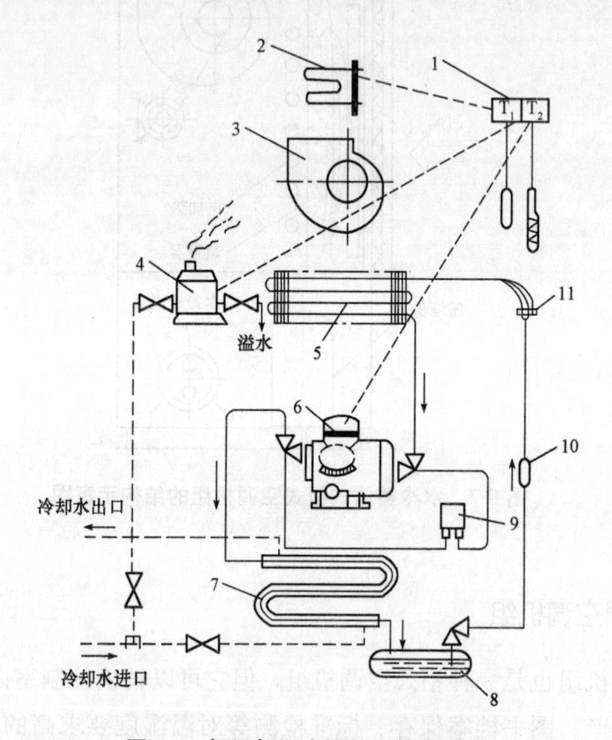

图 8-8　恒温恒湿空调机组的原理图

1—干湿球温度控制器；2—电加热器；3—通风机；4—电极加湿器；5—蒸发器；6—制冷压缩机；7—冷凝器；8—贮液器；9—压力控制器；10—过滤器；11—节流机构

三、计算机房恒温恒湿空调机组

计算机房恒温恒湿空调机组是根据计算机房对空调的特殊要求设计制造的，按其冷凝器的冷却方式分为风冷式和水冷式两大类；按机组的外形分为立柜式和卧式吊顶式，一般以立柜式机组居多；按机组的出风方式分为下送上回型和上送下回型，其中，上送下回型还可分为直吹型和风管型。

计算机房恒温恒湿空调机组的特点如下：

(1)计算机房空调的显热大，空调的送风量大(一般为普通恒温恒湿机组的 2 倍)，使蒸发温度得以提高，送风焓差小，显热比大，以满足计算机房热负荷大、湿负荷小的特点。国产计算机房恒温恒湿空调机组处理空气焓差一般为 8～9.9 kJ/kg，每 m^3/h 风量与冷量(kW)之比为 1：(2.5～3.5)。

(2)机组送风形式常为下送风、上回风。计算机组空调系统的送风大多是从活动地板下部形成的静压箱，通过地板送风口向机房和机柜送风，然后从机组顶部回风。这种下送上回的送风方式一方面有助于计算机散热；另一方面是因为计算机房一般要求地板架空以布置电缆，送风静压箱与地板架空层合而为一，大大节约了机房空间，省去了风管，并大大简化了机组安装。

(3)采用下出风盘管上的水分易被风带到地面，因此，盘管表面风速要非常低，通常盘管迎风面积要比同冷量的空调机组大一倍以上。

(4)机组设有初效过滤器，有的还设有中效过滤器。

(5)机组内设电加热装置。一般机组内至少有两台制冷压缩机及两段电加热，采用分段控制，以达到精确控制温度和湿度的目的。两台制冷压缩机的制冷系统为独立系统，以增加机组运行的可靠性，满足计算机房全年不间断运行的需求。

(6)由于全年均为冷负荷，需要机组全年制冷。对于采用水冷方式的机组，为防止冬天使用时水塔冷却水水温过低，导致制冷系统不能正常工作，冷却水管路上需设置一组流量调节阀或水温控制水塔开关等以维持冷却水温度。

(7)为了节约运行能耗，有的机组设有自然供冷系统。当室外空气温度低于 1.6 ℃时，机组中的乙二醇自然冷却系统就可提供全部冷量；当室外气温为 1.6 ℃～18.3 ℃时，自然冷却系统可提供部分冷量。从而减少了制冷压缩机的运行时间。

图 8-9 所示为下送风型计算机房恒温恒湿空调机组室内柜机的侧面结构示意图。其回风口位于机组顶部，机组上部为蒸发器，下部为离心风机。为防止凝结水被带入风机，蒸发器的迎风面积做得很大，使凝结水能顺蒸发器翅片间流入下部积水盘，而不会被经过翅片间自上而下的空气带入离心风机。

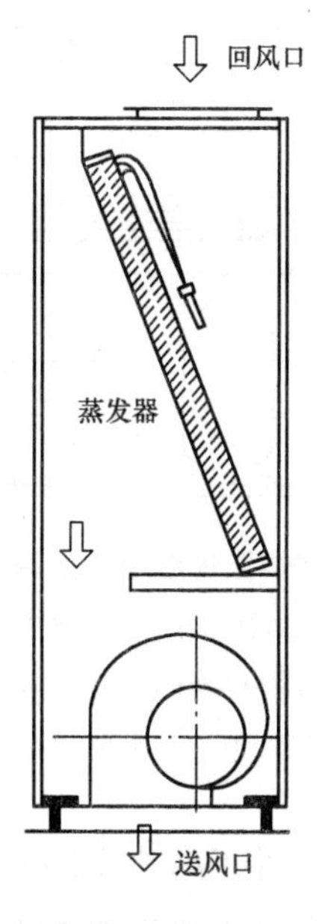

图 8-9　下送风型计算机房恒温恒湿空调机组室内柜机侧面结构示意图

四、净化空调机组

在精密仪表、电子、制药工业及医院手术室等场合，往往有净化要求，应用于这类场合的单元式空调机组即净化空调机组。与采用冷冻水为冷源的空气处理箱相比，单元式净化空调机组风量和冷量一般较小，独立成一个系统，控制管理方便。其特别适合空调净化区域不大或多个净化区域要求能分别独立控制的车间等场合。

净化空调机组按功能可分为普通净化空调机组和恒温恒湿净化空调机组。普通净化空调机组无空气湿度控制能力，仅能控制室内温度或具有一定除湿能力。

制冷量较小的机组在要求不高的场合可以直接放在室内，通过机组顶部出风口将处理的净化空气直接吹入室内，从而省去了机房。这种净化空调机组需要将高效过滤器安放在机组顶部出风口前。

图 8-10 所示为水冷式恒温恒湿净化空调机组的结构示意图。该机组的水冷冷凝器采用了套管式冷凝器，其体积小，布置紧凑。除常规恒温恒湿空调机组的配置和功能外，该机组还配置了初效(在蒸发器前的回风口入口，图中未能表示出来)、中效和高效过滤器，以及活性炭过滤器和紫外线灯等空气净化处理设备。

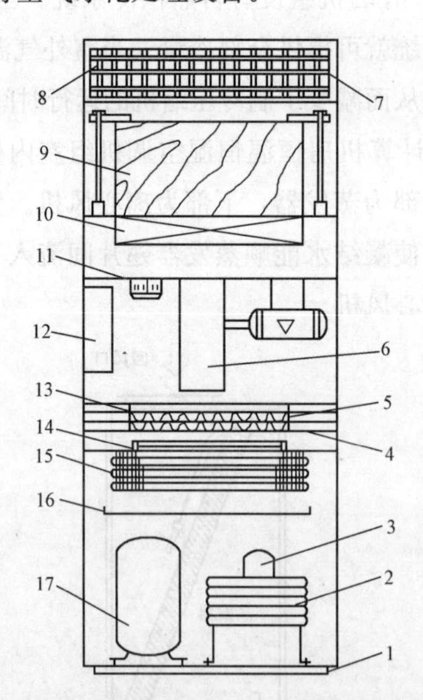

图 8-10 水冷式恒温恒湿净化空调机组的结构示意图

1—底座；2—冷凝器；3—贮液器；4—手动电加热；5—自动电加热；6—风机；7—可调双层百叶；8—百叶送风口；9—高效过滤器；10—中效过滤器；11—温度控制指示仪表柜；12—电器柜；13—活性炭过滤器；14—紫外线灯；15—蒸发器；16—凝水盘；17—制冷压缩机

当净化车间面积较大或要求机组置于净化车间外时，需要采用外接风管型机组，这时高效过滤器可以设在机组出口前，也可以移出机组置于末端的送风口前。由于高效过滤器阻力较大，在面积较大的净化空调中一般设在末端的出风口前。

五、屋顶式空调机组

屋顶式空调机组采用风冷方式，其所有制冷、加热、空气净化及送风部件均组合在一个整体内。由于安装在屋顶上，故称为屋顶式空调机组。与其他单元式空调机组相比，屋顶式空调机组相当于把室外机和室内机结合在了一起。由于空调房间位于机组下方，因此机组送风口的位置多为水平或底出风。

屋顶式空调机组的主要特点如下：

(1)机组结构紧凑，自带冷源，采用风冷结构，维护方便。

(2)机组置于屋顶，从屋顶上直接送风至顶层空调房间，无须吊顶空间。

屋顶式空调机组的结构可分为压缩冷凝和空气处理两个部分。图 8-11 所示为大型屋顶式空调机组的结构示意图。根据使用场合的不同要求，可以将空气处理部分设计为具有各种空气处理功能，如可以增设加湿器等使其具有恒温恒湿调节功能，或增设中、高效过滤器使其具有净化功能等。

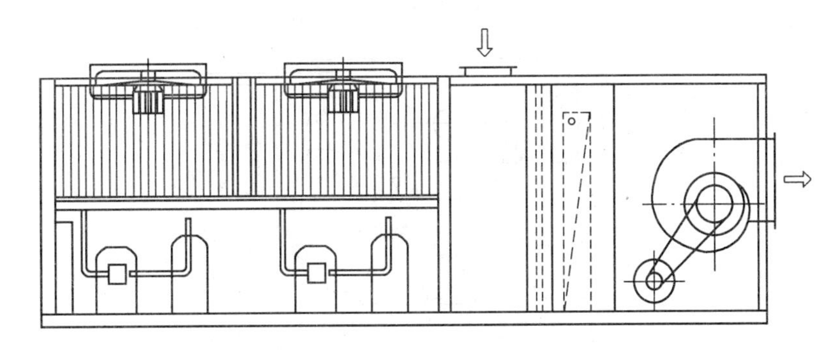

图 8-11 大型屋顶式空调机组的结构示意图

图 8-12 所示为中小型屋顶式空调机组的结构俯视图。其左侧为压缩冷凝部分，冷凝器布置在两侧，制冷压缩机及制冷附件置于冷凝器之间；右侧为空气处理部分，回风从侧面进入(可有两个方向选择)，经蒸发器冷却后，由离心风机加压送入送风管。调整离心风机的安装位置，还可将出风口改为上出风、下出风。回风口可做成下回风的形式。屋顶式空调机组也可做成热泵型。

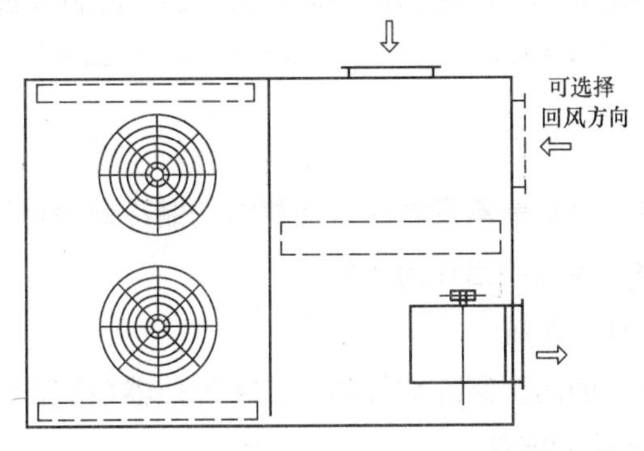

图 8-12 中小型屋顶式空调机组的结构俯视图

六、低温空调机组

低温空调机组主要用于有低温空调环境要求的场合，如感光器材、录音带、文史资料、医药卫生用品、化工用品等的储藏，农业种子的储存和培育，人工环境模拟室和产品标准检测室以及各种生产工艺过程中提出低温的特殊空调环境要求的场合。由于工作环境为 10 ℃～－30 ℃的低温环境，它与常规空调机组在结构、流程和工作参数方面均有较大差异。

图 8-13 所示为 HD-9 型低温空调机组的制冷流程图。其制冷流程为：电磁阀 12

→电磁阀 12→ 二次加热器 7→

→冷凝器 2→干燥过滤器 3→热交换器/集液器 4→膨胀阀 5→蒸发器 6→二次加热器 7→制冷压缩机 1。

空气流程为：空气过滤器 16→蒸发器 6→二次加热器 7→风机 8→送风口。

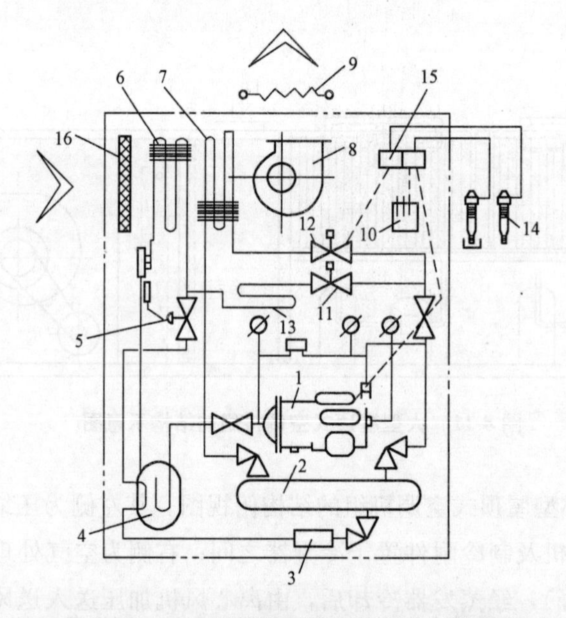

图 8-13　HD-9 型低温空调机组的制冷流程图

1—制冷压缩机；2—冷凝器；3—干燥过滤器；4—热交换器/集液器；5—膨胀阀；6—蒸发器；7—二次加热器；8—风机；9—电加热器(用户自配)；10—加湿器；11—冲霜电磁阀；12—二次加热电磁阀；13—积水盘加热器；14—点接点温度计；15—晶体管继电器；16—空气过滤器

该机组的工作特点如下：

(1)采用小焓降大风量，以提高蒸发温度，使机组的制冷效率得以提高。

(2)蒸发器采用铜管串整体波纹铝片的结构。

(3)无新风，采用全循环风系统。

(4)利用制冷压缩机出口的高温制冷剂气体经二次加热器(相当于前一级冷凝器)对空气进行再热处理，省去了电加热的能耗。

(5)设有热气冲霜系统。当蒸发器表面霜层太厚时，通过蒸发器前后的微压差信号使冲霜电磁阀 11 开启，从制冷压缩机出来的高温制冷剂气体经积水盘加热器 13 进入蒸发器 6 中加入融霜。部分蒸汽凝结成的液体进入热交换器/集液器 4 中。集液器可阻止大量液体返回制冷压缩机，同时，又可使润滑油及液体少量返回制冷压缩机。返回制冷压缩机的液体吸收电动机等外界热量而汽化，在冷却电机的同时，避免大量液体返回制冷压缩机导致液击的事故。除霜完毕后，冲霜电磁阀 11 关闭，恢复正常循环。需要注意的是，在除霜时，机组不能正常供冷，这时室内温度会有一定的回升。

七、除湿机组

除湿机组也称为冷冻除湿机，其主要由制冷压缩机、直接蒸发式空气冷却器、冷凝器、膨胀阀、风机和过滤器等部件组成。其工作原理是将空气经过蒸发器冷却去湿，再经冷凝器再热升温后送入室内。

冷冻除湿机的优点是除湿性能稳定，工作可靠，无须冷却水和热源，操作简单，运转费用也较低。其一般用于地下建筑、潮湿地区的电信、仪表、档案或仓库等场所的空气除湿。

冷冻除湿机按其是否控制出口空气的温度可分为普通除湿机和调温除湿机。

(1)普通除湿机所有冷凝热量均释放到被除湿的空气中去，由于干燥后的空气比潮湿空气在相同吸热量的条件下升温更多，加上冷凝器放热量大于蒸发器吸热量，故出口空气温度会高于进口空气温度。因此，普通除湿机不适合用于有温度要求的空调房间。普通除湿机的工作原理如图 8-14 所示。

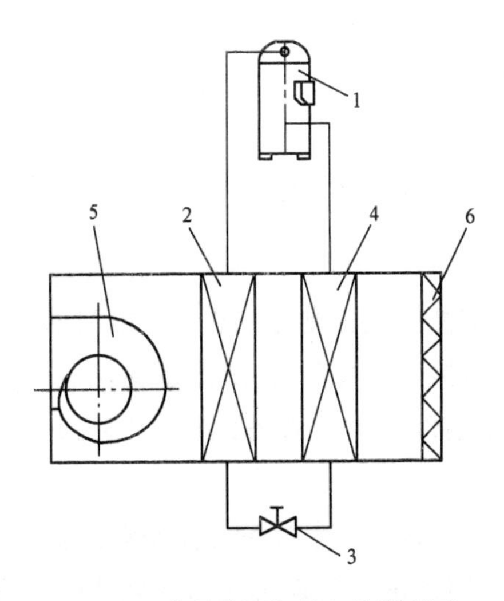

图 8-14 普通除湿机的工作原理图

1—制冷压缩机；2—冷凝器；3—膨胀阀；4—蒸发器；5—风机；6—空气过滤器

(2)调温除湿机的冷凝器分为两个部分，一部分为室内侧冷凝器，用于被冷却除湿空气的再热，使空气的出口温度与进口温度相同或更低；另一部分为室外侧冷凝器，通过水冷或风冷方式将冷凝热量排出室外。制冷剂高温气体首先进入室外侧冷凝器进行降温排热，剩余的热量在进入室内侧冷凝器加热被冷却除湿的空气。因此，调节室外侧冷凝器的排热量，就可以控制室内侧冷凝器的加热量，从而控制除湿机出口空气温度。室外侧冷凝器如采用水冷方式，排热量可以通过调节冷却水流量来进行控制；如为风冷冷凝器，则可以通过控制冷凝风机的启停进行控制。

调温除湿机兼有空调降温的功能，因此拥有更广泛的应用领域。图 8-15 所示为采用水冷冷凝器的调温除湿机的工作原理图。

冷冻除湿机通常做成立柜式，与普通柜式空调机组外形类似。

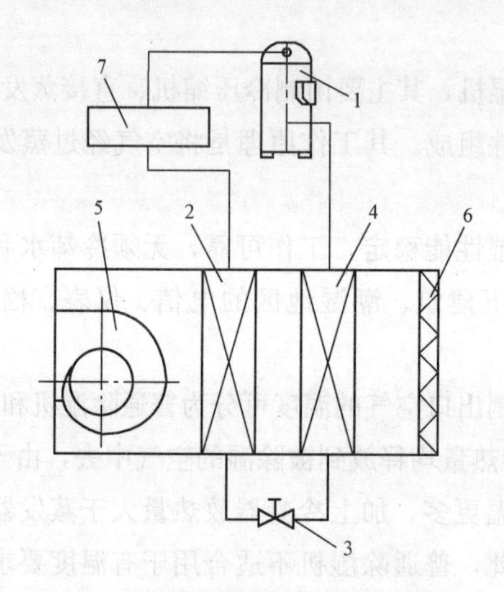

图 8-15　调温除湿机的工作原理图

1—制冷压缩机；2—冷凝器；3—膨胀阀；4—蒸发器；5—风机；6—空气过滤器；7—水冷冷凝器

第三节　多联式空调系统

多联式空调系统是指一台室外空气源制冷或热泵机组配置多台室内机，通过调节制冷剂流量适应各房间负荷变化的直接蒸发式空调系统。其是由制冷剂输送管道、室外机(含制冷压缩机和室外侧换热器)、室内机(含电子膨胀阀和室内侧换热器)以及相应管道附件组成的环状管网系统。

20 世纪 80 年代，日本最先出现了变制冷剂流量空调系统，其是从一拖多房间空调器发展而来的新型直接蒸发式空调系统，后来称之为多联式空调系统。日本大金的多联式空调系统(注册商标为 VRV)最早进入国内，并占有较大的市场份额，其他厂家则为自己的产品取名 MRV、VRF 或变频多联式商用中央空调、数码涡旋中央空调等，均为同一类产品。

一、多联式空调系统的分类及工作原理

多联式空调系统一般采用涡旋式制冷压缩机，也有采用双转子制冷压缩机。按制冷压缩机调节原理可分为变频多联式空调系统和数码涡旋多联式空调系统两大类。前者利用变频器调节制冷压缩机的转速来改变负荷输出；后者通过制冷压缩机内部间断卸载的方式进行负荷输出的调节。目前，国内市场上大部分是变频多联式空调系统；而数码涡旋多联式空调最近几年才刚刚出现，因此市场占有率较低。

除制冷压缩机调节原理不同外，两种系统的组成和工作原理基本相同。室外主机由制冷压缩机、冷凝器和其他制冷附件组成，类似于分体式空调器的室外机；末端装置是由蒸发器、电子膨胀阀和风机组成的室内机。一台或多台室外机通过一供一回两根制冷剂管路向若干个室内机输送制冷剂，室内侧通过电子膨胀阀调节进入各室内机的制冷剂流量。并通过软硬件相结合的方式，调节室内外风机转速、四通阀(热泵型)、室内机的风向调节板等可控制部件，实现室内环境的高舒适性和系统的节能控制。

根据冷凝器的冷却方式，多联式空调系统也可分为风冷多联式空调系统和水冷多联式空调系统。考虑到冬季供热的需要，后者在夏热冬冷地区一般为水源热泵多联式空调系统。日本大金公司根据夏热冬冷地区地板辐射供暖系统得到越来越多应用的市场需求，推出了多功能 VRV 空调系统，其不仅可以在夏季通过回收冷凝热量加热生活热水，也可以在冬季加热地板供暖用的热水。

目前，多联式空调系统常用的制冷剂有 R22、R410A、R407C 等。

二、室外机

多联式空调系统的室外机采用模块化形式组合(最多可以有 3～4 台组合在一起，共用一对气液管)，按冷凝风机出口方向可分为前(侧)出风型和顶(上)出风型两种，如图 8-16 所示。前者通常用于 5～6 匹以下的机组。

(a) (b) (c)

图 8-16 室外机形式

(a)前出风型室外机；(b)顶出风型室外机；(c)3 台室外机组合

通常，1 台室外机内最多放置 3 台制冷压缩机。其中，1 台为变频(或数码涡旋)制冷压缩机；其余 2 台为定频制冷压缩机。采用定、变频制冷压缩机组合后，系统容量最大可在 5%～100%调节，完全可以满足不同季节、不同室内负荷的要求。室外机最大容量(在最大组合条件下)为 40～50 HP，最大制冷量可达 140 kW，最大制热量 156.5 kW，室外机容量递增间隔为 2 HP，可以实现灵活的容量组合，满足用户不同的冷热量要求。表 8-1 为某品牌多联式空调系统冷暖型室外机的部分规格及参数表。

表 8-1　某品牌多联式空调系统冷暖型室外机的部分规格及参数表

型号	RCXYQ8 MAY1	RCXYQ10 MAY1	RCXYQ12 MAY1	RCXYQ14 MAY1	RCXYQ16 MAY1
电源	3 相，380 V，50 Hz				
制冷量/kW	25.2	28.0	33.5	40.0	45.0
制热量/kW	28.4	31.5	37.5	45.0	50.0
容量控制/%	14～100	14～100	14～100	10～100	10～100
制冷压缩机	全封闭涡旋型				
消耗电力 制冷/kW	7.31	8.01	9.16	13.4	16.0
消耗电力 制热/kW	7.69	7.65	9.20	11.7	13.2
风量/($m^3 \cdot min^{-1}$)	175	180		210	
尺寸 $H \times W \times D$/mm	1 600×930×765		1 600×1 240×765		
质量/kg	230	230	268	312	312
运转噪声/dB	57	58	60	60	60
制冷剂	R410 A				
制冷剂充填量/kg	7.6	8.6	10.4	11.6	12.4
配管 液管/mm	ϕ9.5	ϕ9.5	ϕ12.7	ϕ12.7	ϕ12.7
配管 气管/mm	ϕ19.1	ϕ22.2	ϕ28.6	ϕ28.6	ϕ28.6

注：1. 制冷工作条件：室内 27 ℃DB，19 ℃WB，室外 35 ℃DB，等效配管长度 7.5 m，高低差 0 m。

2. 制热工作条件：室内 20 ℃DB，室外 7 ℃DB，6 ℃WB，等效配管长度 7.5 m，高低差 0 m。

3. 制冷剂配管全长超过 5 m 时，需另外填充制冷剂。

1 台室外机通常最多可以连接 8～16 台室内机，而室外主机组合后的系统可以连接的室内机最多达到了 32～48 台。

多联式空调机组的室外机比普通分体式空调室外机复杂得多，这是因为采用了较长的制冷剂管道和多个室内机并联。系统必须解决由此引发的多个问题，关键的问题有以下两个。

1. 制冷剂流量的分配与控制

制冷压缩机输出负荷通过变频或数码涡旋技术进行的调节，相对于室内机电子膨胀阀的无规律动作有一个滞后，此期间贮液器进出口制冷剂流量可通过贮液器进行调节。但由于多联式空调系统的负荷变化量远大于普通空调系统，因此，还需在贮液器中设置液位调节系统，以避免制冷压缩机输出制冷剂流量与室内实际制冷剂流量出现过大偏差而出现故障。图 8-17 所示为大金 VRVⅡ多联式空调系统中贮液器液位调节系统的工作原理图。当贮液器中液位过低时，电磁阀 2 打开，贮液器与制冷压缩机低压吸气管接通，从而使贮液器内压力下降，液位上升；当贮液器中液位过高时，电磁阀 1 打开，贮液器与制冷压缩机高压排气管接通，从而使贮液器内压力上升，液位下降。在正常运行时，电磁阀 1 和电磁阀 2 均关闭。

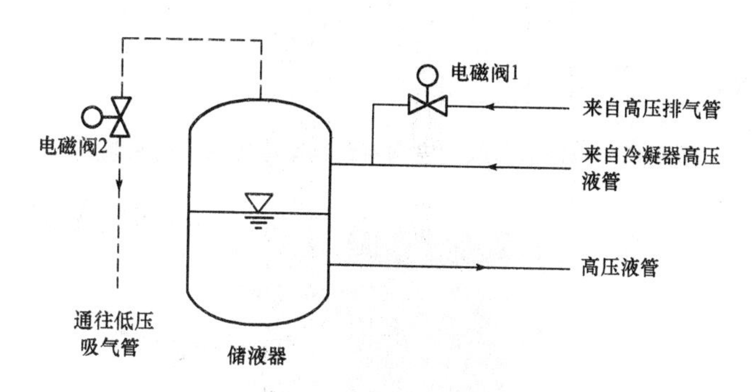

图 8-17　贮液器液位调节系统的工作原理图

2. 系统的润滑油分配及回收

当制冷剂管路长度增加时，润滑油的回收是保证制冷压缩机正常工作的关键。变频多联式空调系统采用高效油分离器，以及设置制冷压缩机做润滑油均油运转(每 6 min 运转一次)，避免了润滑油滞留在管道中而导致制冷压缩机缺油烧毁的事故，从而大大延长了制冷剂配管长。

当两台以上制冷压缩机并联运行时，为防止润滑油分配不均匀，需要设置均油系统，以防制冷压缩机因缺油导致烧毁。图 8-18 所示为 VRVⅡ多联式空调系统的制冷压缩机均油系统。从图中可以看出，每个制冷压缩机出口设独立油分离器，油分离器的回油管与制冷压缩机的吸气管交叉连接，从而避免制冷压缩机因排气量不同等因素使回油量分配不均而发生缺油烧毁的故障。

除上述两个关键问题外，为避免制冷剂高压液体在较长的管道流动过程中因克服流动阻力导致压力下降而引起汽化，制冷系统还设有过冷热交换器，利用冷凝器出口的少量高压制冷剂液体汽化吸热，将其余制冷剂液体降温，使之得到冷却。

多联式空调系统的室外机通常置于建筑物外立面、阳台或屋顶。有的建筑为了美观，将室外机预留位置设置在每一个外立面内凹 1～2 m 的小平台上，这时采用上出风的室外机就必须接一段 90°弯风管将冷凝器排风水平导出，如图 8-19 所示。这种在室外机安装平台外设置百叶的做法虽然可以改善建筑立面美观效果，却会使部分排风受百叶阻挡而被下部吸风口吸入，从而对冷凝器散热效果有一定影响。

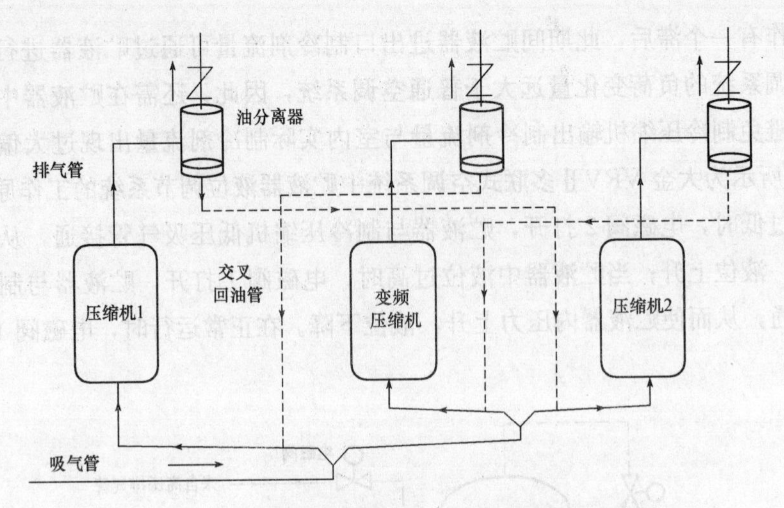

图 8-18 VRVⅡ多联式空调系统的制冷压缩机均油系统

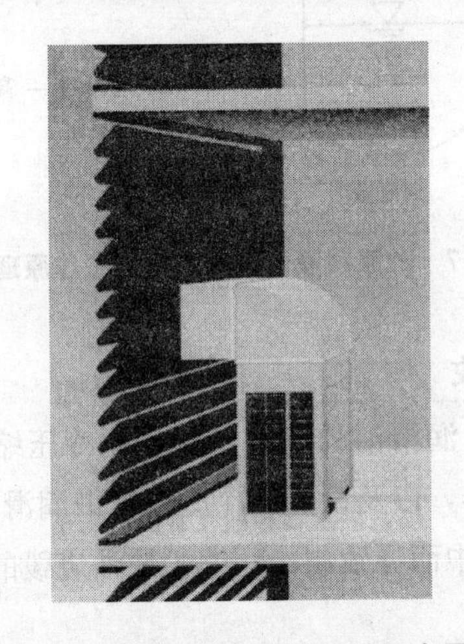

图 8-19 接导流出风管的室外机布置图

随着各生产厂家不断地改进技术，室外机工作的温度范围也不断得到扩大。目前，供暖时室外机工作温度最低可至－20 ℃；供冷时室外机的最高工作温度可达 43 ℃。

在供暖时，当室外侧换热器上有积雪或室外温度降到－5 ℃～7 ℃时，室外换热器表面会出现结霜现象。这时系统会每隔一段时间进行除霜运行(如采用制冷压缩机出口高温制冷剂蒸汽同人室外换热器进行冲霜)。在除霜过程中系统停止供热，室内机的风扇也会停止运行。

三、室内机

多联式空调系统的室内机形式多样，有壁挂式、落地式、天花板嵌入式(四面出风和双面出风)、卧式暗装、立式明装等，可满足用户的多种选择。表 8-2 给出了不同类型室内机的优缺点对比。与分体式空调室内机相比，其外形基本一致，主要区别是多联式空调系统的室内机蒸发器配置了电子膨胀阀，而分体式空调一般为毛细管。

表 8-2　不同类型室内机优缺点对比

系列	优点	缺点	处置办法
四面出风嵌入机(RFT)	可调协在房间中位置，可获得较好的空调效果，气流组织均匀；外观高档易与装修配合，带冷凝水提升泵，方便排水	层高大于 3.5 m 的房间不适合；房间宽度小于 3.5 m 的房间不适合	将房间宽度较狭窄方向的两个出风口堵住，只有两面出风
双向嵌入机(RFTW)	可设置在房间中间位置(天花板高度达 5 m)，适合狭长形房间使用，带冷凝水提升泵，方便排水	对于小型机器，与四出风机型相比，噪声稍大	尽量避免在寝室内使用
高静压风管机(RFU)	适用于大、高空调，通过锵锵布置送、回风口均匀调节室温，可远距离送风，易引入新风	占用较高的天花吊顶高度，影响层高，安装不好时噪声较大	设计时选择合适的风速及选择优质材料
超薄风管机(RFTS)	机身厚度仅 180 mm，静压 15 Pa，适合小空间使用，带冷凝水提升泵，方便排水；可吊顶式安装，也可入墙式安装	静压低，不适合远距离送风	—
壁挂机	与家用空调一样，安装简单，适合不装修的房间安装	冷凝水排水不方便，缺乏高档感受的外观	靠近外墙安装，将冷凝水直接排室室外或安装外置冷凝水泵

由于采用了电子膨胀阀，故每个室内机可以单独调节，从而可以实现对室温更为精确地控制。电子膨胀阀能随室内机的负荷变动连续地调节制冷剂流量，避免了传统开关控制系统中易发生的温度变动，可以较快地达到并维持恒定舒适的室温。

考虑到各末端室内机同时使用率的问题，以及变频多联式系统通常可以允许制冷压缩机在短时间内以高于正常频率的模式运转，因此，室内机与室外机容量的比例最高可达 130%。

表 8-3 为某品牌天花板嵌入式室内机部分规格及参数表。

表 8-3　某品牌天花板嵌入式室内机部分规格及参数表

型号		FXFQ25KMVL	FXFQ32KMVL	FXFQ40KMVL	FXFQ50KMVL	FXFQ63KMVL
电源		单相，220 V，50 Hz				
制冷量	kW	2.8	3.6	4.5	5.6	7.1
制热量	kW	3.2	4.0	5.0	6.3	8.0
消耗电力(冷/暖)	kW	90/75	90/75	97/82	106/90	118/101
送风量(强/弱)	$\frac{m^2}{min}$	12/9.5	12/9.5	13/9.5	15/10	16.5/13
运转音(强/弱)	dB(A)	29/26		30/26	31/26	32/27

续表

型号			FXFQ25KMVL	FXFQ32KMVL	FXFQ40KMVL	FXFQ50KMVL	FXFQ63KMVL
尺寸 $H \times W \times D$		mm	230×840×840				
质量		kg	25				
配管	液管	mm	$\phi 6.4/\phi 12.7$				$\phi 9.5/\phi 15.9$
	气管	mm	PVC32(I. D. $\phi 25$, O. D. $\phi 25$)				

思考题与习题

1. 什么是直接蒸发式空调机组?
2. 直接蒸发式空调系统与传统集中式空调系统相比有什么特点?
3. 简述直接蒸发式空调系统的分类。
4. 简述房间空调器的分类及特点。
5. 简述单元式空调机组的分类及特点。
6. 简述多联式空调系统的分类及其工作原理。
7. 多联式空调系统的两个关键问题是什么?如何解决?
8. 多联式空调系统的室外机出风口外侧或上部被遮挡时对其有何影响?应如何解决?

第九章　溴化锂吸收式制冷

吸收式制冷和蒸汽压缩式制冷一样，都属于液体汽化法制冷，即都是利用液体汽化时吸取汽化潜热来实现制冷的。蒸汽压缩式制冷机的工作需要消耗电能，而吸收式制冷机以热能为驱动力，采用二元或多元溶液作为工质对，通过低沸点组分(即制冷剂)的蒸发和冷凝，实现热量的转移；通过高沸点组分(即吸收剂)的吸收和解吸完成工作循环。

制冷史上出现最早的吸收式制冷机是 19 世纪 50 年代制成的以硫酸—水和氨—水为工质对的吸收式制冷机，主要应用与化工生产中。20 世纪 30 年代出现的扩散吸收式制冷机，采用氨—水—氢三元工质对，成功地应用于冰箱中。1945 年，美国开利公司试制成功的溴化锂吸收式制冷机，象征着吸收式制冷技术进入了发展的新阶段，在大量节约空调用电和利用工业余热节能方面得到了推广应用。20 世纪 60 年代初出现的二效溴化锂机组，大大提高了热力系数，使吸收式机组可与压缩式机组相媲美。20 世纪 70 年代末 80 年代初出现的吸收式热泵和吸收式热交换器，更是提高了对余热的利用效率和效果。近年来，随着氯氟烃制冷剂的禁用，溴化锂吸收式制冷机作为一种技术上成熟的无公害的空调制冷设备，得到了更进一步的推广和应用。

当前广泛使用的吸收式制冷机主要有氨—水吸收式和溴化锂吸收式两种。前者可以获得 0 ℃以下的冷量，用于生产工艺所需的制冷，主要是应用在化工领域；后者只能制取 0 ℃以上的冷量，主要用于大型空调系统的冷源设备。由于篇幅有限，本单元主要介绍溴化锂吸收式制冷机。

第一节　溴化锂吸收式制冷的工作原理

一、吸收式制冷循环的工作原理

与蒸汽压缩式制冷循环相比较，在吸收式制冷循环中仍有冷凝器、蒸发器和膨胀阀三大部分，不同的是，其用一些热能利用设备替代了蒸汽压缩式制冷循环中的压缩机，如图 9-1 所示。要使之能达到与压缩式制冷循环相同的制冷效应，吸收式制冷循环中这些替代压缩机的热能利用设备就要能实现压缩机的功能，即一方面能从蒸发器中抽吸制冷剂蒸汽，使蒸发吸热过程能够连续不断地进行下去；另一方面能提高制冷剂的压力和温度，为把制冷剂蒸汽的热量转移到外界创造条件。那么，热能利用设备如何能实现上述这两方面的作用呢？

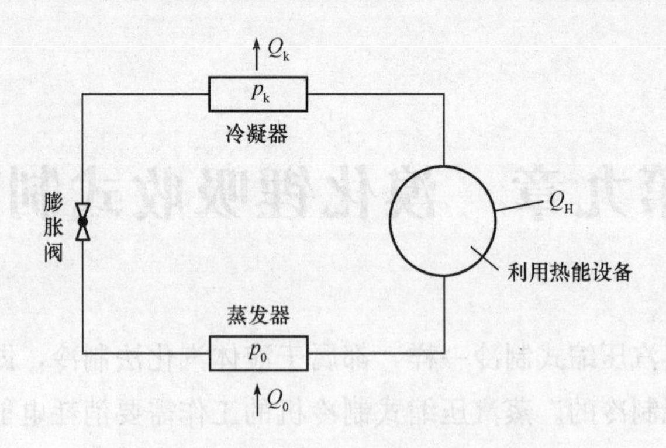

图 9-1　利用热能的吸收式制冷循环

为了说明这个问题，我们来看这样一个简单的装置。如图 9-2 所示，常温下，将两个各自装有小部分浓硫酸（H_2SO_4）和水（H_2O）的瓶子用一根管连接在一起，会出现什么现象呢？

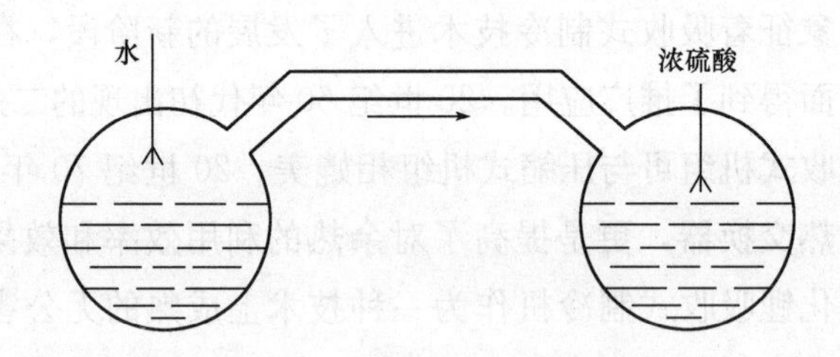

图 9-2　吸收制冷的原理

静置一段时间后，在装水的瓶子外壁会有凝结的水珠，同时，用手摸瓶子触感很凉。这是因为浓硫酸有很强的吸收水蒸气的能力，在相同的温度下，浓硫酸溶液的饱和水蒸气分压力远远低于纯水的饱和水蒸气分压力，即装有浓硫酸的瓶子内的上部空间的水蒸气分压力很低，而装水的瓶子内上部空间的水蒸气分压力较高，两个瓶子之间存在水蒸气分压力差。这样，装水瓶子里的水蒸气就在压力差的作用下，不断地流向装浓硫酸的瓶子里，并被浓硫酸所吸收。由于水瓶里原有的平衡被打破，水不断地蒸发为水蒸气，在这个过程中需要从水或周围环境中吸收热量，从而使得水温或周围环境的温度降低。当温度低于外界空气的露点温度时，在瓶外壁上就会出现凝结水珠。

通过上面的描述可以看出，利用像浓硫酸、水这样两种能够相互强烈吸收的液体，就能够实现压缩机的第一个作用：抽吸蒸汽，并维持低温低压。像这样两种能相互强烈吸收的液体形成的溶液称为二元溶液，也称为工质对。其中，低沸点液体为制冷剂；高沸点液体为吸收剂。目前，最常用的工质对有溴化锂-水（$LiBr\text{-}H_2O$）溶液和氨-水（$NH_3\text{-}H_2O$）溶液。在溴化锂-水溶液中，溴化锂为吸收剂，水为制冷剂；在氨-水溶液中，氨为制冷剂，而水为吸收剂。

要想实现制冷循环，被吸收剂吸收的制冷剂还应该能够被释放出来，经冷凝、节流、蒸发后，再被吸收，这样才能形成一个完整的制冷循环。让制冷剂蒸汽从吸收剂中释放出来，最简便的方法就是给溶液加热，热能就是通过这条途径进入到吸收式制冷循环中的。

通过对二元溶液加压加热，使二元溶液产生高温高压的制冷剂蒸汽，这就实现了压缩机的第二个作用。

把加热溶液产生高温高压制冷剂蒸汽的过程称为发生过程；把吸收剂吸收在蒸发器中产生的低温低压制冷剂蒸汽的过程称为吸收过程；完成这两个过程的设备分别称为发生器和吸收器。一个完整的吸收式制冷循环由发生、冷凝、蒸发、吸收等几个基本工作的过程组成。

二、溴化锂吸收式制冷机的工作原理

以溴化锂-水为工质的单效吸收式制冷机主要由发生器、冷凝器、节流膨胀阀、蒸发器、溶液泵以及热交换器等组成。其系统原理图如图 9-3 所示。

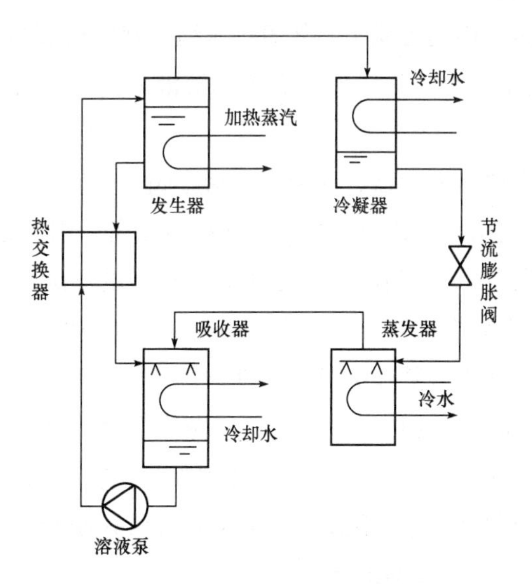

图 9-3　溴化锂吸收式制冷机的系统原理图

工作时，发生器中的稀溶液被蒸汽或热水等驱动热源加热到沸腾，所产生制冷剂的蒸汽进入到冷凝器中，被浓缩的溶液在重力作用下经热交换器回流到吸收器中。制冷剂蒸汽在冷凝器内在冷凝压力 p_k 下冷凝，将热量释放给冷却水后变为制冷剂液体。液体经膨胀阀降压降温后进入蒸发器。在蒸发器内，制冷剂在蒸发压力 p_0 下汽化，吸收被冷却对象的热量产生制冷效应。汽化产生的制冷剂蒸汽进入吸收器中，被吸收器内的浓溶液所吸收，吸收器中的溶液在吸收制冷剂蒸汽的同时向冷却水放出吸收热。吸收器中被稀释的溶液经溶液泵加压、热交换器换热后返回发生器。这样，制冷剂和吸收剂都完成了一次循环。系统中溶液热交换器的存在，可以减少驱动热源和冷却水的消耗，提高系统对热能的利用程度。

在吸收式制冷装置中，蒸发器制取的制冷量与发生器消耗的热量之比称为热力系数，用 ξ 表示，即

$$\xi=\frac{\varphi_0}{\varphi_g} \tag{9-1}$$

三、吸收式制冷与蒸汽压缩式制冷的异同

吸收式制冷与蒸汽压缩式制冷一样，都是利用液体在汽化时要吸收热量这一物理特性来实现制冷的。而且两者都是以低压、低温的制冷剂液体在蒸发器中汽化吸热所产生的制冷效应来实现向低温热源吸取热量，并且都是以高压高温的制冷剂蒸汽在冷凝器中凝结放热所产生的制热效应来实现向高温环境散热的。然而两者之间又有着很大的区别，主要的不同之处体现在以下几个方面：

(1)吸收式制冷循环依靠消耗热能为补偿，并且对热能的要求不高，可以是低品位的工厂余热、废气、废水和太阳能，对能源的利用范围很广；而蒸汽压缩式制冷循环则需要消耗高品位的电能作为补偿。

(2)吸收式制冷机所使用的工质不是像蒸汽压缩式制冷机那样的单一工质，而是使用由制冷剂和吸收剂组成的工质对，为二元或者多元溶液。其中，吸收剂是对制冷剂有强烈吸收作用的物质。

(3)吸收式制冷机主要由发生器、冷凝器、膨胀阀、蒸发器、溶液泵、吸收器和热交换器等部件组成，除了溶液泵以外没有其他的运转机器设备，因此结构较为简单，运转平静，振动和噪声都很小；而在压缩式制冷机中是用高速运转的压缩机代替了吸收式制冷机的发生器和吸收器，故其振动和噪声都要大得多，需要采取相应的防振和减噪措施。

(4)吸收式制冷机用热力系数作为其经济性评价指标；而蒸汽压缩式制冷机用制冷系数评价其经济性。吸收式制冷机的热力系数要低于蒸汽压缩式制冷机的制冷系数。单效溴化锂吸收式制冷机的热力系数约为 0.7；二效溴化锂吸收式制冷机的热力系数约为 1.3。但如果考虑到发电和输电过程中的能量损失，再考虑到吸收式制冷机对低品位能源的利用，实际上它的能源利用率并不低于压缩式制冷。

第二节　溴化锂吸收式制冷机的结构与工作流程

吸收式制冷机组根据其用途不同，可以分为冷水机组、冷热水机组和低温机组；根据所用的驱动热源的不同，可分为蒸汽型、热水型和直燃型(由燃油、燃气的燃烧热驱动)；根据驱动热源的能量的利用次数，可分为单效型、多效型；根据机组的结构不同有单筒型、双筒型和多筒型之分和卧式、立式之分。本节主要介绍双筒型单效溴化锂吸收式制冷机和双效溴化锂吸收式制冷机。

一、双筒型单效溴化锂吸收式制冷机

单效溴化锂吸收式制冷机组是溴化锂吸收式制冷机的基本形式，其可以采用低品位热能，通常以 0.03～0.15 MPa 的饱和蒸汽或者 85 ℃～150 ℃的热水作为驱动热源。单效溴

化锂吸收式制冷机的热力系数不高，仅为0.65～0.7，一般以工厂余热、废热为能源，无须专门配备锅炉来提供驱动热源。在热、电、冷联供中有着明显的节能效果。

(一)单效溴化锂吸收式制冷机的结构

图9-4所示为XS-1 000型单效双筒溴化锂吸收式制冷机的构造。上筒中放置冷凝器和发生器；下筒中放置蒸发器和吸收器。为了实现提高热能的利用程度，在装置的底部设置了溶液热交换器。为使制冷机能够连续工作，工质中的溶液和制冷剂能在各换热设备中进行有序的循环，还装设有屏蔽泵(发生器泵、吸收器泵、蒸发器泵等)以及相应的连接管道和阀门。另外，还装设有真空泵，以保证溴化锂吸收式制冷机在真空状态下运行。

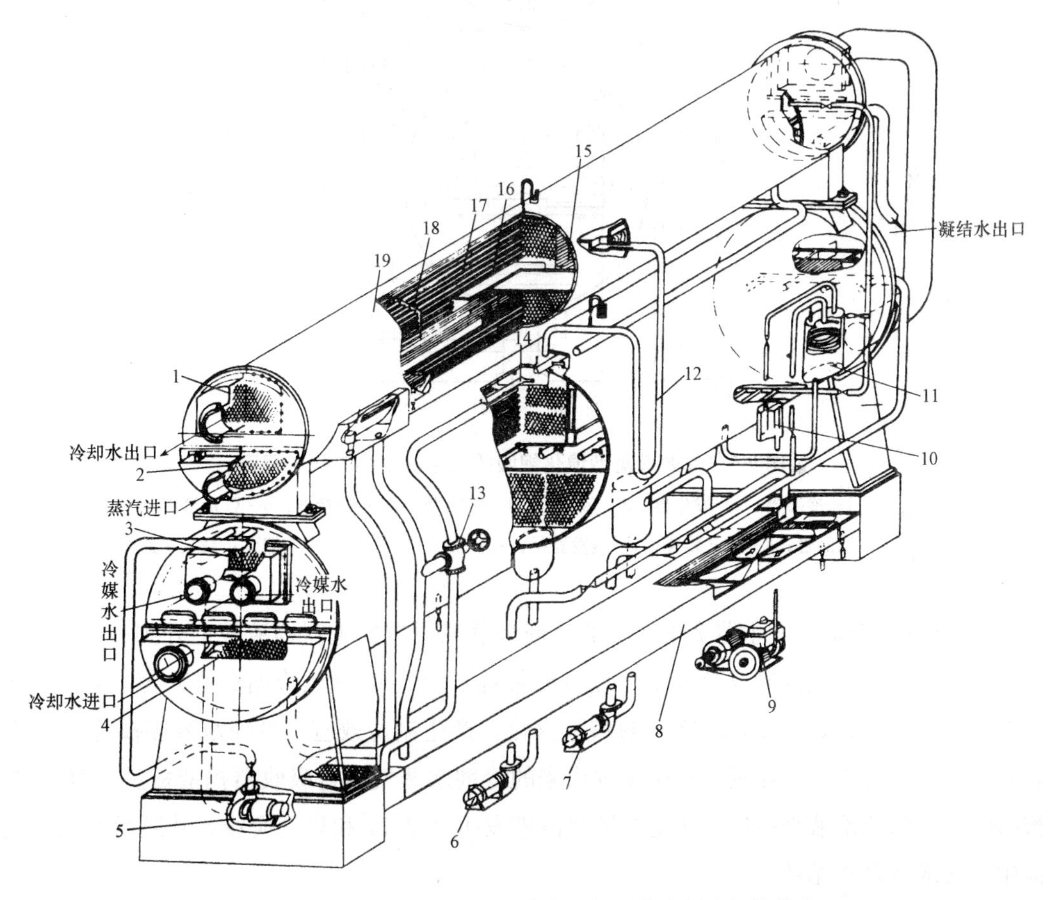

图9-4　XS-1 000型单效双筒溴化锂吸收式制冷机的构造

1—冷凝器；2—发生器；3—蒸发器；4—吸收器；5—蒸发器泵；6—发生器泵；7—吸收器泵；8—溶液热交换器；9—真空泵；10—阻油器；11—冷剂分离器；12—节流装置；13—三通调节阀；14—喷淋管；15—挡液板；16—水盘；17—传热管；18—隔板；19—防结晶管

溴化锂吸收式制冷机还需配备抽气设备，用来及时排除机组内的不凝性气体，提高溴化锂吸收式制冷机的制冷性能。另外，当溴化锂溶液浓度过高或温度过低时，都容易在发生器出口处引起结晶并堵塞管道，使机组无法正常运行，所以，机组通常还会设置有防结晶装置。为防止在运行过程中，由于冷水泵故障使冷水断水或流量减小，或者由于冷负荷过低，造成冷水温度过低而发生冻结，使传热管胀裂，在机组中还会设置防冻结装置。

(二)单效溴化锂吸收式制冷机的工作流程

图 9-5 所示为单效双筒型溴化锂吸收式制冷机的工作流程图。其工作过程可分为以下两个部分：

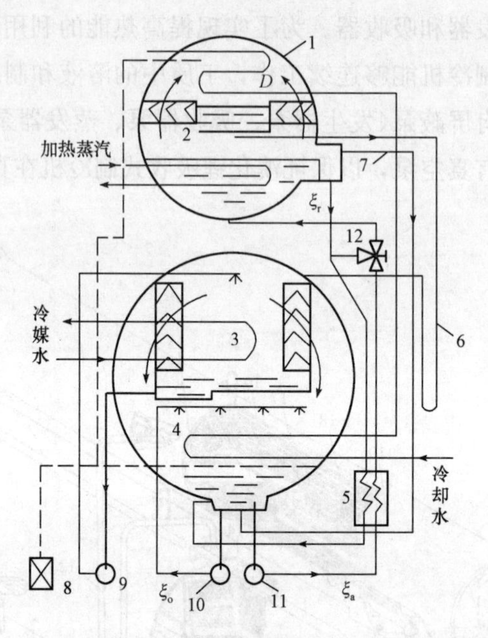

图 9-5　单效双筒型溴化锂吸收式制冷机的工作流程图

1—冷凝器；2—发生器；3—蒸发器；4—吸收器；5—热交换器；6—U 形管；
7—防结晶管；8—抽气装置；9—蒸发器泵；10—吸收器泵；11—发生器泵；12—三通阀

(1)冷剂水循环。发生器 2 中产生的冷剂水蒸气通过发生器挡液板上升到冷凝器 1，在冷凝器中冷剂水蒸气冷凝成冷剂水，经节流装置 U 形管 6 降压降温后进入蒸发器 3，冷剂水在蒸发压力(低压)下吸收冷冻水的热量汽化，产生制冷效应，冷冻水温度被降到 7 ℃左右后，送往需冷用户。在蒸发器中蒸发出来的冷剂水蒸气通过吸收器挡液板进入吸收器 4，被吸收器中的浓溶液吸收后，跟随溶液经溶液发生器泵 11 和热交换器 5 升温后返回到发生器中，完成冷剂水循环。

(2)吸收剂循环。发生器中发生完毕后流出的吸收剂浓溶液，经过热交换器 5 降温和沿途管道降压后进入吸收器 4，吸收由蒸发器产生的冷剂水蒸气，形成稀溶液。稀溶液由溶液发生器泵 11 加压，再经热交换器 5 加热后被输送到发生器，重新加热发生，形成冷剂水和浓溶液。

二、双效溴化锂吸收式制冷机

由于单效溴化锂吸收式制冷机组所采用的热源是 0.03～0.15 MPa 的低压饱和蒸汽或 85 ℃～150 ℃的热水，因此发生器所流出浓溶液的浓度不能过高，以防浓溶液发生结晶。

因此，发生器内的温度也不能过高(通常不超过 110 ℃)，这也就是说，用来加热溶液的热源温度不宜过高，这就限制了吸收式制冷机组对高品位热能的利用。为充分利用高品位能源，在单效溴化锂吸收式制冷机组的基础上，又开发了双效溴化锂吸收式制冷机组。

双效溴化锂吸收式制冷机组在单效机组的基础上，加设高压发生器、高温溶液热交换器和凝水热交换器等部件，溶液泵的扬程也相应较高，如图 9-6 所示。高压发生器以压力为 0.7～1.0 MPa 的中压蒸汽或燃油、燃气直燃作为热源，所产生的冷剂水蒸气又作为低压发生器的热源，有效地利用了冷剂水的凝结潜热，同时，减少了冷凝器的冷却水用量，即用于热源和水，冷却装置的投资可以减少，机组的经济性提高，双效溴化锂吸收式制冷机的热力系数可达到 1.1～1.2。

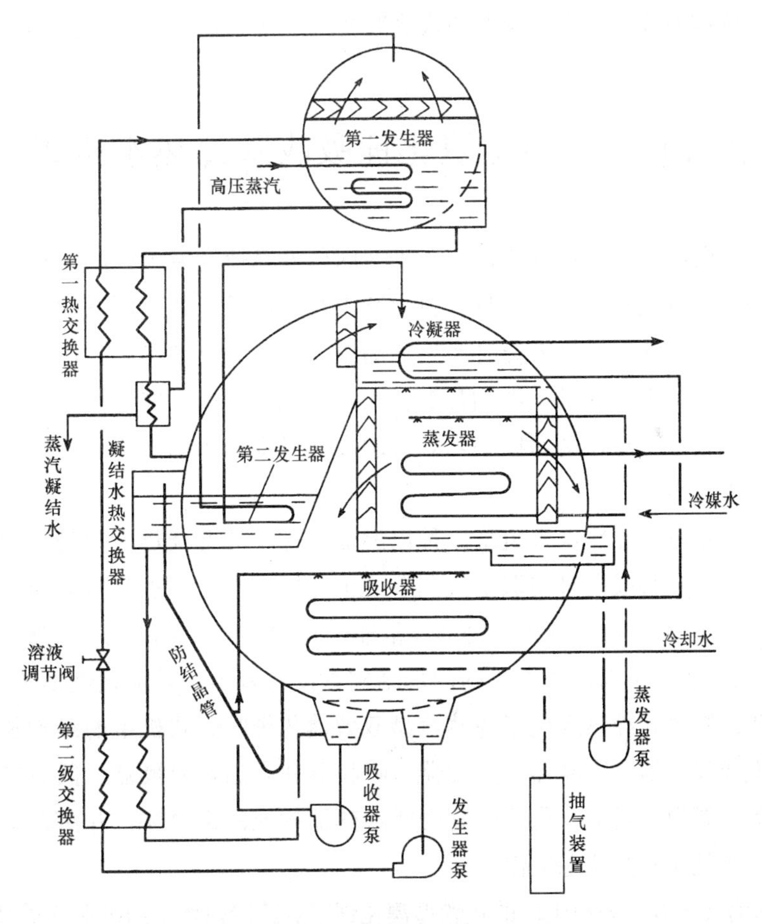

图 9-6　双效溴化锂吸收式制冷机的工作流程图

由于双效溴化锂吸收式制冷机组采用了高、低压两个发生器，两个溶液热交换器并增加了一个凝结水热换热器，与单效溴化锂吸收式制冷机组相比，其循环流程要复杂得多。根据稀溶液进出高、低压发生器方式的不同，目前常见的有串联流程和并联流程两种循环流程。稀溶液离开吸收器后，先后进入高、低压发生器的流程称为串联流程，图 9-6 所示为串联流程图；稀溶液从吸收器中出来后，分两路进入高、低压发生器的流程称为并联流程。串联流程系统性能稳定，调节方便；并联流程系统热力系数较高。

下面以图 9-6 为例，说明双效溴化锂吸收式制冷机的串联流程。吸收器中的稀溶液由发生器泵加压后，经过第二和第一溶液热交换器后进入高压(第一)发生器，被驱动热源加热后，产生一部分冷剂水蒸气，被初步浓缩的中间浓溶液经第一溶液热交换器和凝结水热交换器后进入低压(第二)发生器，被传热管中的高压生发器中生成的冷剂水蒸气进一步加热浓缩，同时，又再一次蒸发出冷剂水蒸气，所形成的浓溶液经第二溶液热交换器预冷后进入吸收器。高压发生器产生的冷剂水蒸气在低压发生器中放热后生成冷剂水，与低压发生器中产生的冷剂水蒸气一并经过节流降压后进入冷凝器，被冷却成冷剂水，再由蒸发器泵输送到蒸发器蒸发，从而产生制冷效应。在蒸发器中产生的低压冷剂水蒸气进入吸收器后被吸收器中的浓溶液吸收，吸收器中的浓溶液被稀释成为稀溶液，至此，循环完成。

第三节　直燃型溴化锂吸收式冷热水机组

直燃型溴化锂吸收式冷热水机组是近年来在国内外迅速发展起来的一种吸收式制冷的机型。其制冷原理与蒸汽式溴化锂吸收式机组基本相同，只是其高压发生器不是以蒸汽作为驱动热源，而是以燃油、燃气燃烧时产生的高温烟气作为驱动热源。由于无须配备专门的锅炉房提供蒸汽或热水作为发生器的热源，大大降低初投资。并且由于机组占地小、燃烧效率高、传热损失小、对环境污染小，既可制冷又可提供生活热水，所以，近几年得到了广泛的推广，发展很快。

直燃型溴化锂吸收式冷热水机组是一种以燃油、燃气的燃烧热为驱动热源，以溴化锂水溶液作为吸收液，交替或同时制取空气调节或工艺用冷水、热水及生活用卫生热水的设备。所使用的燃料主要分为油类(包括轻油和重油)和气类(包括煤制气、天然气、液化气和油制气等)。使用的燃料不同，其主机的内部结构并没有差异，只是燃烧系统不完全相同。直燃型双效溴化锂吸收式冷热水机组与蒸汽型双效溴化锂吸收式机组的结构相似，也是由高压发生器、低压发生器、冷凝器、蒸发器、吸收器和高温热交换器、低温热交换器及屏蔽泵和真空泵等主要设备组成，是几个管壳式换热器构成的组合体，并由真空泵和自动抽真空装置保证机组处于真空状态工作。

图 9-7 所示为江苏双良公司生产的直燃型溴化锂吸收式冷热水机组的制冷循环流程图。在高压发生器中，燃料燃烧产生的高温火焰将溶液加热，产生大量的水蒸气，同时，溶液浓缩成中间溶液。中间溶液经高温热交换器换热降温后进入低压发生器，水蒸气也进入低压发生器。在低压发生器中，降温后进入的中间溶液被高发来的水蒸气再次加热，产生水蒸气，浓度进一步浓缩。浓溶液经低温热交换器换热降温后流回吸收器，产生的水蒸气则进入冷凝器。高发来的水蒸气在加热溶液后冷凝成水，经节流后也进入冷凝器。冷却水流经冷凝器换热管内，将管外的水蒸气冷凝成水。冷凝水经 U 型管进入闪发箱，一部分汽化成水蒸气，进入吸收器底部的再吸收腔；另一部分则降温成为低温冷剂水后再进入蒸发器制冷。

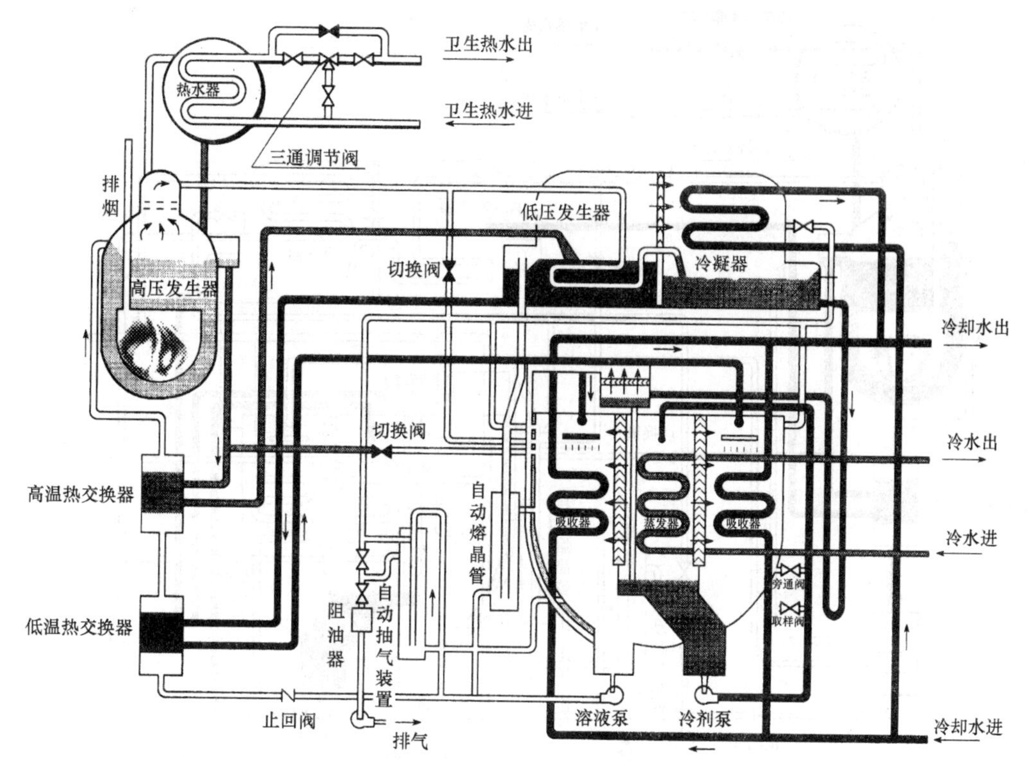

图 9-7　直燃型溴化锂吸收式冷热水机组的制冷循环流程图

蒸发器中从外部来的 12 ℃冷水流经蒸发器换热管，被淋激在管外的低温冷剂水蒸发吸热，温度降低到 7 ℃后返回外部系统，冷剂水获得外部系统的热量，汽化成水蒸气，进入吸收器。具有极强的吸收水蒸气能力的溴化锂浓溶液淋激在吸收器换热管外，吸收蒸发器中产生的水蒸气，浓度变稀。从冷却塔来的冷却水流经吸收器换热管内，带走溶液吸收水蒸气产生的吸收热。变稀后的溶液汇集在吸收器底部，流入再吸收腔，吸收闪发箱中产生的水蒸气后，温度升高，浓度更稀，被溶液泵抽出，经热交换器升温后进入高压发生器。

图 9-8 所示为直燃型溴化锂吸收式冷热水机组的供热循环流程图。在制冷工况转入供热工况时，必须同时打开两个切换阀，使冷却水泵和冷剂泵停止运行。高压发生器加热溶液产生的水蒸气，在蒸发器铜管表面凝结时放出热量，加热管中的热水、浓溶液和冷剂水混合后的稀溶液由溶液泵送往高压发生器进行再次循环和加热。

直燃型溴化锂吸收式冷热水机组通常有以下三种方式构成热水回路提供热水。

(1)热水和冷冻水采用同一回路。以蒸发器和加热盘管构成热水回路，如图 9-8 所示，过程如前所述。

(2)专设热水回路。以热水器、热水泵和加热盘管构成专用的热水回路，在图 9-7 和图 9-8 中均带有热水器。带热水器的机组，可在制冷及供热运行工况下，同时提供卫生热水，也可以单独提供卫生热水。如带热水器，机组的高压发生器应相应加大。高压发生器中产生的高温冷剂水蒸气直接进入热水器中，加热热水器换热管中的热水，被加热的热水

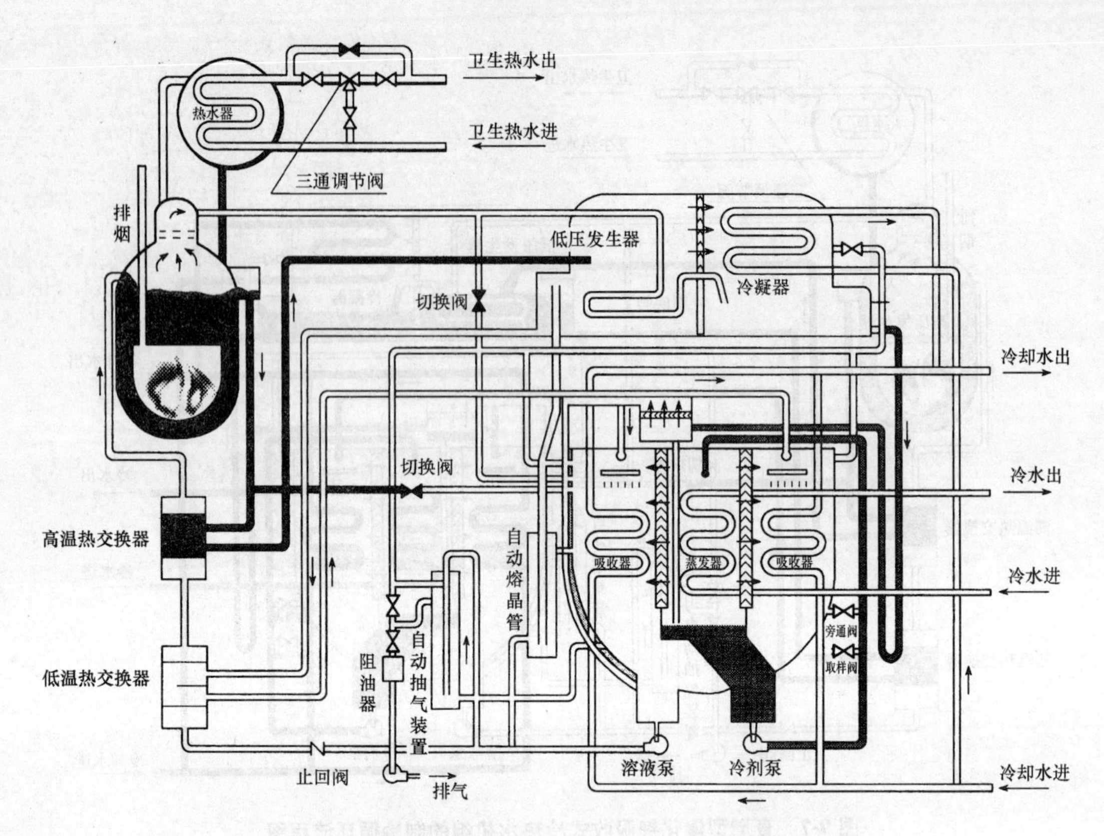

图 9-8　直燃型溴化锂吸收式冷热水机组的供热循环流程图

由热水泵送往采暖用户或供生活卫生热水。

(3)将冷却水回路切换成热水回路。以吸收器、冷凝器和加热盘管构成热水回路，如图 9-9 所示。

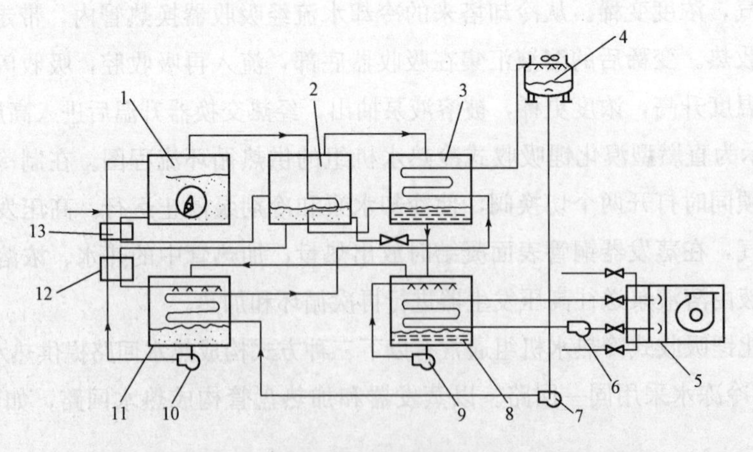

图 9-9　冷却水回路切换成热水回路的机组工作原理图

1—高压发生器；2—低压发生器；3—冷凝器；4—冷却塔；
5—冷却(加热)盘管；6—冷冻水泵；7—冷却水(热水)；8—蒸发器；9—冷剂泵；
10—溶液泵；11—吸收器；12—高温溶液热交换器；13—低温溶液热交换器

供热循环时，将用于制冷的阀门全部关闭，开启所有用于供热的阀门。由蒸发器、制冷用户和冷冻水泵构成的冷冻水回路停止工作，蒸发器不起作用。将制冷循环中由吸收器、冷凝器、冷却水泵和冷却塔构成的冷却水回路，进行切换，关闭冷却塔，连通加热盘管，使原本向环境介质放热的冷却水回路变为向空调用户供热的热水回路。原本由冷凝器供给蒸发器的冷剂水由于蒸发器此时已不起作用，改道去往低压发生器，稀释低压发生器中的浓溶液，使低压发生器的质量分数保持不变，并负责向吸收器供液。

思考题与习题

1. 吸收式制冷循环由哪些主要设备组成？
2. 吸收式制冷与压缩式制冷有哪些不同点？
3. 试述吸收式制冷的工作原理。
4. 什么是热力系数？
5. 单效溴化锂吸收式制冷机与双效溴化锂吸收式制冷机有什么区别？
6. 双效溴化锂吸收式制冷机的溶液循环有哪两种不同方式？各有什么特点？
7. 直燃型溴化锂冷热水机组有什么特点？
8. 直燃型溴化锂冷热水机组如何制取热水？

第十章　空调系统冷源设计

第一节　冷水机组的技术参数和选择

一、冷水机组的技术参数

(1)制冷运行工况。运行工况一般以冷冻水和冷却水的进出口水温来表示。标准制冷运行工况通常标定为：冷冻水进出口水温为12/7 ℃，冷却水进出口水温为32/37 ℃。

(2)制冷量。制冷量是指冷水机组在标准工况下运行的满额冷量输出。其是衡量冷水机组容量大小的主要技术指标。

(3)制冷工质及充注量。

(4)冷量调节范围。冷量调节范围是指冷水机组冷量输出的调节能力。一般用标准工况制冷量的百分率表示，无级调节则表示为有效调节范围。

(5)机组输入功率。压缩式制冷是指压缩机电机功率，吸收式制冷则是机内各类泵的电机功率总和。

(6)冷冻水和冷却水流量。冷冻水和冷却水流量是指在标准工况下流经冷水机组的冷冻水量和冷却水量。

(7)水路压头损失。水路压头损失是指冷冻水和冷却水分别流经冷水机组蒸发器和冷凝器时的阻力。

(8)接管尺寸。接管尺寸是指冷冻水系统和冷却水系统与冷水机组连接管的管径。

(9)外形尺寸及重量。外形尺寸是指机组的长×宽×高；重量一般指其运行重量。

(10)噪声。噪声是指冷水机组在标准工况下稳定运行时产生的声音大小。

二、冷水机组的选择

1. 冷水机组选择的考虑因素

(1)建筑物的用途。

(2)各类冷水机组的性能和特征。

(3)当地水源、电源和热源。

(4)建筑物全年空调冷负荷的分布规律。

(5)初投资和运行费用。

(6)对氟利昂类制冷剂的限用期限及使用替代制冷剂的可能性。

2. 冷水机组选择的注意事项

(1)对大型集中空调系统的冷源，宜选用结构紧凑、占地面积小的整体式冷水机组。

(2)对有合适热源的场所，特别是有余热或废热或电力缺乏的场所，宜采用吸收式冷水机组。

(3)冷水机组一般以选用 2～4 台为宜，中小型规模宜选用 2 台，较大型可选用 3 台，特大型可选用 4 台。机组之间要考虑其互为备用和切换使用的可能性。同一站房内可采用不同类型、不同容量机组搭配的组合式方案，以节约能耗。并联运行的机组中至少应选择一台自动化程度较高、调节性能较好、能保证部分负荷下高效运行的机组。选择活塞式冷水机组时，宜优先选用多机头自动联控的冷水机组。

(4)选择压缩式冷水机组时，当单机制冷量 $\varphi>1\,163$ kW 时，宜选用离心式；$\varphi=582\sim1\,163$ kW时，宜选用离心式或螺杆式；$\varphi<582$ kW 时，宜选用活塞式。

(5)压缩式冷水机组的制冷系数比吸收式冷水机组的热力系数高，前者为后者的三倍以上。能耗由低到高的顺序为：离心式、螺杆式、活塞式、吸收式(国外机组螺杆式排在离心式之前)。但各类机组各有特点，应用其所长。

(6)选择冷水机组时，应考虑其对环境的污染。一是噪声和振动，要满足周围环境的要求；二是对大气臭氧层的危害程度和其所产生的温室效应，特别要注意 CFC_S 的禁用时间表。在防止污染方面，吸收式冷水机组有着明显的优势。

(7)无专用机房位置或空调改造加装工程可考虑选用模块化冷水机组。

(8)尽可能选用国产机组。我国制冷设备产业在近些年得到了飞速发展，绝大多数的产品性能都已接近国际先进水平，特别是中小型冷水机组，完全可以和进口产品媲美，且价格上有着无可比拟的优势。因此在同等条件下，应优先选用国产冷水机组。

(9)根据制冷系统的制冷量选择冷水机组。制冷系统的制冷量包括用户需要的制冷量以及制冷系统和供冷系统的冷损失。供冷损失可按冷量损耗系数计算确定，对于间接制冷系统，附加系数为 1.07～1.15。

第二节　空调水系统的设计

一、空调水系统的形式

(一)冷冻水系统

1. 双管制和四管制系统

对于空调末端装置，只设一根供水管和一根回水管，夏季供冷水，冬季供热水，这种系统称为双管制系统；若设有两根供水管和两根回水管。其中，一组用于供冷水；另一组用于供热水，这种系统称为四管制系统。

四管制系统的初投资高，但若采用利用建筑物内部热源的热泵供热时，运行很经济，并且容易满足不同房间的空调要求（如有些房间要求供冷，而另一些房间要求供热）。舒适性要求很高的建筑物可采用四管制系统，一般建筑物宜采用双管制系统。

2. 闭式和开式系统

闭式系统的水循环管路中无开口处，而开式系统的末端水管是与大气相通的。开式系统的水泵除要克服管路阻力损失外，还需要把水提升到某一高度，因此所需扬程较大，能耗也较大；闭式系统的水泵所需扬程仅由管路阻力损失决定，因此所需扬程较开式小，能耗也小，并且管路和设备受空气腐蚀的可能性也较小。一般建筑物应采用闭式系统。

3. 异程式和同程式系统

按各并联环路的供回水总长是否相等，可分为异程式系统和同程式系统，如图 10-1 所示。异程式系统管路简单，节省管材，但各并联环路管长不等，因而阻力不等，流量分配难以均衡；同程式系统各并联环路管长相等，阻力大致相等，流量分配较均衡，但初投资相对较大。

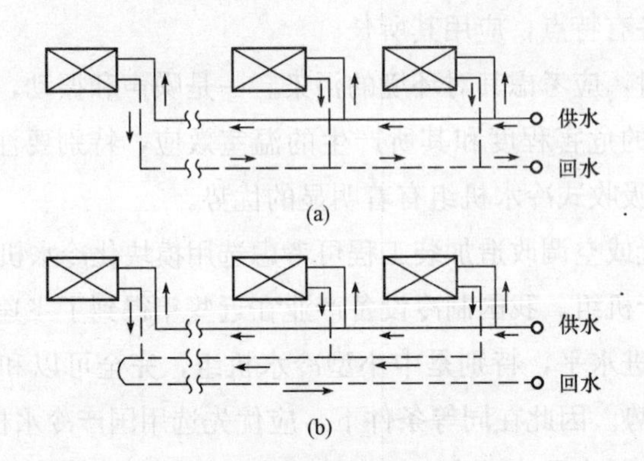

图 10-1 异程式和同程式系统

(a)异程式；(b)同程式

4. 定水量和变水量系统

按适应空调负荷变化采用的调节方式不同，可分为定水量系统和变水量系统。

定水量系统中的水量是不变的，通过改变供回水温差来适应负荷的变化。这种系统各空调末端装置采用受感温器控制的电动三通阀调节；变水量系统则保持供回水温度不变，通过改变水流量来适应负荷的变化。这种系统各空调末端装置采用受感温器控制的电动二通阀调节，如图 10-2 所示。

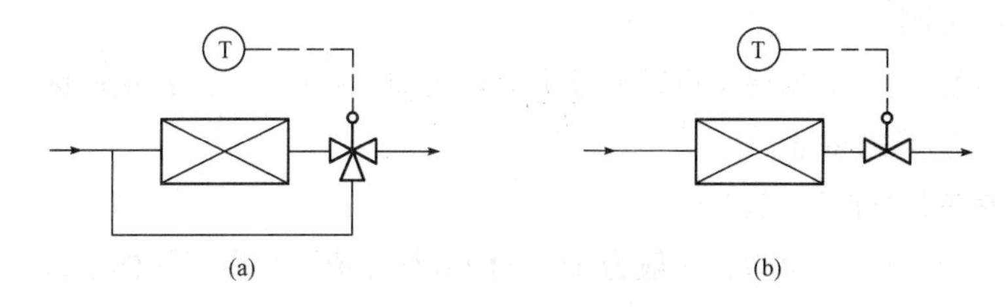

图 10-2 定水量和变水量系统

(a)定水量系统；(b)变水量系统

目前，较为普遍的是采用变水量调节的方式。为了在负荷减小时仍使供回水能平衡，变水量系统应在集水器和分水器之间设旁通管，并在旁通管上安装压差电动二通阀。

5. 单式泵和复式泵系统

若空调负荷侧不设水泵，只在冷源侧设水泵，这种系统称为单式泵系统[图 10-3(a)]；若冷源侧和负荷侧分别设置水泵，这种系统称为复式泵系统[图 10-3(b)]。

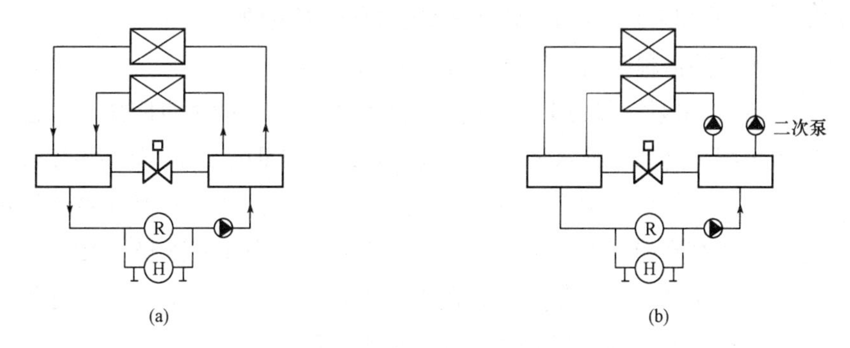

图 10-3 单式泵和复式泵系统

(a)单式泵系统；(b)便式泵系统

大型建筑各分区负荷变化规律不一和供水作用半径相差悬殊时，宜采用复式泵系统。一般情况宜采用单式泵系统。

(二)冷却水系统

冷却水系统是用水管将冷凝器、冷却塔和冷却水泵等串联组成的循环水系统。冷却水流经冷凝器吸热升温后，再进入冷却塔被冷却，冷却后的水由冷却水泵再打回冷凝器中。

二、空调水系统的主要设备与附件

1. 水泵

用于空调冷冻水和冷却水系统的水泵，功率较小时可以采用立式泵；功率较大时应采用卧式泵。空调冷冻水一次泵的台数应按冷水机组的台数一对一设置，一般不设置备用泵。一次泵的水流量应为对应的冷水机组的额定流量。

冷却水泵的台数应按冷水机组的台数一对一设置，一般不设备用泵。补水泵一般按照一用一备的原则选取。

水泵的流量应为对应的冷水机组的额定流量附加5%～10%的裕量；扬程为系统计算总阻力附加5%～10%的裕量。

(1)冷冻水泵扬程的组成。

1)冷水机组蒸发器水阻力：一般为4～9H_2O(具体值可参看产品样本)；

2)管路阻力(沿程阻力和局部阻力损失)：比摩阻宜控制在100～300 Pa/m，若管径稍大，则可取小些；

3)末端设备(空气处理机组、风机盘管等)表冷器或蒸发器水阻力：2～5H_2O(具体值可参看产品样本)；

4)各种阀门的阻力。

(2)冷却水泵扬程的组成。

1)冷水机组冷凝器水阻力(具体值可参见产品样本)；

2)冷却塔喷头喷水压力；

3)冷却塔(开式冷却塔)中水的提升高度(接水盘到喷嘴的高差)；

4)制冷系统水管路沿程阻力和局部阻力损失。

(3)补水泵。补水水泵扬程为系统最高点距补水泵接管处的垂直距离、水管路的沿程阻力损失和局部阻力损失之和。补水泵小时流量为系统水容量的5%，最高不超过10%。

由于冷冻水系统一般均采用闭式系统，因此，水泵扬程仅计入管道和设备附件的阻力即可，无须考虑系统高度的影响。对于开式冷却水系统，需注意冷却水泵入口静压需计入从冷却塔集水盘到水泵轴心的高差。因此在冷却水泵的扬程计算中，除管道和设备附件阻力外，需计算的水柱高度仅为冷却塔喷嘴到积水盘的高差。

水泵的出口一般设置止回阀、截止阀，入口设置Y形过滤器、闸阀。当管径较大时截止阀和闸阀一般改用蝶阀。水泵进出口应设置压力表，以便观察水泵的运行状况。

2. 冷却塔

冷却塔可分为开式和闭式。通常采用的开式冷却塔是一种蒸发式冷却装置，其工作原理为：冷凝器的冷却回水通过喷嘴喷淋在塔内填充层的填料表面，与空气接触后因温差产生传热，同时少量水蒸发，吸收汽化潜热，从而将冷却水冷却。冷却后从充填层流至下部水池内，再送回冷凝器循环使用。冷却后的水温一般可降至比空气的湿球温度高3 ℃～5 ℃。

冷却塔有多种类型。按通风方式的不同可分为自然通风冷却塔、机械通风冷却塔和混合通风冷却塔。其中，机械通风冷却塔应用最广泛。冷却塔的外形有圆形和方形两种。由于方形冷却塔一般做成模块化结构，可以紧密连接在一起构成更大容量的冷却塔，因此大型冷却塔均为方形。从构造上分，冷却塔可分为逆流式、横流式、蒸发式和引射式。通常后三者的外形为方形。

以下未经说明的冷却塔均指开式机械通风冷却塔，常用的有逆流式和横流式两大类。

逆流式冷却塔的空气入口在填充层下方，室外空气以一定的流速自下而上通过填充层，与冷却水形成逆流换热，故冷却效果较好。横流式冷却塔的空气入口在填充层侧面，空气是沿水平方向流动的，故与冷却水的流动方向互相垂直，其换热效果不如逆流换热。横流式冷却塔常用于有较大冷却负荷的场合。图 10-4 所示为圆形逆流式冷却塔结构图；图 10-5 所示为横流式冷却塔结构图。

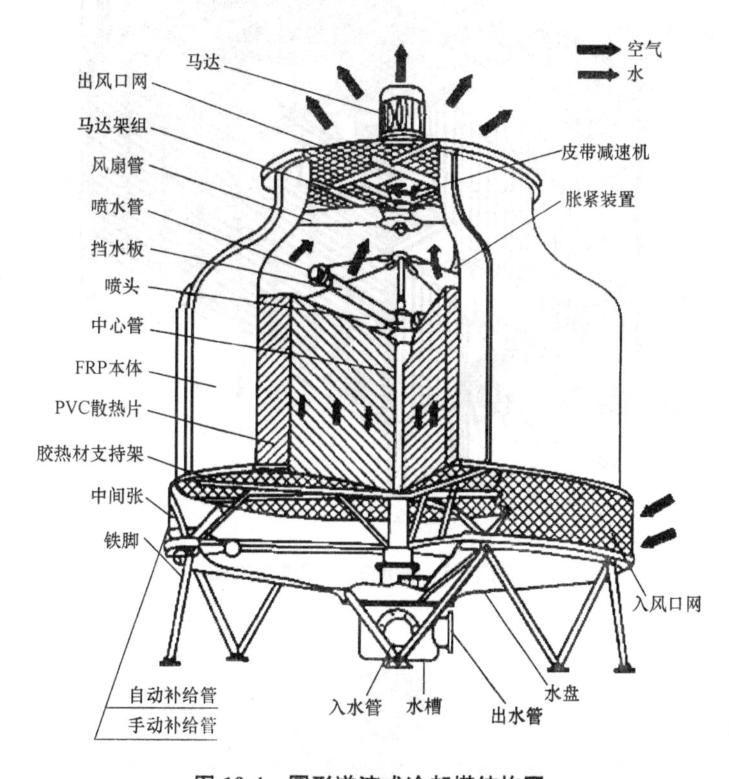

图 10-4　圆形逆流式冷却塔结构图

冷却塔本体和积水盘采用玻璃纤维增强塑料(F. R. P)材质制造。F. R. P 采用耐水性树脂和无碱玻璃纤维毯。浸润性好、含胶量高、强度高，具有防紫外线功能，保持常年不褪色、不老化。冷却塔填料采用 PVC 硬布热压成形，一层层卷在一起。其作用是形成水膜，增大水与空气的接触面积，加强冷却效果。图 10-6 所示为冷却塔填料外形图。

冷却塔是根据处理水量来确定型号的，但样本中的数据是标准工况条件下的参数。一般用于空调工况的冷却塔，样本中标准工况条件下为入口水温 37 ℃，出口温度 32 ℃，室外空气湿球温度 28 ℃。选型时，需校核进出水温度和室外空气湿球温度，如不符合标准工况则需根据厂家提供的选型图表进行重新选型。当室外空气湿球温度高于 28 ℃时，冷却塔的容量就会增大。因此，所选配冷却塔的额定处理水量并不一定等于冷水机组的冷却水量。

冷却塔应布置在通风良好的地方，避免安装在封闭环境及有热量产生的、粉尘飞扬的场所。一般冷却塔布置在屋顶上，由于重量大，塔上风机功率相对较小，因此冷却塔的震动较小，其主要噪声为顶向和侧向传递的水声和风机运转声。因此，将冷却塔置于地面或附近有更高建筑物时，需要注意噪声的影响。冷却塔安装时，应与建筑物之间保持一定距离，单塔为2 m，组合塔间距为 2.5 m。

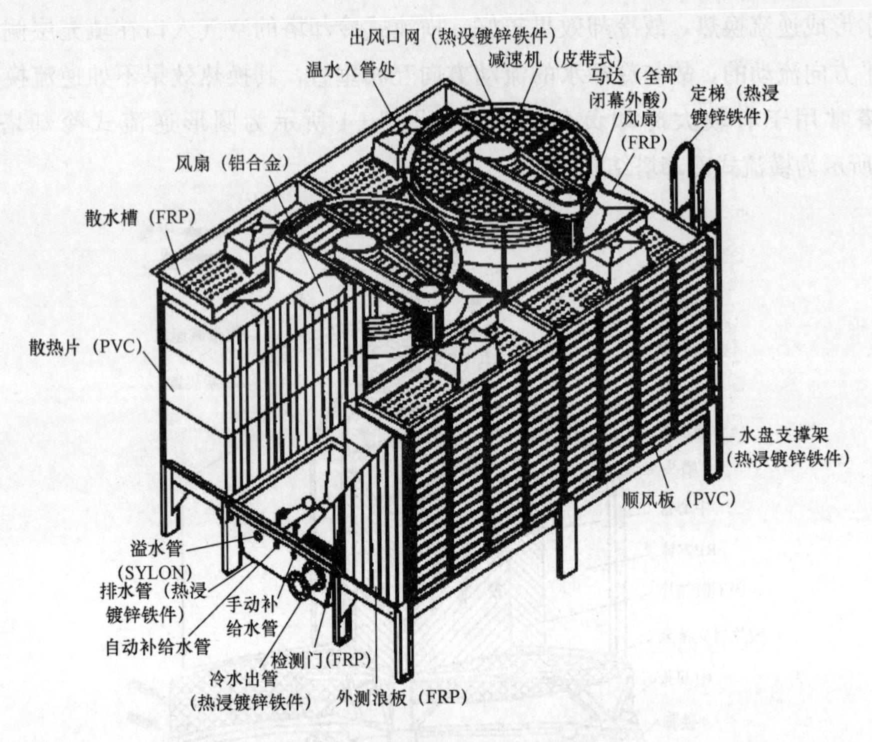

图 10-5　横流式冷却塔结构图

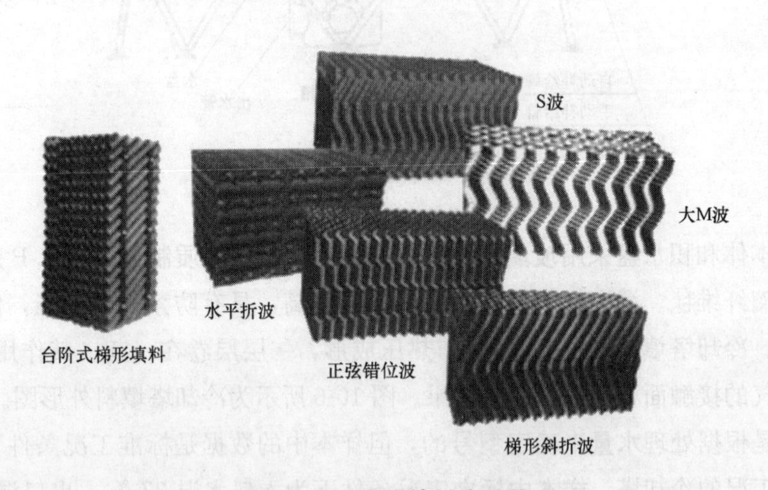

图 10-6　冷却塔填料外形图

冷却塔台数与制冷主机的数量一一对应，可以不考虑备用；冷却塔的水流量可按冷却水系统水量的 1.2 倍确定，并留有一定裕量。

当多台冷却塔并联运行时，应在冷却塔水池之间安装均衡管，或在进出口管路设电动两通阀，以防止进出口及由于孔和过滤器的堵塞，引起流量改变等造成的不平衡。

所有换热器及冷却塔管道，都必须安装在冷却塔的操作水位以下，以防止冷却塔在关闭时溢流，保证水泵在启动时能正常运行。

冷却塔宜按制冷机组台数一对一匹配设计，多组合塔的设置，应保证单个组合体的处理水量与制冷机组冷却水量匹配。冷却塔不设备用。

冷却塔有水分蒸发和飘逸损失，一般可按水流量的 2%～3%进行补水。

3. 集水器与分水器

当空调分区在两个以上时，应设分水器与集水器，便于各分区供冷量的调节。

分水器与集水器实际上是一段大管径的管子，各分区的干管通过分集水器连接在一起，主要是为了便于空调制冷机房的操作人员进行区域水力平衡的调节和运行操作管理。设计时主要确定的参数有 D(管径)和 L(管长)。确定集水器和分水器直径的方法是按照水通过分水器与集水器时流速为 0.5～1.0 m/s 进行初选，并应大于最大接管管径的 2 倍。集水器和分水器的长度按图 10-7 和表 10-1 确定。图 10-7 中最左侧的接口为温度计接口。

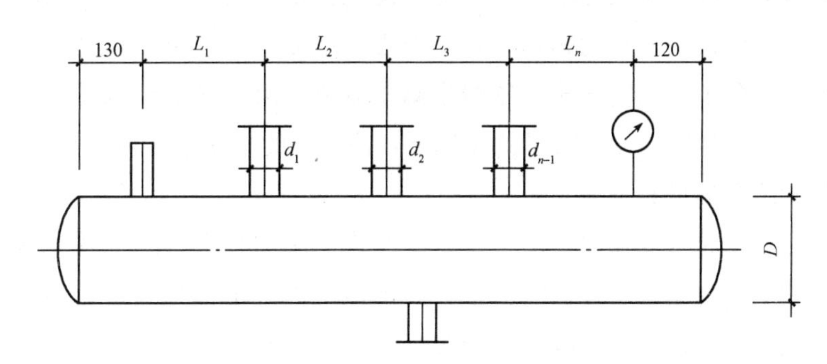

图 10-7　分(集)水缸

表 10-1　接管间距尺寸表

$L_1=d_1+120$
$L_2=d_1+d_2+120$
$L_1=d_2+d_3+120$
……
$L_n=d_{n-1}+120$

4. 膨胀水箱

膨胀水箱作为系统的补水、膨胀和定压设备，其特点是结构简单，容易控制，但由于水与空气接触，故水质条件相对较较差。

在设计安装时，膨胀水箱的水管可以接在冷冻水泵的吸入侧，也可以接在集水器上。水箱的标高至少高出冷冻水系统的最高点 1 m，水箱的容积由系统中水容量和最大水温变化幅度决定。其计算公式如下：

$$V_p=\alpha\Delta t V_s \tag{10-1}$$

式中　V_P——膨胀水箱有效容积(m^3)；

α——水体积膨胀系数，$\alpha=0.000\,61$ ℃$^{-1}$；

Δt——水温变化(℃)；

V_s——系统内冷冻水容水量，见表 10-2。

表 10-2　水系统中总容量(L/m^2 建筑面积)

系统形式	全空气系统	空气—水空调系统
供冷时	0.40～0.55	0.70～1.30
供暖时	1.25～2.00	1.20～1.90
注：供暖时的数值指使用热水锅炉的情况，如使用热交换器时可以取供冷时的数值。		

5. 水处理仪

空调机房通常采用电子水处理仪处理水质。其工作原理是根据不同的水质适应不同频率的电磁场来处理的机理设计而成。由主机产生变频高频电磁场对水质进行处理，产生共鸣作用，使原有的大缔合体状态水的结合键被深度打断，离解成活性很强的单分子或小缔合体状态的水，从而改变了水的物理结构与特性，增强了水分子的极性，增大了水分子的偶极矩，提高了水分子对钙镁离子、碳酸根离子等成垢组分的水合能力，起到阻止水垢形成的作用。同时，在变频高频电磁场的作用下，使原有的水垢结晶体逐渐变得松软、脱落、溶解，从而达到除垢的目的。

氧化腐蚀和垢下原电池腐蚀是水系统管道及设备腐蚀和生锈的主要原因，而在变频高频电磁场的作用下，水垢得以控制和去除，溶解氧与水分子结合不易析出，从而抑制氧化腐蚀和垢下原电池腐蚀的发生，起到良好的防腐阻锈作用。

另外，变频高频电磁场使细菌、藻类赖以生存的环境被破坏，并且溶解氧在变频高频电磁场的作用下会形成一些如 O_3、H_2O_2 等对细菌、藻类具有极强杀伤力的物质，起到杀菌灭藻的作用。

电子除垢仪的电气部分由主机和副机两部分组成。主机是一个变频高频电磁场(共鸣场)的信号发生器；副机是把主机发生的信号发射到水中，对水进行处理的装置。主机和副机采用分体结构，可以一体安装或分体安装，两者之间通过屏蔽线连接。

电子除垢仪有多种类型，如图 10-8 所示为较常见的一种电子除垢仪的外形图。

电子水处理仪通常安装在冷冻水和冷却水系统的回水干管上。空调水系统中使用到的电子水处理仪和水过滤器一般都按照设备所在管段的管径进行选择。冷却水系统属于开式系统，必须使用电子水处理仪；冷冻水系统属于闭式系统，要求不是那么严格，可以在冷冻水系统管路中安装电子水处理仪。

图 10-8　电子除垢仪的外形图

6. 水过滤器

水过滤器也称除污器，其主要作用是防止杂质进入设备。常用的水过滤器有 Y 形，按连接的水管管径选型。过滤器一般安装在水泵、冷水机组和热交换器的入口处。图 10-9 所示为 Y 形过滤器结构图。

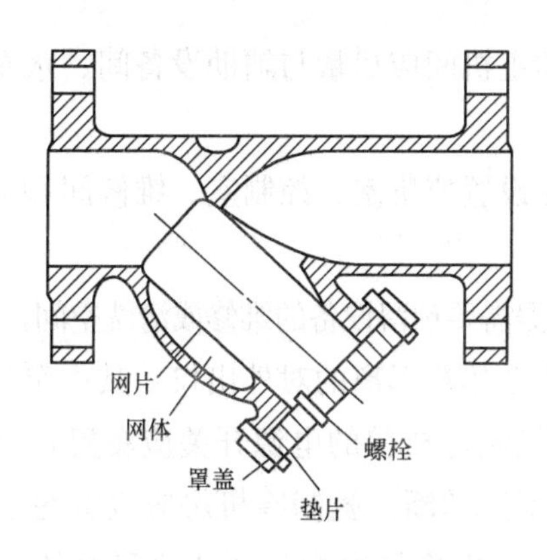

图 10-9　Y 形过滤器结构图

7. 软接头

在水泵进出口管路上及冷水机组的冷冻水、冷却水管路上需要设置软接头。其作用是吸振、减噪、抗爆，对压缩、拉伸、扭转变形能较好地起到位移补偿作用，有法兰和螺纹连接两种形式。软接头一般采用极性橡胶制作，能较好地耐热、耐油、耐腐、耐酸、耐老化。目前使用的软接头有单球体、双球体、同心异径的橡胶挠性接头三种。空调机房中常用的软接头为单球体。其结构如图 10-10 所示。

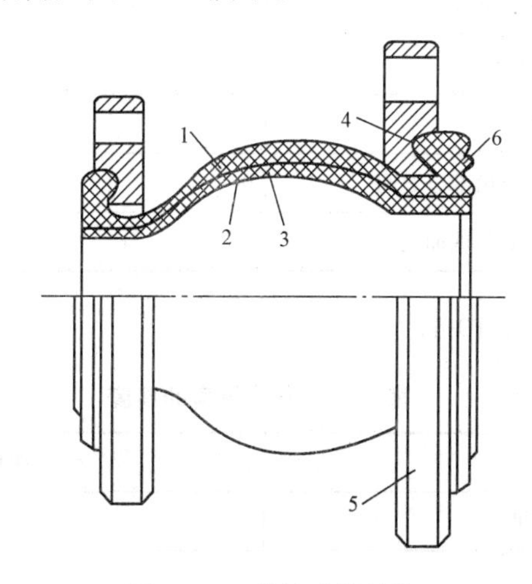

图 10-10　软接头的结构

1—外胶层；2—内胶层；3—骨架层；4—钢丝圈；5—法兰；6—止水环

第三节　制冷机房的布置

一、制冷机房布置的一般要求

设计制冷机房时，应参照设计规范及实际情况进行设备布置。

(1)大中型制冷机房内的主机间应尽量与辅助设备间、水泵间分开设置，制冷机房宜与空调机房分开设置。

(2)大中型制冷机房内应设置值班室、控制室、维修间和卫生间等生活设施。有条件时应设置通信设备。

(3)在建筑设计中，应根据需要预留设备的维修或清洗空间，并应配备必要的起吊设施。

(4)氨制冷机房应设置两个尽量远离的对外出口，其中至少有一个出口直接对外，大门应设计为由室内开向室外。氨制冷机房的电源开关应布置在外门附近，发生事故时，应能立即切断电源，但事故电源不能切断。氨制冷机房应设置每小时不少于 3 次换气次数的机械通风系统和每小时不少于 12 次换气次数的事故排风系统，配用的电动机必须采用防爆型，并应设置必要的消防和安全器材。

(5)制冷机房设备布置的间距见表 10-3。

表 10-3　制冷机房设备布置的间距

项目	间距/m
主要通道和操作通道	≥1.5
制冷机凸出部分与配电盘之间	≥1.5
制冷机凸出部分相互之间	≥1.0
制冷机与墙面之间	≥0.8
非主要通道	≥0.8
溴化锂吸收式制冷机侧面凸出部分之间	≥1.5
溴化锂吸收式制冷机的一侧与墙面之间	≥1.2

(6)制冷机房的高度见表 10-4。

表 10-4　制冷机房的高度

项目	机房净空高度/m
氟利昂制冷机	≥3.6
氨制冷机	≥4.8
溴化锂吸收式制冷机设备顶部距梁底	≥1.2

二、制冷机房平面布置的示例

图 10-11 所示为两种比较典型的制冷机房的平面布置方案。

附录一为某制冷机房的设计图纸。

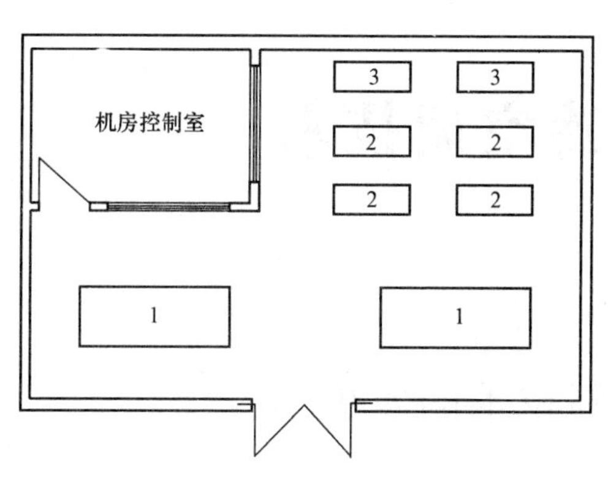

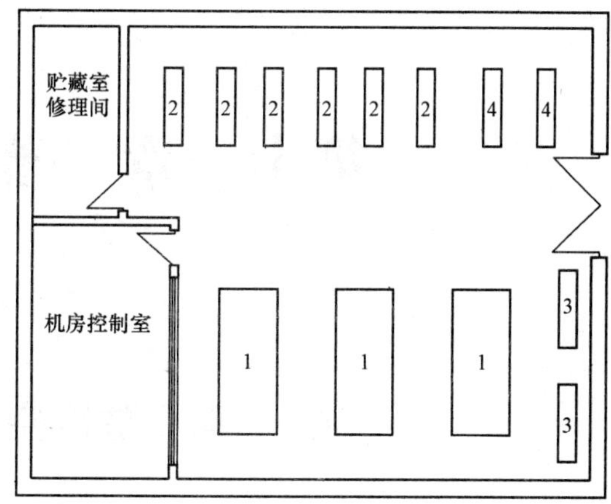

图 10-11　典型制冷机房平面布置示例

1—冷水机组；2—冷冻、冷却水泵；3—集、分水器；4—热交换器

思考题与习题

1. 冷水机组的台数如何确定?
2. 确定冷水机组型号的依据是什么?
3. 水泵的台数如何确定?
4. 选择水泵型号的依据是什么?
5. 冷冻水泵的流量和扬程如何确定?
6. 冷却水泵的流量和扬程如何确定?
7. 补水泵的流量和扬程如何确定?
8. 冷却塔的工作原理是什么?
9. 冷却塔有哪些不同类型?
10. 冷却塔的台数如何确定?
11. 冷却塔型号的选择依据是什么?
12. 集、分水器的尺寸如何确定?
13. 膨胀水箱的作用是什么?
14. 如何确定膨胀水箱的容积?
15. 电子除垢仪的工作原理是什么? 通常安装在哪里?
16. Y 形过滤器安装在哪里?
17. 软接头安装在哪里?

第十一章　蓄冷空调技术

第一节　蓄冷空调技术的发展

一、蓄冷空调技术的背景

近年来，随着气候变暖和人民生活水平的不断提高，电力供应中高峰不足而低谷过剩的矛盾已经十分突出，电网负荷率在不断下降。我国政府部门实行了电力供应峰谷时电价不同的政策，其作用是为了引导用户避峰用电。采用电力需求侧管理(DSM)的蓄冷技术进行“移峰填谷”，是缓解电力建设和新增用电矛盾的有效解决途径之一。各地区配合出台有关促进蓄冷空调工程发展的政策，推动了蓄冷空调技术的发展和应用。近年来，国家电网公司相继召开了几次有关蓄冷空调技术的交流会，指出继续大力推广蓄冷空调技术、充分运用价格杠杆以鼓励用户采用蓄冷空调的必要性。各地峰谷电价实施范围的扩大和峰谷电价比的加大，为蓄冷技术的推广应用提供了有利条件。电力蓄冷技术不仅仅是应对当前电力供应紧张形势的有效手段，即便在电力供应的充足时期，蓄冷技术也是电力需求侧管理中“移峰填谷”的重要措施。

二、蓄冷空调技术的发展与现状

20 世纪 30 年代，美国的一些教堂、剧场、乳制品厂等用冷时间短、负荷集中的场所就已经开始使用天然的冰蓄冷进行供冷。70 年代初期，由于能源危机的出现，美国开始研究蓄冷技术，并制定了相应的发展规划。40 多家电力公司实行奖励措施鼓励用户使用蓄冷技术进行移峰填谷，制定分时计费的电价结构，对采用蓄冷技术的用户给予资助或奖励，数十家企业为用户提供蓄冷技术产品，初步形成了蓄冷技术市场。1986 年，在美国圣地亚哥州立大学建立了能源工程研究所。1990 年起，开始对蓄冷系统的优化设计、控制和计算机模拟以及节能问题进行研究。1990 年 5 月开始的一项三年计划进一步推动了冰蓄冷空调技术的发展，同时，成立了国际蓄热咨询委员会和蓄热应用研究中心。美国电力研究院和美国采暖制冷空调工程师协会先后出版了《商业蓄冷设计指南》和《蓄冷设计指南》，为蓄冷系统应用提供技术指导。

蓄冷工程项目快速增长。美国电力研究院和美国采暖制冷空调工程师协会的一项调查表明，20世纪90年代初期，美国已建成1 500～2 000个蓄冷系统，其中，80%～85%采用冰蓄冷方式，另外，10%～15%采用水蓄冷方式，其余采用共晶盐蓄冷系统。这些蓄冷系统主要应用于写字楼、学校、零售商店、教堂、冷库、医院等。冰蓄冷系统大部分应用在相对较小的建筑物中，与其他蓄冷方式相比，每千瓦时的制冷成本最高。近几年，水蓄冷系统正朝着大型化发展，出现了超大型水蓄冷空调系统。根据美国电力研究院估计，1992年蓄冷系统为美国削减峰值电力负荷300 MW。

日本在1990年以前主要发展冰蓄冷和水蓄热技术。1938年，在东京的东日会馆设置了水蓄冷槽。1956年，东京海上火灾保险公司在日本建成了第一个水蓄冷空调系统。1966年，日本NHK广播中心建成9 000 m^3的水蓄冷槽空调。1981年，鹿岛建设四国支社建成了第一个冰蓄冷空调系统。1990年以后，冰蓄冷空调系统在日本大中城市发展迅速，约有30多家公司的四十余种冰蓄冷装置和系统进入市场。日本政府对蓄冷空调的鼓励体现在税收和融资利率方面，采取的措施有电价优惠措施、蓄冷空调系统奖励制度、蓄冷空调系统的租赁制度。1984年起，各电力公司开始实施夜间蓄热调整契约和昼夜电价制度。20世纪90年代，日本把节能和负荷平均化措施作为基本国策加以确定，鼓励和促进蓄能空调技术的发展。1997年4月，日本通产省将所属财团法人“日本热泵中心”更名为“日本热泵·蓄热中心”，其在一方面加强对蓄冷工作的指导；另一方面促进蓄冷空调系统的发展。在这些优惠措施和激励制度的影响下，蓄冷空调工程项目增长迅速。根据不完全统计，至1990年日本国内水蓄冷工程项目累计1 246个，冰蓄冷项目累计209个。截至2001年，水蓄冷项目达2 474个，冰蓄冷项目达1 849个，呈快速增长趋势。

我国20世纪70年代起，开始在体育馆建筑中采用了水蓄冷空调系统。90年代开始在一些工程中的应用逐渐增加。1993年5月建成投入运行的深圳电子科技大厦采用法国Cristopita冰球蓄冷系统，是我国大陆第一幢采用冰蓄冷空调技术的高层建筑。目前，蓄冷技术已在全国20多个地区推广应用。截至2007年，我国已有建成投入运行和正在施工的工程594项，分布在4个直辖市和18个省，全国2/3的省市都建造了蓄冷空调系统。

三、发展蓄冷空调技术的意义

蓄冷空调系统全部或部分地将制冷机组的负荷自白天转移至夜间的特性，称为蓄冷空调系统的“负荷平移”效应。在能源消费逐年增加的情况下，应用蓄冷空调技术具有较大的社会效益和经济效益，主要表现在以下几个方面：

(1)实现电力负荷的移峰填谷。蓄冷系统通过转移制冷设备的运行时间，充分利用夜间低谷电力，减少白天的峰值用电量，成为电力移峰填谷最有潜力的途径。

(2)减少空调冷热源设备的安装容量。由于蓄冷空调系统将部分或全部冷量储存在蓄冷装置中，所需的制冷机组安装容量可在不同程度上有所减少。特别是当冰蓄冷空调系统采用低温送风系统时，风机和水泵等容量也随之减少。减少设备安装容量还有利于减少电力增容和节省设备安装场地。

(3)利用电网峰谷电力差价，降低空调运行费用。

(4)制冷机组运行稳定，设备利用率高。蓄冷时制冷设备满负荷运行，能充分利用制冷设备的容量。

(5)作为备用冷源，提高空调系统的可靠性。

(6)可扩大原有空调系统的供冷能力。

(7)提高电网运行的稳定性、经济性，降低发电能耗。

第二节　蓄冷空调系统

一、蓄冷空调系统

蓄冷空调系统是指将蓄冷系统应用于空调系统中，是蓄冷系统及空调系统的总称。图 11-1 所示为蓄冷空调系统的基本原理示意图。其在常规空调系统的供冷循环系统中增添了一个既与蒸发器并联又与空调换热器并联的蓄冷槽，这样，原供冷循环回路就可以出现以下几种循环方式：

(1)常规空调供冷循环。此时蓄冷槽不工作，阀 1 开，阀 2 关，水泵 1、水泵 2 开，制冷机组直接供冷。

(2)蓄冷循环。此时空调换热器不工作，阀 1 关，阀 2 开，水泵 1 开，水泵 2 关，制冷机组向蓄冷槽充冷。

(3)联合供冷循环。此时蒸发器和蓄冷槽联合向空调换热器供冷，阀 1、阀 2 开，水泵 1、水泵 2 开，此循环也称部分蓄冷空调循环，因为执行此循环时，蓄冷只是补充制冷机组供冷不足部分的空调负荷。蓄冷空调系统多采用此种供冷方式。

(4)单蓄冷供冷循环。此时制冷机组停止运行，阀 1、阀 2 开，水泵 1 关，水泵 2 开，空调负荷全部由蓄冷槽的冷量来提供。此循环也称全量蓄冷空调循环。

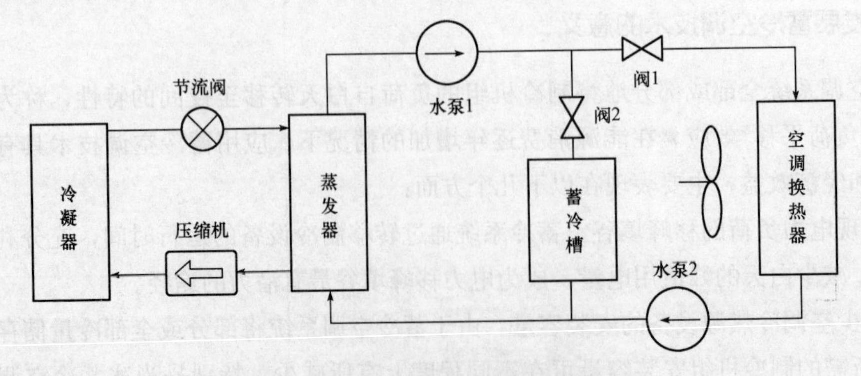

图 11-1　蓄冷空调系统的基本原理示意图

二、水蓄冷空调系统

水蓄冷空调系统是以水作为蓄冷介质，利用水的显热来蓄存冷量。在电力低谷期，制冷机组开启，水被冷却后温度降低，蓄存在蓄水槽中，待电力高峰期时，空调用冷冻水温度升高将冷量释放出来。蓄水槽蓄冷量的大小主要取决于蓄存水量和蓄冷水的温度差。蓄冷水温度差越大，蓄冷量也就越大。可以通过降低蓄水槽的冷水温度，提高回水温度，防止回水与蓄水槽中冷水混合等措施来维持较高的蓄冷水温度差。通常，蓄冷水温度差取 6 ℃～11 ℃，蓄冷温度取 4 ℃～7 ℃。

1. 水蓄冷装置

通常，水蓄冷槽的结构设计有自然分层蓄冷、复合贮槽蓄冷、迷宫式蓄冷和隔膜式蓄冷四种方式。其中，自然分层蓄冷系统最为简单，蓄冷效率较高，经济效益好，目前广为应用。

自然分层蓄冷利用水的密度与温度相关的物理特性，使温度为 4 ℃～6 ℃的冷水聚集在蓄水槽下部，而 10 ℃～18 ℃的回水自然地聚集在蓄水槽上部，从而实现冷热水的自然分层。

2. 水蓄冷空调系统的特点

(1)可使用各种冷水机组，包括吸收式制冷机组，并使其在经济状态下运行。

(2)适用于常规空调供冷系统的扩容和改造，可以通过不增加制冷机组的容量而达到增加供冷容量的目的。

(3)可以利用消防水池、既有蓄水设施或建筑物地下室等作为蓄冷容器，不必再专门设置蓄水槽，可降低初投资。

(4)因利用水的显热来蓄存冷量，故蓄水槽的体积大，保温、防水处理造价较高。

三、冰蓄冷空调系统

冰蓄冷空调系统是以冰作为蓄冷介质，利用冰的相变潜热来蓄存冷量。冰蓄冷空调系统具有蓄冷密度大、蓄冷装置体积小，冰水温度低、冰水需要量少等特点。

冰蓄冷空调系统的种类很多，分类也很复杂。根据制冰方式的不同，可分为静态制冰系统和动态制冰系统；根据融冰方式的不同，可分为内融冰式系统和外融冰式系统；根据是否使用载冷剂，可分为直接蒸发制冰系统和间接蒸发制冰系统。下面介绍几种常见的冰蓄冷空调系统形式。

1. 冰盘管式系统

图 11-2 所示为冰盘管式系统的工作原理图。在制冰蓄冷时，制冷剂在蒸发器盘管内流过，蓄冰槽中的水在蒸发器盘管外表面结冰。为使结冰均匀，需要用气泵鼓起泡或用螺旋桨搅拌。在融冰释冷时，温度较高的冷冻水回水进入水槽，直接与盘管外表面的冰层接触，使冰层自外向内逐渐融化，同时水温降低，再回到空调系统。

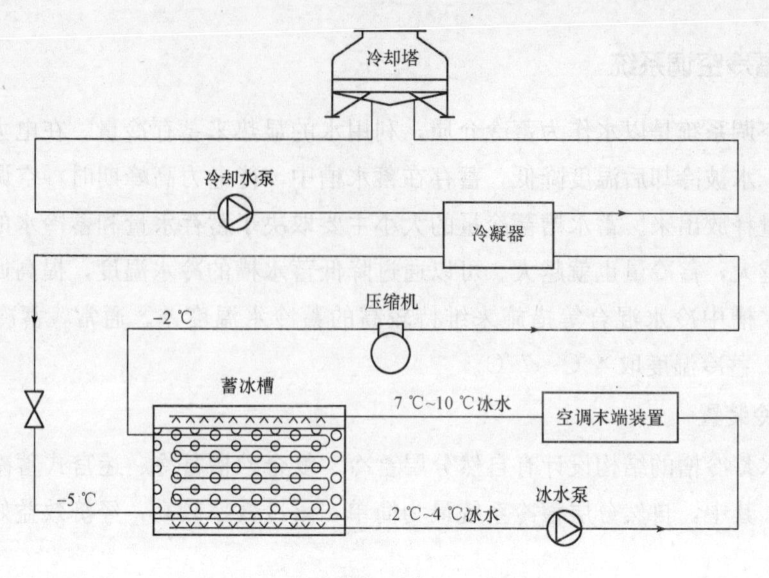

图 11-2　冰盘管式系统的工作原理图

由于空调冷冻水与冰直接接触，因此换热效果好，取冷速度快，冷冻水的供水温度可低至 1 ℃左右。但是为了实现快速融冰，蓄冰槽内的水不可完全冻结成冰，所以，蓄冰槽的蓄冰率较低，蓄冰槽的容积较大。另外，由于盘管内需要充满制冷剂，所以系统成本较高，可靠性较差。

2. 完全冻结式系统

图 11-3 所示为完全冻结式系统的工作原理图。在蓄冷时，由冷水机组制备的低温载冷剂进入蓄冰桶中的盘管内，使盘管外的水全部结成冰。融冰时，从换热器流回的温度较高的载冷剂进入蓄冰桶内的盘管，将管外的冰融化，同时载冷剂温度降低，再回到换热器。

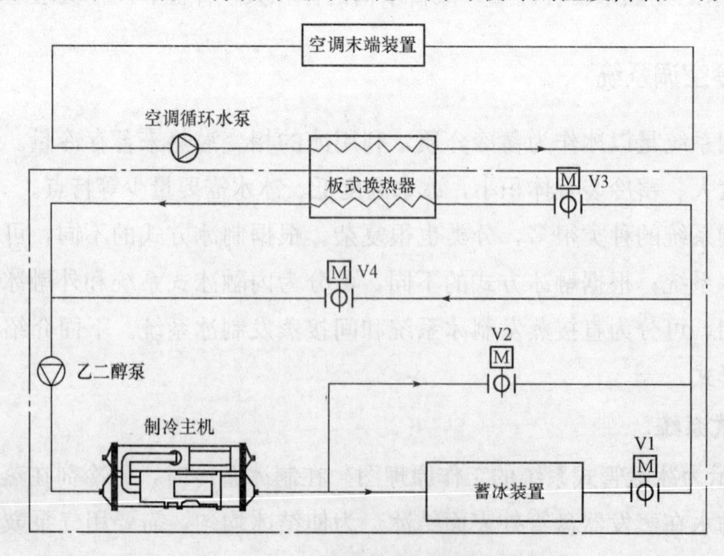

图 11-3　完全冻结式系统的工作原理图

由于制冷系统采用了间接制冷的方式，所以制冷剂用量少，不易泄漏。由于蓄冰桶内的水完全冻结成冰，所以蓄存体积较小。且融冰是由盘管表面开始，由内而外进行，这使得制冰时盘管表面无冰层热阻，传热效果好。但由于采用载冷剂进行蓄冰和融冰，增加了一级冷量的损失。

3. 冰球式系统

图 11-4 所示为冰球式系统的工作原理图。在蓄冷时，由冷水机组制备的低温载冷剂流过冰球间隙，使冰球内的水全部结成冰。融冰时，从换热器流回的温度较高的载冷剂进入蓄冰槽，将球内的冰融化，同时载冷剂温度降低，再回到换热器。

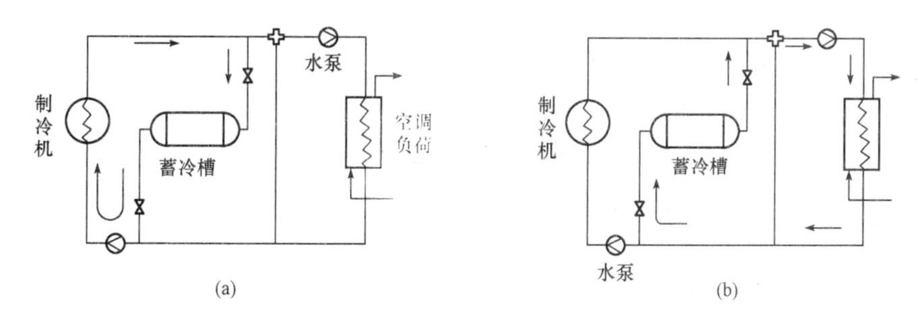

图 11-4　冰球式系统的工作原理图

四、蓄冷空调系统的适用场合

(1)使用时间内空调负荷大、其余时间内空调负荷小的场所，如办公楼、学校、银行、百货商场、宾馆、饭店等。这类建筑采用蓄冷空调系统，可以减小制冷设备容量。

(2)周期性使用、空调时间短、空调负荷大的场所，如影剧院、体育馆、大会堂、教堂、餐厅等。这类建筑中空调的特点是人员集中时间短，空调负荷大，若有常规空调，其制冷设备容量需要很大，且投资大、不经济。采用蓄冷空调系统，既可以减小设备容量，又可以节省运行费用。

(3)电力峰谷差价大，电力优惠政策力度大的地区。这类地区采用蓄冷空调系统，其运行费用要比常规空调系统低很多。蓄冷设备投资的增加额可以在合理的回收年限内因节省的运行费用得以回收。

(4)必须配备备用冷源的地点，如医院、计算机房等。蓄冷空调系统可以提供短期应急备用冷源。

(5)现有的非蓄冷制冷系统需要增容的场合。建筑需要扩建或改建，空调用冷增加，需要增大制冷系统的容量，此时采用蓄冷空调往往更为有利。

(6)存在现有的蓄冷空间可以利用的场合。在改建工程中，可以充分利用现有建筑的某些建筑空间作蓄冷空间。如现有的消防水池通过稍加改造就可以用作水蓄冷水池。这样可以避免蓄冷设备的投资，提高蓄冷系统的经济性。

(7)低温送风的空调系统。利用蓄冰技术可以实现低温送风，送风温度可以达到 6 ℃～

9 ℃，这样就可以减小送风量，从而减少管道系统的投资，以节省建筑空间。

(8)区域供冷的场所。由于区域供冷容量大，为特大型离心式制冷机的使用提供了条件，使得设备初投资和运行费用更加节省。

思考题与习题

1. 简述发展蓄冷空调技术的意义。
2. 蓄冷空调系统与常规空调系统有什么不同？
3. 蓄冷空调系统有哪几种循环方式？
4. 水蓄冷空调系统有什么特点？
5. 冰蓄冷空调系统有哪些形式？各有什么特点？
6. 蓄冷空调系统适用于什么场合？

附　　录

附录一　附　　图

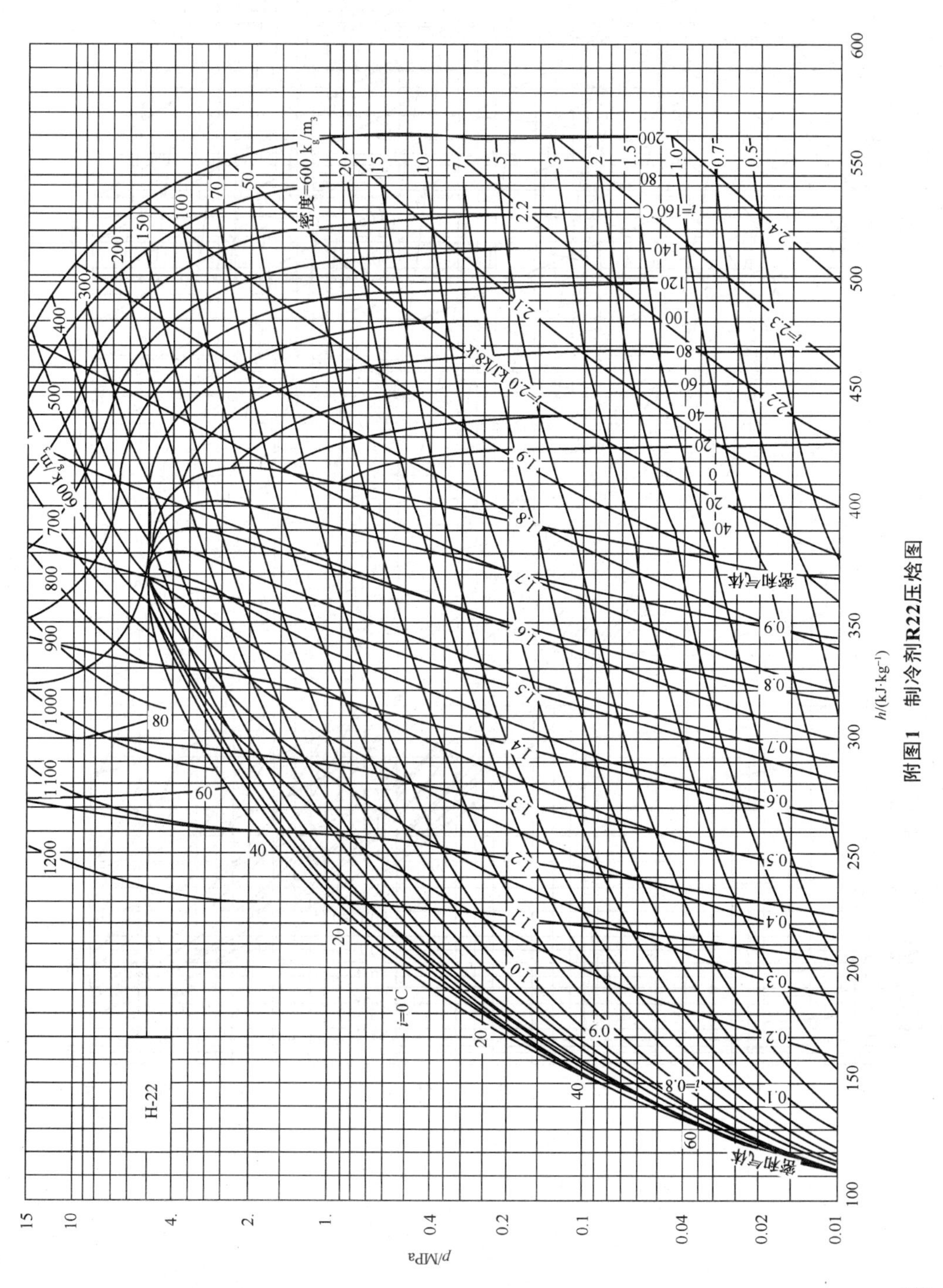

附图1　制冷剂R22压焓图

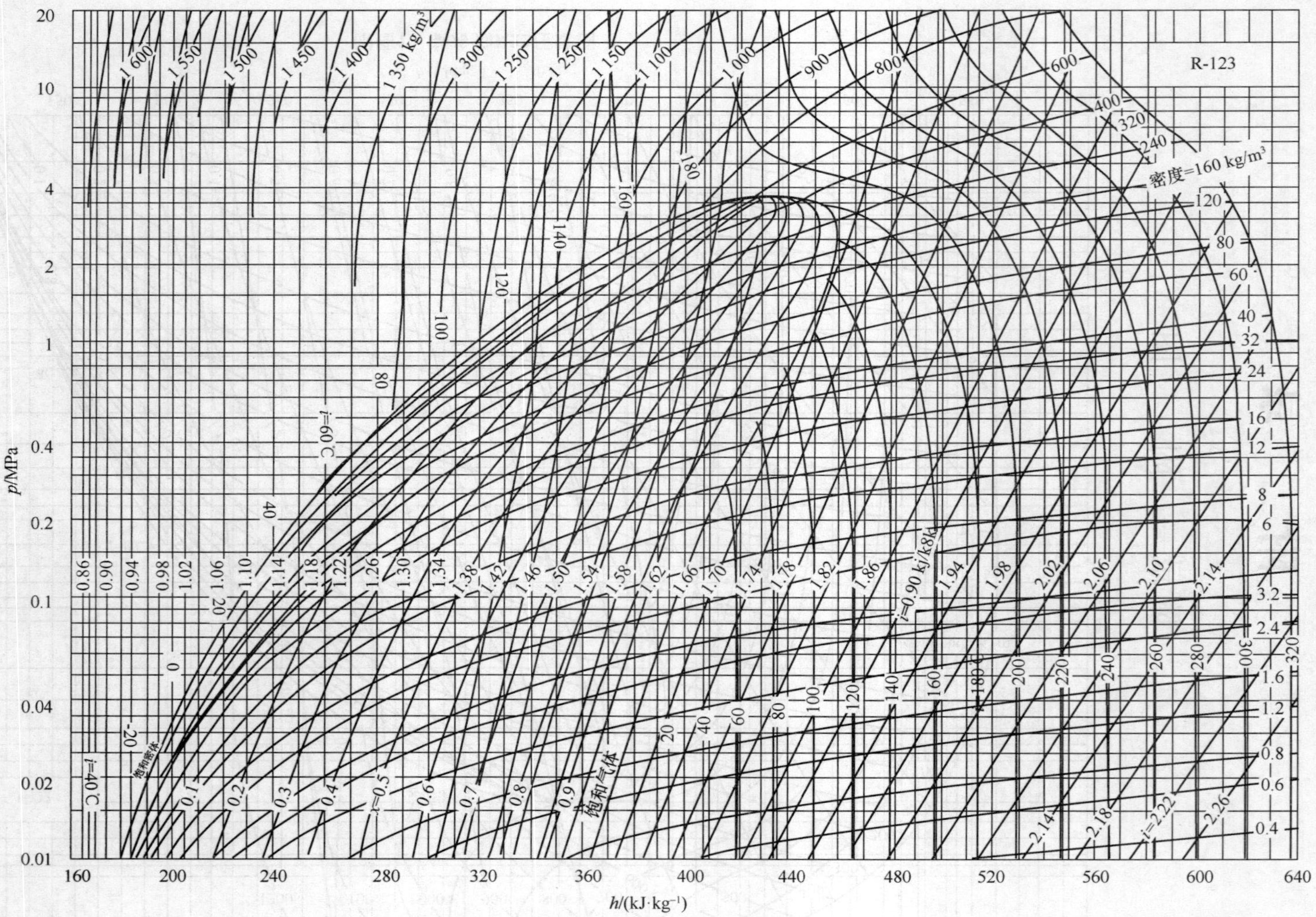

附图2　制冷剂R23压焓图

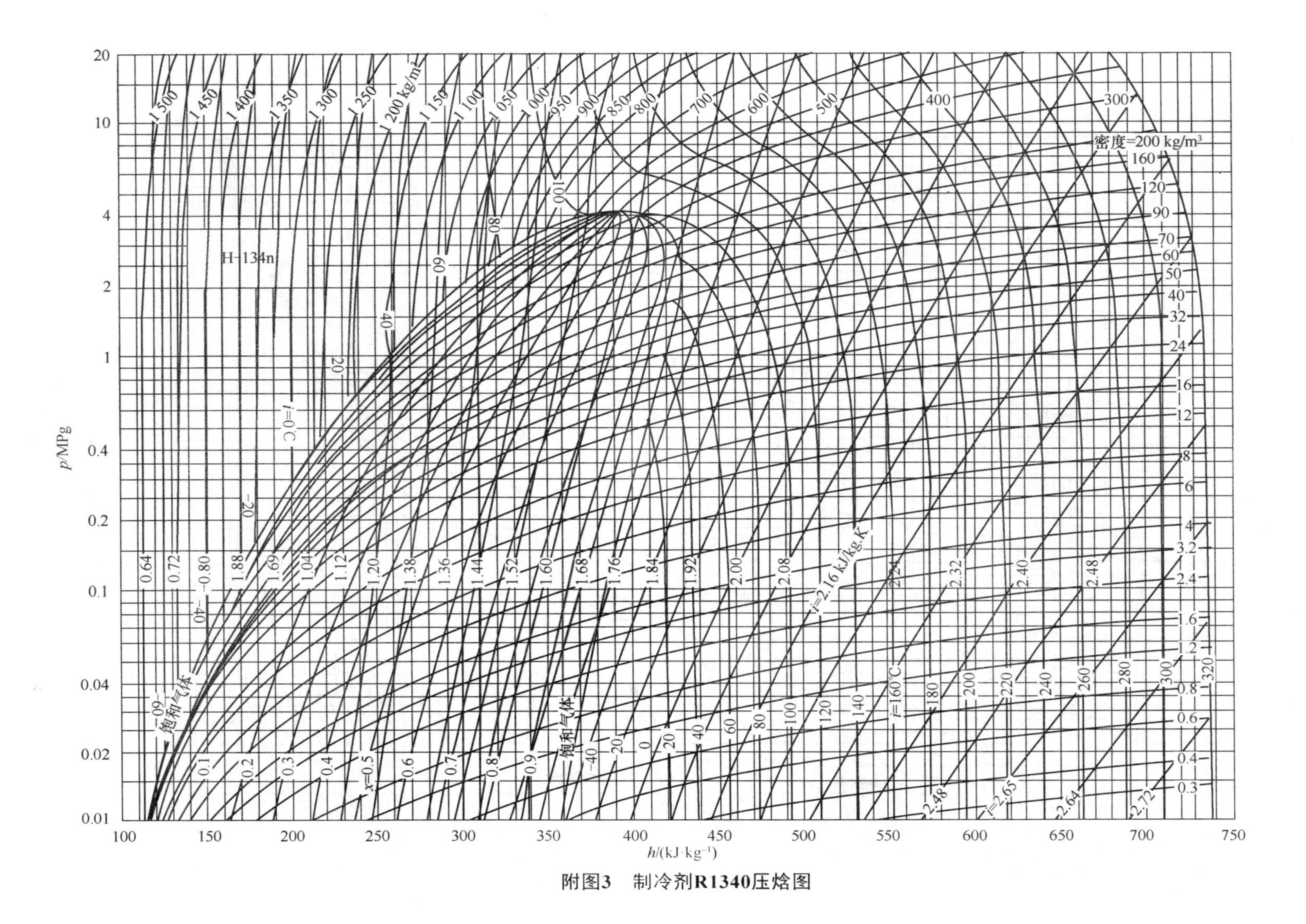

附图3　制冷剂R1340压焓图

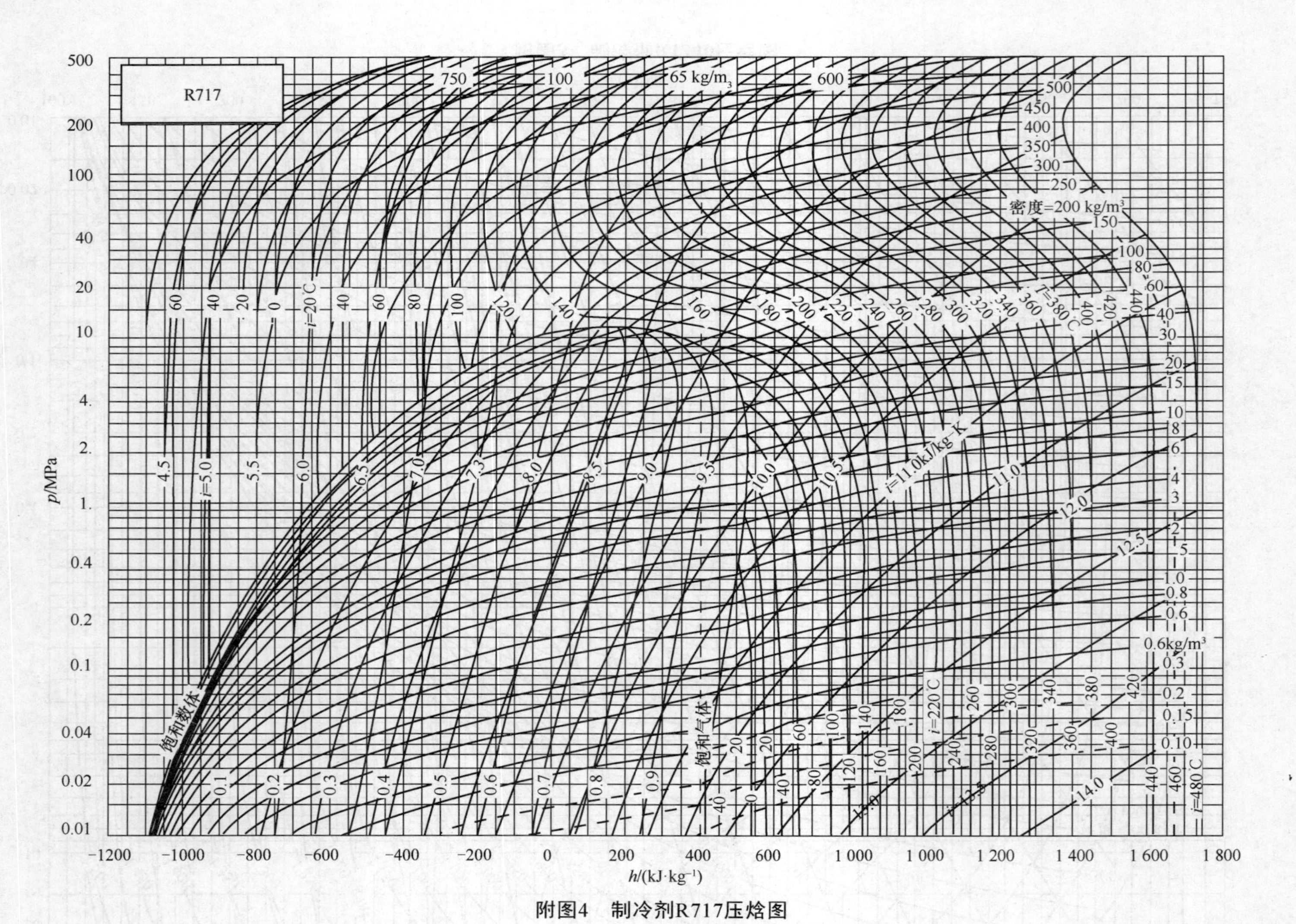

附图4　制冷剂R717压焓图

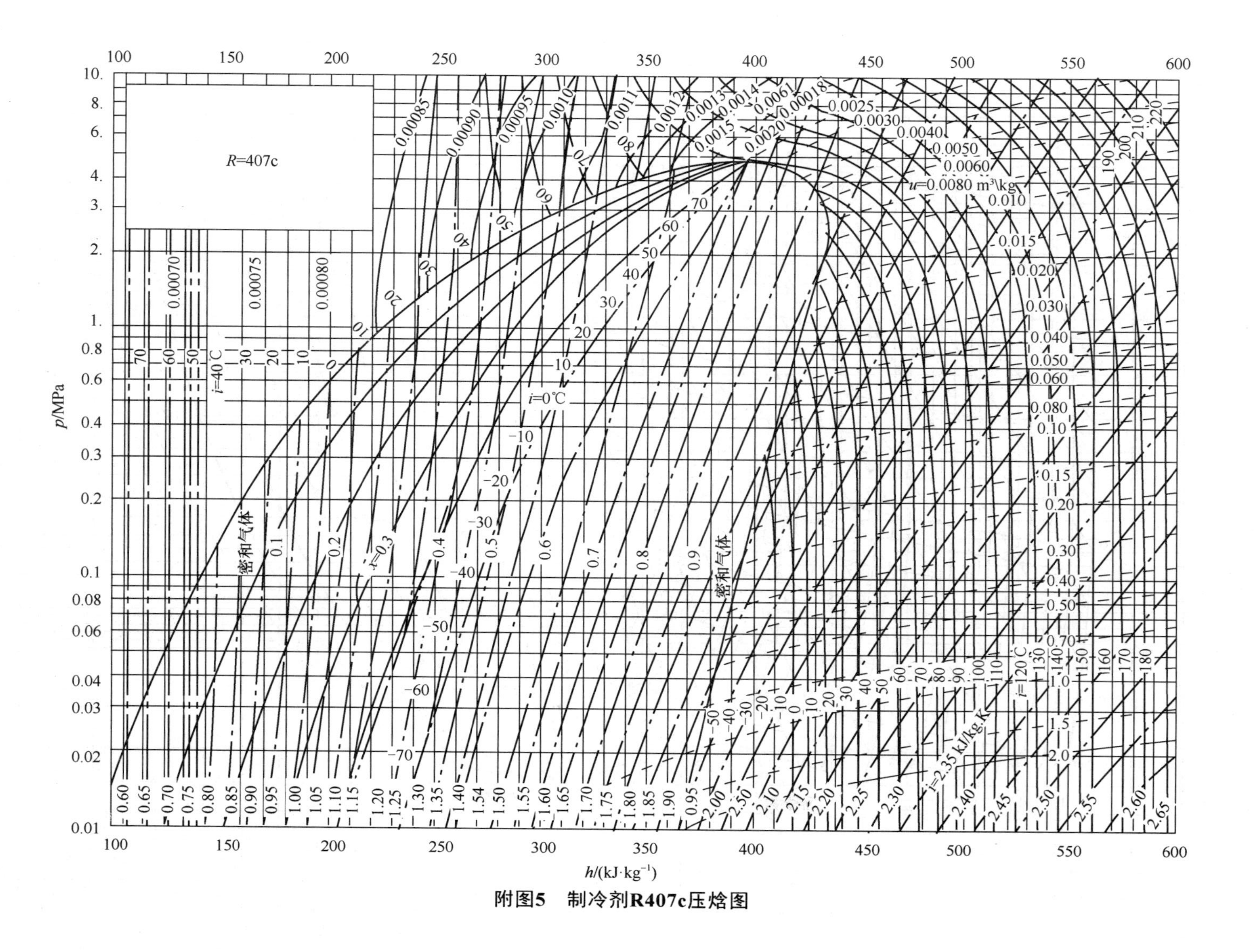

附图5　制冷剂R407c压焓图

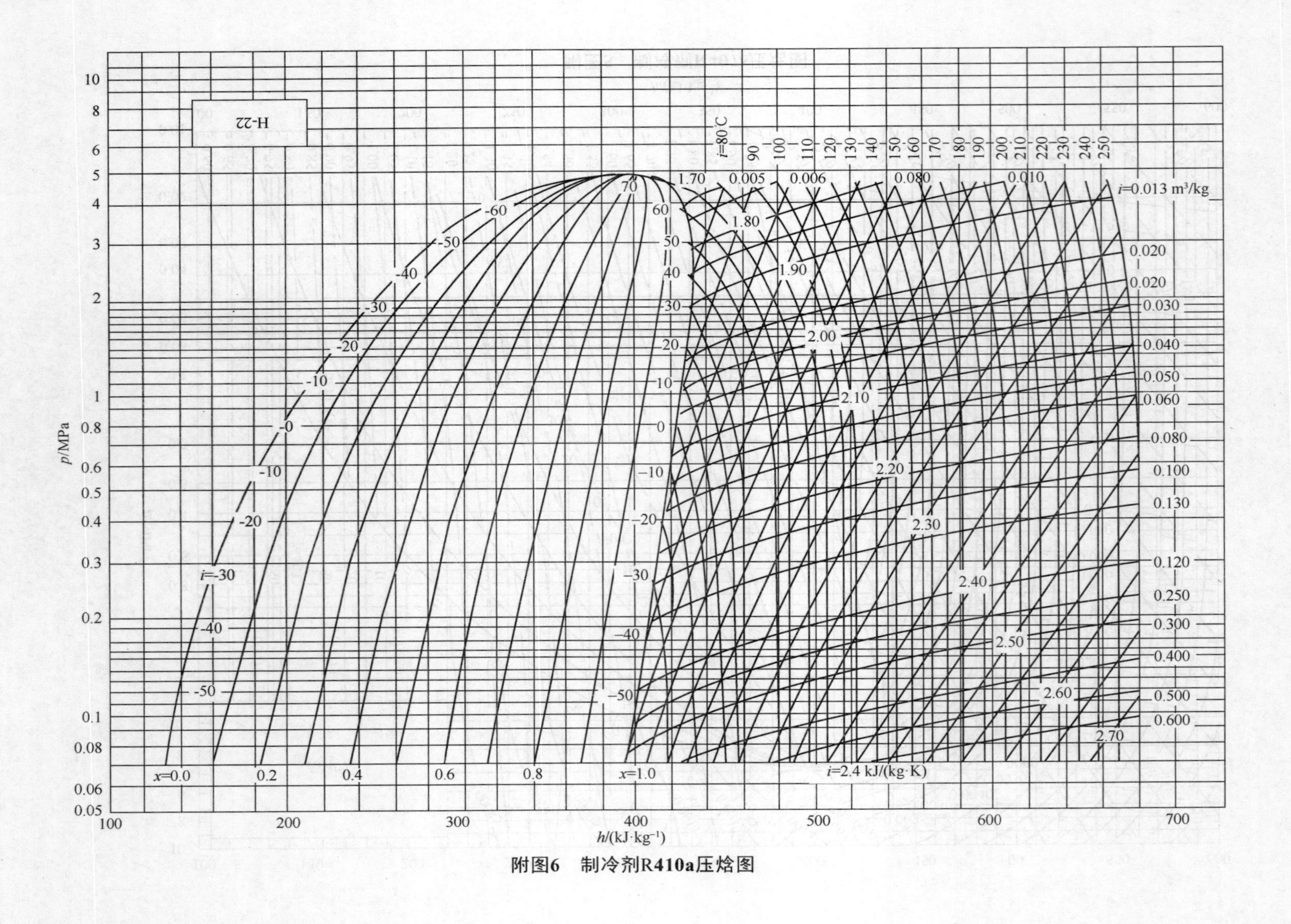

附图6　制冷剂R410a压焓图

附录二　附　　表

附表 1　R22 饱和液体与饱和气体物性表

温度 t /℃	绝对压力 p /MPa	密度 ρ /(kg·m^{-3})	比容 v /(m^3·kg^{-1})	比焓 h /(kJ·kg^{-1})		比熵 s /[kJ·(kg·℃)$^{-1}$]		质量比热 c_p /[kJ·(kg·℃)$^{-1}$]	
		液体	气体	液体	气体	液体	气体	液体	气体
−100.00	0.002 01	1 571.3	8.266 0	90.71	358.97	0.505 0	2.054 3	1.061	0.497
−90.00	0.004 81	1 544.9	3.644 8	101.32	363.85	0.564 6	1.998 0	1.061	0.512
−80.00	0.010 37	1 518.2	1.778 2	111.94	368.77	0.621 0	1.950 8	1.062	0.528
−70.00	0.020 47	1 491.2	0.943 42	122.58	373.70	0.674 7	1.910 8	1.065	0.545
−60.00	0.037 50	1 463.7	0.536 80	133.27	378.59	0.726 0	1.877 0	1.071	0.564
−50.00	0.064 53	1 435.6	0.323 85	144.03	383.42	0.775 2	1.848 0	1.079	0.585
−48.00	0.071 45	1 429.9	0.294 53	146.19	384.37	0.784 9	1.842 8	1.081	0.589
−46.00	0.078 94	1 424.2	0.268 37	148.36	385.32	0.794 4	1.837 6	1.083	0.594
−44.00	0.087 05	1 418.4	0.244 98	150.53	386.26	0.803 9	1.832 7	1.086	0.599
−42.00	0.095 80	1 412.6	0.224 02	152.70	387.20	0.813 4	1.827 8	1.088	0.603
−40.81b	0.101 32	1 409.2	0.212 60	154.00	387.75	0.818 9	1.825 0	1.090	0.606
−40.00	0.105 23	1 406.8	0.205 21	154.89	388.13	0.822 7	1.823 1	1.091	0.608
−38.00	0.115 38	1 401.0	0.188 29	157.07	389.06	0.832 0	1.818 6	1.093	0.613
−36.00	0.126 28	1 395.1	0.173 04	159.27	389.97	0.841 3	1.814 1	1.096	0.619
−34.00	0.137 97	1 389.1	0.159 27	161.47	390.89	0.850 5	1.809 8	1.099	0.624
−32.00	0.150 50	1 383.2	0.146 82	163.67	391.79	0.859 6	1.805 6	1.102	0.629
−30.00	0.163 89	1 377.2	0.135 53	165.88	392.69	0.868 7	1.801 5	1.105	0.635
−28.00	0.178 19	1 371.1	0.125 28	168.10	393.58	0.877 8	1.797 5	1.108	0.641
−26.00	0.193 44	1 365.0	0.115 97	170.33	394.47	0.886 8	1.793 7	1.112	0.646
−24.00	0.209 68	1 358.9	0.107 49	172.56	395.34	0.895 7	1.789 9	1.115	0.653
−22.00	0.226 96	1 352.7	0.099 75	174.80	396.21	0.904 6	1.786 2	1.119	0.659
−20.00	0.245 31	1 346.5	0.092 68	177.04	397.06	0.913 5	1.782 6	1.123	0.665
−18.00	0.264 79	1 340.3	0.086 21	179.30	397.91	0.922 3	1.779 1	1.127	0.672
−16.00	0.285 43	1 334.0	0.080 29	181.56	398.75	0.931 1	1.775 7	1.131	0.678
−14.00	0.307 28	1 327.6	0.074 85	183.83	399.57	0.939 8	1.772 3	1.135	0.685
−12.00	0.330 38	1 321.2	0.069 86	186.11	400.39	0.948 5	1.769 0	1.139	0.692
−10.00	0.354 79	1 314.7	0.065 27	188.40	401.20	0.957 2	1.765 8	1.144	0.699
−8.00	0.380 54	1 308.2	0.061 03	190.70	401.99	0.965 8	1.762 7	1.149	0.707
−6.00	0.407 69	1 301.6	0.057 13	193.01	402.77	0.974 4	1.759 6	1.154	0.715
−4.00	0.436 28	1 295.0	0.053 52	195.33	403.55	0.983 0	1.756 6	1.159	0.722
−2.00	0.466 36	1 288.3	0.050 19	197.66	404.30	0.991 5	1.753 6	1.164	0.731
0.00	0.497 99	1 281.5	0.047 10	200.00	405.05	1.000 0	1.750 7	1.169	0.739
2.00	0.531 20	1 274.7	0.044 24	202.35	405.78	1.008 5	1.747 8	1.175	0.748

续表

温度 t /℃	绝对压力 p /MPa	密度 ρ /(kg·m^{-3})	比容 v /(m^3·kg^{-1})	比焓 h /(kJ·kg^{-1})		比熵 s /[kJ·(kg·℃)$^{-1}$]		质量比热 c_p /[kJ·(kg·℃)$^{-1}$]	
		液体	气体	液体	气体	液体	气体	液体	气体
4.00	0.566 05	1 267.8	0.041 59	204.71	406.50	1.016 9	1.745 0	1.181	0.757
6.00	0.602 59	1 260.8	0.039 13	207.09	407.20	1.025 4	1.742 2	1.187	0.766
8.00	0.640 88	1 253.8	0.036 83	209.47	407.89	1.033 8	1.739 5	1.193	0.775
10.00	0.680 95	1 246.7	0.034 70	211.87	408.56	1.042 2	1.736 8	1.199	0.785
12.00	0.722 86	1 239.5	0.032 71	214.28	409.21	1.050 5	1.734 1	1.206	0.795
14.00	0.766 68	1 232.2	0.030 86	216.70	409.85	1.058 9	1.731 5	1.213	0.806
16.00	0.812 44	1 224.9	0.029 12	219.14	410.47	1.067 2	1.728 9	1.220	0.817
18.00	0.860 20	1 217.4	0.027 50	221.59	411.07	1.075 5	1.726 3	1.228	0.828
20.00	0.910 02	1 209.9	0.025 99	224.06	411.66	1.083 8	1.723 8	1.236	0.840
22.00	0.961 95	1 202.3	0.024 57	226.54	412.22	1.092 1	1.721 2	1.244	0.853
24.00	1.016 0	1 194.6	0.023 24	229.04	412.77	1.100 4	1.718 7	1.252	0.866
26.00	1.072 4	1 186.7	0.021 99	231.55	413.29	1.108 6	1.716 2	1.261	0.879
28.00	1.130 9	1 178.8	0.020 82	234.08	413.79	1.116 9	1.713 6	1.271	0.893
30.00	1.191 9	1 170.7	0.019 72	236.62	414.26	1.125 2	1.711 1	1.281	0.908
32.00	1.255 2	1 162.6	0.018 69	239.19	414.71	1.133 4	1.708 6	1.291	0.924
34.00	1.321 0	1 154.3	0.017 71	241.77	415.14	1.141 7	1.706 1	1.302	0.940
36.00	1.389 2	1 145.8	0.016 79	244.38	415.54	1.149 9	1.703 6	1.314	0.957
38.00	1.460 1	1 137.3	0.015 93	247.00	415.91	1.158 2	1.701 0	1.326	0.976
40.00	1.533 6	1 128.5	0.015 11	249.65	416.25	1.166 5	1.698 5	1.339	0.995
42.00	1.609 8	1 119.6	0.014 33	252.32	416.55	1.174 7	1.695 9	1.353	1.015
44.00	1.688 7	1 110.6	0.013 60	255.01	416.83	1.183 0	1.693 3	1.368	1.037
46.00	1.770 4	1 101.4	0.012 91	257.73	417.07	1.191 3	1.690 6	1.384	1.061
48.00	1.855 1	1 091.9	0.012 26	260.47	417.27	1.199 7	1.687 9	1.404	1.086
50.00	1.942 7	1 082.3	0.011 63	263.25	417.44	1.208 0	1.685 2	1.419	1.113
52.00	2.033 3	1 072.4	0.011 04	266.05	417.56	1.216 4	1.682 4	1.439	1.142
54.00	2.127 0	1 062.3	0.010 48	268.89	417.63	1.224 8	1.679 5	1.461	1.173
56.00	2.223 9	1 052.0	0.009 95	271.76	417.66	1.233 3	1.676 6	1.485	1.208
58.00	2.324 0	1 041.3	0.009 44	274.66	417.63	1.241 8	1.673 6	1.511	1.246
60.00	2.427 5	1 030.4	0.008 96	277.61	417.55	1.250 4	1.670 5	1.539	1.287
65.00	2.701 2	1 001.4	0.007 85	285.18	417.06	1.272 2	1.662 2	1.626	1.413
70.00	2.997 4	969.7	0.006 85	293.10	416.09	1.294 5	1.652 9	1.743	1.584
75.00	3.317 7	934.4	0.005 95	301.46	414.49	1.317 7	1.642 4	1.913	1.832
80.00	3.663 8	893.7	0.005 12	310.44	412.01	1.342 3	1.629 9	2.181	2.231
85.00	4.037 8	844.8	0.004 34	320.38	408.19	1.369 0	1.614 2	2.682	2.984
90.00	4.442 3	780.1	0.003 56	332.09	401.87	1.400 1	1.592 2	3.981	4.975
95.00	4.882 4	662.9	0.002 62	349.56	387.28	1.446 2	1.548 6	17.31	25.29
96.15c	4.990 0	523.8	0.001 91	366.90	366.90	1.492 7	1.492 7	∞	∞

注：b 表示 1 个标准大气压下的沸点；c 表示临界点。

附表 2　R123 饱和液体与饱和气体物性表

温度 t /℃	绝对压力 p /MPa	密度 ρ /(kg·m^{-3})	比容 v /(m^3·kg^{-1})	比焓 h /(kJ·kg^{-1})		比熵 s /[kJ·(kg·℃)$^{-1}$]		质量比热 c_p /[kJ·(kg·℃)$^{-1}$]	
		液体	气体	液体	气体	液体	气体	液体	气体
−80.00	0.000 13	1 709.6	83.667	123.92	335.98	0.671 2	1.769 1	0.924	0.520
−70.00	0.000 34	1 687.4	32.842	133.17	341.25	0.717 9	1.742 2	0.927	0.537
−60.00	0.000 81	1 665.1	14.333	142.46	346.66	0.762 5	1.720 6	0.932	0.553
−50.00	0.001 77	1 642.6	6.846 0	151.81	352.21	0.805 4	1.703 4	0.939	0.569
−40.00	0.003 58	1 620.0	3.531 9	161.25	357.88	0.846 8	1.690 1	0.948	0.585
−30.00	0.006 75	1 597.0	1.947 0	170.78	363.65	0.886 8	1.680 0	0.958	0.601
−20.00	0.012 00	1 573.8	1.136 4	180.41	369.52	0.925 6	1.672 6	0.968	0.617
−10.00	0.020 25	1 550.1	0.696 90	190.15	375.45	0.963 3	1.667 5	0.979	0.634
0.00	0.032 65	1 526.1	0.446 09	200.00	381.44	1.000 0	1.664 2	0.990	0.651
2.00	0.035 74	1 521.3	0.409 91	201.98	382.64	1.007 2	1.663 8	0.993	0.654
4.00	0.039 07	1 516.4	0.377 20	203.97	383.84	1.014 4	1.663 4	0.995	0.658
6.00	0.042 64	1 511.5	0.347 59	205.97	385.05	1.021 6	1.663 1	0.997	0.661
8.00	0.046 47	1 506.6	0.320 75	207.96	386.25	1.028 7	1.662 8	0.999	0.665
10.00	0.050 57	1 501.6	0.296 37	209.97	387.46	1.035 8	1.662 6	1.002	0.668
12.00	0.054 95	1 496.7	0.274 20	211.97	388.66	1.042 8	1.662 5	1.004	0.672
14.00	0.059 63	1 491.7	0.254 01	213.99	389.87	1.049 9	1.662 4	1.006	0.675
16.00	0.064 63	1 486.7	0.235 59	216.00	391.08	1.056 9	1.662 3	1.009	0.679
18.00	0.069 95	1 481.7	0.218 77	218.02	392.29	1.063 8	1.662 3	1.011	0.682
20.00	0.075 61	1 476.6	0.203 38	220.05	393.49	1.070 7	1.662 4	1.014	0.686
22.00	0.081 63	1 471.5	0.189 29	222.08	394.70	1.077 6	1.662 5	1.016	0.690
24.00	0.088 02	1 466.4	0.176 37	224.12	395.91	1.084 5	1.662 6	1.018	0.693
26.00	0.094 80	1 461.3	0.164 51	226.16	397.12	1.091 3	1.662 8	1.021	0.697
27.82b	0.101 33	1 456.6	0.154 53	228.03	398.22	1.097 5	1.663 0	1.023	0.701
28.00	0.101 98	1 456.2	0.153 60	228.21	398.32	1.098 1	1.663 0	1.023	0.701
30.00	0.109 58	1 451.0	0.143 56	230.26	399.53	1.104 9	1.663 3	1.026	0.705
32.00	0.117 62	1 445.8	0.134 31	232.31	400.73	1.111 6	1.663 5	1.028	0.709
34.00	0.126 11	1 440.6	0.125 77	234.38	401.93	1.118 3	1.663 9	1.031	0.712
36.00	0.135 07	1 435.4	0.117 89	236.44	403.14	1.125 0	1.664 2	1.033	0.716
38.00	0.144 52	1 430.1	0.110 60	238.51	404.34	1.131 7	1.664 6	1.036	0.720
40.00	0.154 47	1 424.8	0.103 85	240.59	405.54	1.138 3	1.665 1	1.038	0.724
42.00	0.164 95	1 419.4	0.097 59	242.67	406.73	1.144 9	1.665 5	1.041	0.728
44.00	0.175 97	1 414.1	0.091 79	244.76	407.93	1.151 5	1.666 0	1.044	0.732
46.00	0.187 55	1 408.7	0.086 41	246.86	409.12	1.158 1	1.666 5	1.046	0.736
48.00	0.199 71	1 403.3	0.081 40	248.95	410.31	1.164 6	1.667 0	1.049	0.741
50.00	0.212 46	1 397.8	0.076 74	251.06	411.50	1.171 1	1.667 6	1.052	0.745

续表

温度 t /℃	绝对压力 p /MPa	密度 ρ /(kg·m^{-3})	比容 v /(m^3·kg^{-1})	比焓 h /(kJ·kg^{-1})		比熵 s /[kJ·(kg·℃)$^{-1}$]		质量比热 c_p /[kJ·(kg·℃)$^{-1}$]	
		液体	气体	液体	气体	液体	气体	液体	气体
52.00	0.225 84	1 392.3	0.072 40	253.17	412.69	1.177 6	1.668 2	1.055	0.749
54.00	0.239 85	1 386.8	0.068 36	255.28	413.87	1.184 0	1.668 8	1.058	0.753
56.00	0.254 51	1 381.2	0.064 58	257.41	415.05	1.190 5	1.669 4	1.060	0.758
58.00	0.269 85	1 375.6	0.061 06	259.53	416.23	1.196 9	1.670 1	1.063	0.762
60.00	0.285 89	1 370.0	0.057 77	261.67	417.40	1.203 3	1.670 7	1.066	0.767
62.00	0.302 64	1 364.3	0.054 69	263.81	418.57	1.209 6	1.671 4	1.069	0.771
64.00	0.320 13	1 358.6	0.051 80	265.95	419.73	1.216 0	1.672 1	1.072	0.776
66.00	0.338 38	1 352.8	0.049 10	268.10	420.89	1.222 3	1.672 8	1.076	0.781
68.00	0.357 40	1 347.0	0.046 56	270.26	422.05	1.228 6	1.673 5	1.079	0.785
70.00	0.377 22	1 341.2	0.044 18	272.42	423.20	1.234 9	1.674 3	1.082	0.790
72.00	0.397 87	1 335.3	0.041 95	274.60	424.35	1.241 1	1.675 0	1.085	0.795
74.00	0.419 36	1 329.3	0.039 85	276.77	425.50	1.247 4	1.675 8	1.089	0.800
76.00	0.441 71	1 323.4	0.037 87	278.96	426.63	1.253 6	1.676 6	1.092	0.806
78.00	0.464 94	1 317.3	0.036 01	281.15	427.77	1.259 8	1.677 4	1.096	0.811
80.00	0.489 09	1 311.2	0.034 26	283.35	428.89	1.266 0	1.678 1	1.100	0.816
82.00	0.514 16	1 305.1	0.032 61	285.55	430.01	1.272 2	1.678 9	1.103	0.822
84.00	0.540 19	1 298.9	0.031 05	287.77	431.13	1.278 3	1.679 7	1.107	0.827
86.00	0.567 20	1 292.6	0.029 58	289.99	432.23	1.284 5	1.680 6	1.111	0.833
88.00	0.595 20	1 286.3	0.028 19	292.22	433.33	1.290 6	1.681 4	1.115	0.839
90.00	0.624 23	1 279.9	0.026 87	294.45	434.43	1.296 7	1.682 2	1.120	0.845
92.00	0.654 30	1 273.5	0.025 63	296.70	435.51	1.302 8	1.683 0	1.124	0.851
94.00	0.685 44	1 266.9	0.024 45	298.95	436.59	1.308 9	1.683 8	1.129	0.858
96.00	0.717 68	1 260.3	0.023 34	301.21	437.66	1.315 0	1.684 6	1.133	0.864
98.00	0.751 03	1 253.7	0.022 28	303.49	438.72	1.321 1	1.685 4	1.138	0.871
100.00	0.785 53	1 246.9	0.021 28	305.77	439.77	1.327 1	1.686 2	1.143	0.878
110.00	0.976 03	1 211.9	0.016 97	317.32	444.88	1.357 2	1.690 2	1.172	0.917
120.00	1.199 0	1 174.4	0.013 61	329.15	449.67	1.387 2	1.693 8	1.207	0.964
130.00	1.457 8	1 133.6	0.010 94	341.32	454.07	1.417 3	1.696 9	1.254	1.026
140.00	1.756 3	1 088.3	0.008 79	353.92	457.94	1.447 5	1.699 2	1.318	1.111
150.00	2.098 7	1 036.8	0.007 03	367.10	461.05	1.478 2	1.700 3	1.415	1.240
160.00	2.490 1	975.7	0.005 55	381.13	463.01	1.510 1	1.699 1	1.584	1.473
170.00	2.937 2	896.9	0.004 25	396.61	462.89	1.544 3	1.693 9	1.979	2.033
180.00	3.450 6	765.9	0.002 92	416.22	456.82	1.586 7	1.676 3	4.549	5.661
183.68c	3.661 8	550.0	0.001 82	437.39	437.39	1.632 5	1.632 5	∞	∞

注：b表示1个标准大气压下的沸点；c表示临界点。

附表 3　R134a 饱和液体与饱和气体物性表

温度 t /℃	绝对压力 p /MPa	密度 ρ /(kg·m^{-3})	比容 v /(m^3·kg^{-1})	比焓 h /(kJ·kg^{-1})		比熵 s /[kJ·(kg·℃)$^{-1}$]		质量比热 c_p /[kJ·(kg·℃)$^{-1}$]	
		液体	气体	液体	气体	液体	气体	液体	气体
−103.30a	0.000 39	1 591.1	35.496	71.46	334.94	0.412 6	1.963 9	1.184	0.585
−100.00	0.000 56	1 582.4	25.193	75.36	336.85	0.435 4	1.945 6	1.184	0.593
−90.00	0.001 52	1 555.8	9.769 8	87.23	342.76	0.502 0	1.897 2	1.189	0.617
−80.00	0.003 67	1 529.0	4.268 2	99.16	348.83	0.565 4	1.858 0	1.198	0.642
−70.00	0.007 98	1 501.9	2.059 0	111.20	355.02	0.626 2	1.826 4	1.210	0.667
−60.00	0.015 91	1 474.3	1.079 0	123.36	361.31	0.684 6	1.801 0	1.223	0.692
−50.00	0.029 45	1 446.3	0.606 20	135.67	367.65	0.741 0	1.780 6	1.238	0.720
−40.00	0.051 21	1 417.7	0.361 08	148.14	374.00	0.795 6	1.764 3	1.255	0.749
−30.00	0.084 38	1 388.4	0.225 94	160.79	380.32	0.848 6	1.751 5	1.273	0.781
−28.00	0.092 70	1 382.4	0.206 80	163.34	381.57	0.859 1	1.749 2	1.277	0.788
−26.07b	0.101 33	1 376.7	0.190 18	165.81	382.78	0.869 0	1.747 2	1.281	0.794
−26.00	0.101 67	1 376.5	0.189 58	165.90	382.82	0.869 4	1.747 1	1.281	0.794
−24.00	0.111 30	1 370.4	0.174 07	168.47	384.07	0.879 8	1.745 1	1.285	0.801
−22.00	0.121 65	1 364.4	0.160 06	171.05	385.32	0.890 0	1.743 2	1.289	0.809
−20.00	0.132 73	1 358.3	0.147 39	173.64	386.55	0.900 2	1.741 3	1.293	0.816
−18.00	0.144 60	1 352.1	0.135 92	176.23	387.79	0.910 4	1.739 6	1.297	0.823
−16.00	0.157 28	1 345.9	0.125 51	178.83	389.02	0.920 5	1.737 9	1.302	0.831
−14.00	0.170 82	1 339.7	0.116 05	181.44	390.24	0.930 6	1.736 3	1.306	0.838
−12.00	0.185 24	1 333.4	0.107 44	184.07	391.46	0.940 7	1.734 8	1.311	0.846
−10.00	0.200 60	1 327.1	0.099 59	186.70	392.66	0.950 6	1.733 4	1.316	0.854
−8.00	0.216 93	1 320.8	0.092 42	189.34	393.87	0.960 6	1.732 0	1.320	0.863
−6.00	0.234 28	1 314.3	0.085 87	191.99	395.06	0.970 5	1.730 7	1.325	0.871
−4.00	0.252 68	1 307.9	0.079 87	194.65	396.25	0.980 4	1.729 4	1.330	0.880
−2.00	0.272 17	1 301.4	0.074 36	197.32	397.43	0.990 2	1.728 2	1.336	0.888
0.00	0.292 80	1 294.8	0.069 31	200.00	398.60	1.000 0	1.727 1	1.341	0.897
2.00	0.314 62	1 288.1	0.064 66	202.69	399.77	1.009 8	1.726 0	1.347	0.906
4.00	0.337 66	1 281.4	0.060 39	205.40	400.92	1.019 5	1.725 0	1.352	0.916
6.00	0.361 98	1 274.7	0.056 44	208.11	402.06	1.029 2	1.724 0	1.358	0.925
8.00	0.387 61	1 267.9	0.052 80	210.84	403.20	1.038 8	1.723 0	1.364	0.935
10.00	0.414 61	1 261.0	0.049 44	213.58	404.32	1.048 5	1.722 1	1.370	0.945
12.00	0.443 01	1 254.0	0.046 33	216.33	405.43	1.058 1	1.721 2	1.377	0.956
14.00	0.472 88	1 246.9	0.043 45	219.09	406.53	1.067 7	1.720 4	1.383	0.967
16.00	0.504 25	1 239.8	0.040 78	221.87	407.61	1.077 2	1.719 6	1.390	0.978
18.00	0.537 18	1 232.6	0.038 30	224.66	408.69	1.086 7	1.718 8	1.397	0.989
20.00	0.571 71	1 225.3	0.036 00	227.47	409.75	1.096 2	1.718 0	1.405	1.001

续表

温度 t /℃	绝对压力 p /MPa	密度 ρ /(kg·m^{-3})	比容 v /(m^3·kg^{-1})	比焓 h /(kJ·kg^{-1})		比熵 s /[kJ·(kg·℃)$^{-1}$]		质量比热 c_p /[kJ·(kg·℃)$^{-1}$]	
		液体	气体	液体	气体	液体	气体	液体	气体
22.00	0.607 89	1 218.0	0.033 85	230.29	410.79	1.105 7	1.717 3	1.413	1.013
24.00	0.645 78	1 210.5	0.031 86	233.12	411.82	1.115 2	1.716 6	1.421	1.025
26.00	0.685 43	1 202.9	0.030 00	235.97	412.84	1.124 6	1.715 9	1.429	1.038
28.00	0.726 88	1 195.2	0.028 26	238.84	413.84	1.134 1	1.715 2	1.437	1.052
30.00	0.770 20	1 187.5	0.026 64	241.72	414.82	1.143 5	1.714 5	1.446	1.065
32.00	0.815 43	1 179.6	0.025 13	244.62	415.78	1.152 9	1.713 8	1.456	1.080
34.00	0.862 63	1 171.6	0.023 71	247.54	416.72	1.162 3	1.713 1	1.466	1.095
36.00	0.911 85	1 163.4	0.022 38	250.48	417.65	1.171 7	1.712 4	1.476	1.111
38.00	0.963 15	1 155.1	0.021 13	253.43	418.55	1.181 1	1.711 8	1.487	1.127
40.00	1.016 6	1 146.7	0.019 97	256.41	419.43	1.190 5	1.711 1	1.498	1.145
42.00	1.072 2	1 138.2	0.018 87	259.41	420.28	1.199 9	1.710 3	1.510	1.163
44.00	1.130 1	1 129.5	0.017 84	262.43	421.11	1.209 2	1.709 6	1.523	1.182
46.00	1.190 3	1 120.6	0.016 87	265.47	421.92	1.218 6	1.708 9	1.537	1.202
48.00	1.252 9	1 111.5	0.015 95	268.53	422.69	1.228 0	1.708 1	1.551	1.223
50.00	1.317 9	1 102.3	0.015 09	271.62	423.44	1.237 5	1.707 2	1.566	1.246
52.00	1.385 4	1 092.9	0.014 28	274.74	424.15	1.246 9	1.706 4	1.582	1.270
54.00	1.455 5	1 083.2	0.013 51	277.89	424.83	1.256 3	1.705 5	1.600	1.296
56.00	1.528 2	1 073.4	0.012 78	281.06	425.47	1.265 8	1.704 5	1.618	1.324
58.00	1.603 6	1 063.2	0.012 09	284.27	426.07	1.275 3	1.703 5	1.638	1.354
60.00	1.681 8	1 052.9	0.011 44	287.50	426.63	1.284 8	1.702 4	1.660	1.387
62.00	1.762 8	1 042.2	0.010 83	290.78	427.14	1.294 4	1.701 3	1.684	1.422
64.00	1.846 7	1 031.2	0.010 24	294.09	427.61	1.304 0	1.700 0	1.710	1.461
66.00	1.933 7	1 020.0	0.009 69	297.44	428.02	1.313 7	1.698 7	1.738	1.504
68.00	2.023 7	1 008.3	0.009 16	300.84	428.36	1.323 4	1.697 2	1.769	1.552
70.00	2.116 8	996.2	0.008 65	304.28	428.65	1.333 2	1.695 6	1.804	1.605
72.00	2.213 2	983.8	0.008 17	307.78	428.86	1.343 0	1.693 9	1.843	1.665
74.00	2.313 0	970.8	0.007 71	311.33	429.00	1.353 0	1.692 0	1.887	1.734
76.00	2.416 1	957.3	0.007 27	314.94	429.04	1.363 1	1.689 9	1.938	1.812
78.00	2.522 8	943.1	0.006 85	318.63	428.98	1.373 3	1.687 6	1.996	1.904
80.00	2.633 2	928.2	0.006 45	322.39	428.81	1.383 6	1.685 0	2.065	2.012
85.00	2.925 8	887.2	0.005 50	332.22	427.76	1.410 4	1.677 1	2.306	2.397
90.00	3.244 2	837.8	0.004 61	342.93	425.42	1.439 0	1.666 2	2.756	3.121
95.00	3.591 2	772.7	0.003 74	355.25	420.67	1.471 5	1.649 2	3.938	5.020
100.00	3.972 4	651.2	0.002 68	373.30	407.68	1.518 8	1.610 9	17.59	25.35
101.06c	4.059 3	511.9	0.001 95	389.64	389.64	1.562 1	1.562 1	∞	∞

注：a 表示三相点；b 表示 1 个标准大气压下的沸点；c 表示临界点。

附表 4　R717 饱和液体与饱和气体物性表

温度 t /℃	绝对压力 p /MPa	密度 ρ /(kg·m^{-3})	比容 v /(m^3·kg^{-1})	比焓 h /(kJ·kg^{-1})		比熵 s /[kJ·(kg·℃)$^{-1}$]		质量比热 c_p /[kJ·(kg·℃)$^{-1}$]	
		液体	气体	液体	气体	液体	气体	液体	气体
−77.65a	0.006 09	732.9	15.602	−143.15	1 341.23	−0.471 6	7.121 3	4.202	2.063
−70.00	0.010 94	724.7	9.007 9	−110.81	1 355.55	−0.309 4	6.908 8	4.245	2.086
−60.00	0.021 89	713.6	4.705 7	−68.06	1 373.73	−0.104 0	6.660 2	4.303	2.125
−50.00	0.040 84	702.1	2.627 7	−24.73	1 391.19	0.094 5	6.439 6	4.360	2.178
−40.00	0.071 69	690.2	1.553 3	19.17	1 407.76	0.286 7	6.242 5	4.414	2.244
−38.00	0.079 71	687.7	1.406 8	28.01	1 410.96	0.324 5	6.205 6	4.424	2.259
−36.00	0.088 45	685.3	1.276 5	36.88	1 414.11	0.361 9	6.169 4	4.434	2.275
−34.00	0.097 95	682.8	1.160 4	45.77	1 417.23	0.399 2	6.133 9	4.444	2.291
−33.33b	0.101 33	682.0	1.124 2	48.76	1 418.26	0.411 7	6.122 1	4.448	2.297
−32.00	0.108 26	680.3	1.056 7	54.67	1 420.29	0.436 2	6.099 2	4.455	2.308
−30.00	0.119 43	677.8	0.963 96	63.60	1 423.31	0.473 0	6.065 1	4.465	2.326
−28.00	0.131 51	675.3	0.880 82	72.55	1 426.28	0.509 6	6.031 7	4.474	2.344
−26.00	0.144 57	672.8	0.806 14	81.52	1 429.21	0.546 0	5.998 9	4.484	2.363
−24.00	0.158 64	670.3	0.738 96	90.51	1 432.08	0.582 1	5.966 7	4.494	2.383
−22.00	0.173 79	667.7	0.678 40	99.52	1 434.91	0.618 0	5.935 1	4.504	2.403
−20.00	0.190 08	665.1	0.623 73	108.55	1 437.68	0.653 8	5.904 1	4.514	2.425
−18.00	0.207 56	662.6	0.574 28	117.60	1 440.39	0.689 3	5.873 6	4.524	2.446
−16.00	0.226 30	660.0	0.529 49	126.67	1 443.06	0.724 6	5.843 7	4.534	2.469
−14.00	0.246 37	657.3	0.488 85	135.76	1 445.66	0.759 7	5.814 3	4.543	2.493
−12.00	0.267 82	654.7	0.451 92	144.88	1 448.21	0.794 6	5.785 3	4.553	2.517
−10.00	0.290 71	652.1	0.418 30	154.01	1 450.70	0.829 3	5.756 9	4.564	2.542
−8.00	0.315 13	649.4	0.387 67	163.16	1 453.14	0.863 8	5.728 9	4.574	2.568
−6.00	0.341 14	646.7	0.359 70	172.34	1 455.51	0.898 1	5.701 3	4.584	2.594
−4.00	0.368 80	644.0	0.334 14	181.54	1 457.81	0.932 3	5.674 1	4.595	2.622
−2.00	0.398 19	641.3	0.310 74	190.76	1 460.06	0.966 2	5.647 4	4.606	2.651
0.00	0.429 38	638.6	0.289 30	200.00	1 462.24	1.000 0	5.621 0	4.617	2.680
2.00	0.462 46	635.8	0.269 62	209.27	1 464.35	1.033 6	5.595 1	4.628	2.710
4.00	0.497 48	633.1	0.251 53	218.55	1 466.40	1.067 0	5.569 5	4.639	2.742
6.00	0.534 53	630.3	0.234 89	227.87	1 468.37	1.100 3	5.544 2	4.651	2.774
8.00	0.573 70	627.5	0.219 56	237.20	1 470.28	1.133 4	5.519 2	4.663	2.807
10.00	0.615 05	624.6	0.205 43	246.57	1 472.11	1.166 4	5.494 6	4.676	2.841
12.00	0.658 66	621.8	0.192 37	255.95	1 473.88	1.199 2	5.470 3	4.689	2.877
14.00	0.704 63	618.9	0.180 31	265.37	1 475.56	1.231 8	5.446 3	4.702	2.913
16.00	0.753 03	616.0	0.169 14	274.81	1 477.17	1.264 3	5.422 6	4.716	2.951
18.00	0.803 95	613.1	0.158 79	284.28	1 478.70	1.296 7	5.399 1	4.730	2.990

续表

温度 t /℃	绝对压力 p /MPa	密度 ρ /(kg·m⁻³)	比容 v /(m³·kg⁻¹)	比焓 h /(kJ·kg⁻¹)		比熵 s /[kJ·(kg·℃)⁻¹]		质量比热 c_p /[kJ·(kg·℃)⁻¹]	
		液体	气体	液体	气体	液体	气体	液体	气体
20.00	0.857 48	610.2	0.149 20	293.78	1 480.16	1.328 9	5.375 9	4.745	3.030
22.00	0.913 69	607.2	0.140 29	303.31	1 481.53	1.361 0	5.352 9	4.760	3.071
24.00	0.972 68	604.3	0.132 01	312.87	1 482.82	1.392 9	5.330 1	4.776	3.113
26.00	1.034 5	601.3	0.124 31	322.47	1 484.02	1.424 8	5.307 6	4.793	3.158
28.00	1.099 3	598.2	0.117 14	332.09	1 485.14	1.456 5	5.285 3	4.810	3.203
30.00	1.167 2	595.2	0.110 46	341.76	1 486.17	1.488 1	5.263 1	4.828	3.250
32.00	1.238 2	592.1	0.104 22	351.45	1 487.11	1.519 6	5.241 2	4.847	3.299
34.00	1.312 4	589.0	0.098 40	361.19	1 487.95	1.550 9	5.219 4	4.867	3.349
36.00	1.390 0	585.8	0.092 96	370.96	1 488.70	1.582 2	5.197 8	4.888	3.401
38.00	1.470 9	582.6	0.087 87	380.78	1 489.36	1.613 4	5.176 3	4.909	3.455
40.00	1.555 4	579.4	0.083 10	390.64	1 489.91	1.644 6	5.154 9	4.932	3.510
42.00	1.643 5	576.2	0.078 63	400.54	1 490.36	1.675 6	5.133 7	4.956	3.568
44.00	1.735 3	572.9	0.074 45	410.48	1 490.70	1.706 5	5.112 6	4.987	3.628
46.00	1.831 0	569.6	0.070 52	420.48	1 490.94	1.737 4	5.091 5	5.007	3.691
48.00	1.930 5	566.3	0.066 82	430.52	1 491.06	1.768 3	5.070 6	5.034	3.756
50.00	2.034 0	562.9	0.063 35	440.62	1 491.07	1.799 0	5.049 7	5.064	3.823
55.00	2.311 1	554.2	0.055 54	466.10	1 490.57	1.875 8	4.997 7	5.143	4.005
60.00	2.615 6	545.2	0.048 80	491.97	1 489.27	1.952 3	4.945 8	5.235	4.208
65.00	2.949 1	536.0	0.042 96	518.26	1 487.09	2.028 8	4.893 9	5.341	4.438
70.00	3.313 5	526.3	0.037 87	545.04	1 483.94	2.105 4	4.841 5	5.465	4.699
75.00	3.710 5	516.2	0.033 42	572.37	1 479.72	2.182 3	4.788 5	5.610	5.001
80.00	4.142 0	505.7	0.029 51	600.34	1 474.31	2.259 6	4.734 4	5.784	5.355
85.00	4.610 0	494.5	0.026 06	629.04	1 467.53	2.337 7	4.678 9	5.993	5.777
90.00	5.116 7	482.8	0.023 00	658.61	1 459.19	2.416 8	4.621 3	6.250	6.291
95.00	5.664 3	470.2	0.020 27	689.19	1 449.01	2.497 3	4.561 2	6.573	6.933
100.00	6.255 3	456.6	0.017 82	721.00	1 436.63	2.579 7	4.497 5	6.991	7.762
105.00	6.892 3	441.9	0.015 61	754.35	1 421.57	2.664 7	4.429 1	7.555	8.877
110.00	7.578 3	425.6	0.013 60	789.68	1 403.08	2.753 3	4.354 2	8.36	10.46
115.00	8.317 0	407.2	0.011 74	827.74	1 379.99	2.847 4	4.270 2	9.63	12.91
120.00	9.112 5	385.5	0.009 99	869.92	1 350.23	2.950 2	4.171 9	11.94	17.21
125.00	9.970 2	357.8	0.008 28	919.68	1 309.12	3.070 2	4.048 3	17.66	27.00
130.00	10.897 7	312.3	0.006 38	992.02	1 239.32	3.243 7	3.857 1	54.21	76.49
132.25c	11.333 0	225.0	0.004 44	1 119.22	1 119.22	3.554 2	3.554 2	∞	∞

注：a 表示三相点；b 表示 1 个标准大气压下的沸点；c 表示临界点。

附表 5　R407c[R32/125/134a(23/25/52)]沸腾状态液体与结露状态气体物性表

绝对压力 p /MPa	温度 t /℃		密度 ρ /(kg·m^{-3})	比容 v /(m^3·kg^{-1})	比　焓 h /(kJ·kg^{-1})		比　熵 s /[kJ·(kg·℃)$^{-1}$]		质量比热 c_p /[kJ·(kg·℃)$^{-1}$]	
	泡点	露点	液体	气体	液体	气体	液体	气体	液体	气体
0.010 00	−82.82	−74.96	1 496.6	1.896 11	91.52	365.89	0.530 2	1.943 7	1.246	0.667
0.020 00	−72.81	−65.15	1 468.1	0.989 86	104.03	371.89	0.594 2	1.907 1	1.255	0.692
0.040 00	−61.51	−54.07	1 435.2	0.516 99	118.30	378.64	0.663 5	1.873 0	1.268	0.725
0.060 00	−54.18	−46.89	1 413.5	0.353 46	127.63	382.97	0.706 8	1.854 3	1.278	0.748
0.080 00	−48.61	−41.44	1 396.8	0.269 76	134.78	386.21	0.738 9	1.841 6	1.287	0.767
0.100 00	−44.06	−36.98	1 382.9	0.218 67	140.65	388.83	0.764 8	1.832 1	1.295	0.783
0.101 32b	−43.79	−36.71	1 382.1	0.215 97	141.01	388.99	0.766 3	1.831 5	1.295	0.784
0.120 00	−40.19	−33.19	1 371.0	0.184 13	145.69	391.04	0.786 5	1.824 5	1.302	0.798
0.140 00	−36.80	−29.87	1 360.4	0.159 18	150.12	392.95	0.805 3	1.818 3	1.308	0.811
0.160 00	−33.77	−26.90	1 350.9	0.140 27	154.10	394.64	0.822 0	1.813 0	1.314	0.823
0.180 00	−31.02	−24.21	1 342.2	0.125 44	157.73	396.15	0.837 0	1.808 4	1.320	0.835
0.200 00	−28.50	−21.74	1 334.1	0.113 48	161.07	397.52	0.850 7	1.804 3	1.326	0.845
0.220 00	−26.17	−19.46	1 326.6	0.103 63	164.17	398.78	0.863 2	1.800 7	1.331	0.856
0.240 00	−24.00	−17.34	1 319.5	0.095 37	167.07	399.94	0.874 8	1.797 4	1.336	0.865
0.260 00	−21.96	−15.35	1 312.8	0.088 34	169.80	401.01	0.885 7	1.794 5	1.341	0.875
0.280 00	−20.05	−13.47	1 306.5	0.082 28	172.38	402.01	0.895 9	1.791 8	1.346	0.884
0.300 00	−18.23	−11.70	1 300.4	0.077 00	174.83	402.95	0.905 5	1.789 3	1.351	0.892
0.320 00	−16.51	−10.01	1 294.6	0.072 36	177.17	403.83	0.914 5	1.786 9	1.355	0.901
0.340 00	−14.86	−8.41	1 289.0	0.068 24	179.41	404.67	0.923 2	1.784 8	1.360	0.909
0.360 00	−13.29	−6.87	1 283.7	0.064 57	181.55	405.45	0.931 4	1.782 7	1.364	0.917
0.380 00	−11.79	−5.40	1 278.5	0.061 27	183.61	406.20	0.939 2	1.780 8	1.369	0.925
0.400 00	−10.34	−3.99	1 273.5	0.058 29	185.60	406.91	0.946 8	1.779 0	1.373	0.932
0.420 00	−8.95	−2.63	1 268.7	0.055 59	187.52	407.59	0.954 0	1.777 3	1.377	0.940
0.440 00	−7.61	−1.32	1 264.0	0.053 12	189.37	408.24	0.960 9	1.775 7	1.382	0.947
0.460 00	−6.31	−0.05	1 259.4	0.050 86	191.17	408.85	0.967 6	1.774 1	1.386	0.954
0.480 00	−5.06	1.17	1 255.0	0.048 78	192.91	409.44	0.974 1	1.772 6	1.390	0.961
0.500 00	−3.84	2.36	1 250.6	0.046 87	194.61	410.01	0.980 3	1.771 2	1.394	0.968
0.550 00	−0.96	5.17	1 240.2	0.042 66	198.65	411.33	0.995 1	1.767 9	1.404	0.985
0.600 00	1.73	7.79	1 230.4	0.039 13	202.45	412.54	1.008 8	1.764 9	1.414	1.002
0.650 00	4.26	10.25	1 221.0	0.036 13	206.04	413.64	1.021 7	1.762 2	1.423	1.018
0.700 00	6.65	12.58	1 212.0	0.033 55	209.45	414.64	1.033 8	1.759 6	1.433	1.034
0.750 00	8.91	14.78	1 203.3	0.031 29	212.71	415.57	1.045 2	1.757 2	1.443	1.050
0.800 00	11.06	16.87	1 195.0	0.029 31	215.82	416.43	1.056 1	1.754 9	1.452	1.066
0.850 00	13.11	18.86	1 186.9	0.027 55	218.81	417.23	1.066 4	1.752 8	1.462	1.081
0.900 00	15.07	20.77	1 179.1	0.025 98	221.69	417.97	1.076 3	1.750 7	1.471	1.097

续表

绝对压力 p /MPa	温度 t /℃		密度 ρ /(kg·m^{-3})	比容 v /(m^3·kg^{-1})	比焓 h /(kJ·kg^{-1})		比熵 s /[kJ·(kg·℃)$^{-1}$]		质量比热 c_p /[kJ·(kg·℃)$^{-1}$]	
	泡点	露点	液体	气体	液体	气体	液体	气体	液体	气体
0.950 00	16.95	22.59	1 171.5	0.024 57	224.47	418.65	1.085 7	1.748 8	1.481	1.112
1.000 00	18.76	24.35	1 164.1	0.023 30	227.15	419.29	1.094 8	1.746 9	1.490	1.127
1.100 00	22.19	27.67	1 149.8	0.021 09	232.28	420.44	1.112 0	1.743 3	1.510	1.158
1.200 00	25.39	30.77	1 136.0	0.019 23	237.13	421.44	1.128 1	1.740 0	1.530	1.190
1.300 00	28.40	33.68	1 122.8	0.017 65	241.74	422.30	1.143 1	1.736 7	1.550	1.222
1.400 00	31.24	36.42	1 109.9	0.016 29	246.15	423.04	1.157 4	1.733 7	1.571	1.255
1.500 00	33.94	39.02	1 097.4	0.015 10	250.38	423.68	1.170 9	1.730 7	1.592	1.289
1.600 00	36.50	41.49	1 085.1	0.014 05	254.44	424.21	1.183 8	1.727 7	1.615	1.324
1.700 00	38.95	43.84	1 073.1	0.013 12	258.38	424.66	1.196 1	1.724 8	1.638	1.360
1.800 00	41.29	46.09	1 061.3	0.012 29	262.18	425.02	1.208 0	1.722 0	1.662	1.398
1.900 00	43.54	48.25	1 049.6	0.011 54	265.88	425.31	1.219 4	1.719 1	1.688	1.438
2.000 00	45.70	50.31	1 038.1	0.010 87	269.48	425.51	1.230 4	1.716 3	1.715	1.481
2.100 00	47.79	52.30	1 026.7	0.010 25	273.00	425.65	1.241 1	1.713 5	1.743	1.526
2.200 00	49.80	54.22	1 015.3	0.009 69	276.43	425.71	1.251 5	1.710 6	1.774	1.573
2.300 00	51.74	56.07	1 004.0	0.009 17	279.80	425.70	1.261 6	1.707 7	1.806	1.624
2.400 00	53.63	57.86	992.7	0.008 69	283.10	425.63	1.271 4	1.704 8	1.841	1.679
2.500 00	55.45	59.58	981.4	0.008 25	286.35	425.48	1.281 0	1.701 8	1.878	1.738
2.600 00	57.22	61.26	970.0	0.007 84	289.55	425.27	1.290 4	1.698 8	1.918	1.802
2.700 00	58.94	62.88	958.6	0.007 46	272.71	425.00	1.299 6	1.695 7	1.962	1.872
2.800 00	60.62	64.45	947.1	0.007 10	295.83	424.65	1.308 7	1.692 5	2.009	1.948
2.900 00	62.25	65.98	935.5	0.006 76	298.92	424.23	1.317 6	1.689 2	2.062	2.032
3.000 00	63.84	67.47	923.8	0.006 44	301.99	423.74	1.326 4	1.685 8	2.120	2.125
3.200 00	66.90	70.32	899.7	0.005 86	308.08	422.52	1.343 8	1.678 6	2.258	2.345
3.400 00	69.83	73.02	874.5	0.005 33	314.14	420.96	1.360 9	1.670 9	2.435	2.628
3.600 00	72.63	75.57	847.8	0.004 84	320.25	419.00	1.377 9	1.662 3	2.673	3.007
3.800 00	75.31	78.00	819.0	0.004 39	326.49	416.54	1.395 2	1.652 6	3.013	3.543
4.000 00	77.90	80.30	787.0	0.003 96	332.98	413.42	1.413 0	1.641 4	3.544	4.363
4.200 00	80.40	82.46	749.8	0.003 54	339.95	409.31	1.432 1	1.627 7	4.497	5.782
4.635c	86.1	86.1	506.0	0.001 98	375.0	375.0	1.528	1.528	—	—

注：b表示1个标准大气压下的泡点和露点；c表示临界点。

附表 6 R410a[R32/125(50/50)]沸腾状态液体与结露状态气体物性表

绝对压力 p /MPa	温度 t /℃		密度 ρ /(kg·m^{-3})	比容 v /(m^3·kg^{-1})	比焓 h /(kJ·kg^{-1})		比熵 s /[kJ·(kg·℃)$^{-1}$]		质量比热 c_p /[kJ·(kg·℃)$^{-1}$]	
	泡点	露点	液体	气体	液体	气体	液体	气体	液体	气体
0.010 00	−88.54	−88.50	1 462.0	2.095 50	78.00	377.63	0.465 0	2.087 9	1.313	0.666
0.020 00	−79.05	−79.01	1 434.3	1.095 40	90.48	383.18	0.530 9	2.038 8	1.317	0.695
0.040 00	−68.33	−68.29	1 402.4	0.572 78	104.64	389.31	0.601 8	1.991 6	1.325	0.733
0.060 00	−61.39	−61.35	1 381.4	0.391 84	113.86	393.17	0.646 1	1.965 0	1.333	0.761
0.080 00	−56.13	−56.08	1 365.1	0.299 18	120.91	396.04	0.678 9	1.946 5	1.340	0.785
0.100 00	−51.83	−51.78	1 351.7	0.242 59	126.69	398.33	0.705 2	1.932 4	1.347	0.805
0.101 32b	−51.57	−51.52	1 350.9	0.239 61	127.04	398.47	0.706 8	1.931 6	1.348	0.806
0.120 00	−48.17	−48.12	1 340.1	0.204 33	131.64	400.24	0.727 3	1.921 1	1.353	0.823
0.140 00	−44.96	−44.91	1 329.9	0.176 68	136.00	401.89	0.746 4	1.911 6	1.359	0.839
0.160 00	−42.10	−42.05	1 320.7	0.155 72	139.90	403.33	0.763 4	1.903 4	1.365	0.854
0.180 00	−39.51	−39.45	1 312.2	0.139 28	143.46	404.62	0.778 6	1.896 3	1.371	0.868
0.200 00	−37.13	−37.07	1 304.4	0.126 02	146.73	405.78	0.792 5	1.890 0	1.376	0.881
0.220 00	−34.93	−34.87	1 297.1	0.115 10	149.76	406.84	0.805 2	1.884 3	1.381	0.894
0.240 00	−32.89	−32.83	1 290.3	0.105 93	152.60	407.81	0.817 0	1.879 1	1.386	0.906
0.260 00	−30.97	−30.90	1 283.9	0.098 13	155.27	408.71	0.828 0	1.874 4	1.391	0.917
0.280 00	−29.16	−29.10	1 277.7	0.091 41	157.79	409.54	0.838 3	1.870 0	1.396	0.928
0.300 00	−27.45	−27.38	1 271.9	0.085 56	160.19	410.31	0.848 1	1.865 9	1.401	0.938
0.320 00	−25.83	−25.76	1 266.3	0.080 41	162.47	411.04	0.857 3	1.862 2	1.405	0.948
0.340 00	−24.28	−24.21	1 260.9	0.075 84	164.66	411.72	0.866 0	1.858 6	1.410	0.958
0.360 00	−22.80	−22.73	1 255.8	0.071 77	166.75	412.36	0.874 3	1.855 3	1.414	0.968
0.380 00	−21.39	−21.31	1 250.8	0.068 11	168.76	412.96	0.882 3	1.852 1	1.419	0.977
0.400 00	−20.03	−19.95	1 246.0	0.064 81	170.70	413.54	0.889 9	1.849 1	1.423	0.986
0.420 00	−18.72	−18.64	1 241.3	0.061 80	172.57	414.08	0.897 2	1.846 3	1.427	0.995
0.440 00	−17.45	−17.38	1 236.8	0.059 07	174.38	414.60	0.904 2	1.843 6	1.432	1.004
0.460 00	−16.24	−16.16	1 232.4	0.056 56	176.13	415.09	0.911 0	1.841 0	1.436	1.012
0.480 00	−15.06	−14.98	1 228.1	0.054 25	177.83	415.56	0.917 5	1.838 5	1.440	1.021
0.500 00	−13.91	−13.83	1 223.9	0.052 12	179.48	416.00	0.923 8	1.836 1	1.444	1.029
0.550 00	−11.20	−11.12	1 214.0	0.047 46	183.41	417.04	0.938 8	1.830 5	1.455	1.049
0.600 00	−8.68	−8.59	1 204.5	0.043 54	187.11	417.96	0.952 7	1.825 4	1.465	1.068
0.650 00	−6.30	−6.22	1 195.5	0.040 21	190.60	418.80	0.965 7	1.820 7	1.475	1.088
0.700 00	−4.07	−3.98	1 186.9	0.037 34	193.92	419.56	0.977 9	1.816 3	1.485	1.106
0.750 00	−1.95	−1.86	1 178.6	0.034 84	197.08	420.25	0.989 4	1.812 2	1.495	1.125
0.800 00	0.07	0.16	1 170.6	0.032 64	200.10	420.88	1.000 4	1.808 3	1.505	1.143
0.850 00	1.99	2.08	1 162.9	0.030 69	203.00	421.45	1.010 8	1.804 6	1.515	1.161
0.900 00	3.83	3.92	1 155.5	0.028 94	205.79	421.97	1.020 7	1.801 1	1.525	1.179

续表

绝对压力 p /MPa	温度 t /℃		密度 ρ /(kg·m^{-3})	比容 v /(m^3·kg^{-1})	比焓 h /(kJ·kg^{-1})		比熵 s /[kJ·(kg·℃)$^{-1}$]		质量比热 c_p /[kJ·(kg·℃)$^{-1}$]	
	泡点	露点	液体	气体	液体	气体	液体	气体	液体	气体
0.950 00	5.59	5.69	1 148.2	0.027 38	208.49	422.45	1.030 3	1.797 8	1.535	1.197
1.000 00	7.28	7.38	1 141.2	0.025 97	211.09	422.89	1.039 4	1.794 6	1.545	1.215
1.100 00	10.48	10.59	1 127.6	0.023 51	216.06	423.64	1.056 8	1.788 5	1.565	1.251
1.200 00	13.48	13.58	1 114.5	0.021 45	220.76	424.27	1.072 9	1.782 8	1.586	1.287
1.300 00	16.28	16.39	1 102.0	0.019 70	225.22	424.78	1.088 1	1.777 4	1.607	1.324
1.400 00	18.93	19.04	1 089.8	0.018 18	229.48	425.18	1.102 4	1.772 3	1.629	1.362
1.500 00	21.44	21.55	1 078.0	0.016 86	233.56	425.49	1.116 0	1.767 4	1.651	1.402
1.600 00	23.83	23.94	1 066.5	0.015 70	237.49	425.72	1.129 0	1.762 7	1.675	1.442
1.700 00	26.11	26.22	1 055.3	0.014 67	241.29	425.86	1.141 4	1.758 1	1.699	1.485
1.800 00	28.29	28.40	1 044.2	0.013 75	244.96	425.93	1.153 3	1.753 6	1.725	1.529
1.900 00	30.37	30.49	1 033.3	0.012 92	248.52	425.93	1.164 8	1.749 2	1.751	1.576
2.000 00	32.38	32.49	1 022.6	0.012 17	251.99	425.87	1.175 9	1.744 8	1.779	1.625
2.100 00	34.31	34.43	1 012.0	0.011 49	255.37	425.74	1.186 6	1.740 6	1.809	1.677
2.200 00	36.18	36.29	1 001.4	0.010 87	258.68	425.54	1.197 0	1.736 3	1.840	1.732
2.300 00	37.98	38.09	991.0	0.010 30	261.91	425.29	1.207 1	1.732 1	1.874	1.790
2.400 00	39.72	39.83	980.5	0.009 77	265.08	424.98	1.216 9	1.727 9	1.909	1.853
2.500 00	41.40	41.51	970.1	0.009 28	268.20	424.61	1.226 5	1.723 7	1.947	1.920
2.600 00	43.04	43.15	959.7	0.008 83	271.27	424.18	1.235 9	1.719 4	1.988	1.993
2.700 00	44.62	44.73	949.3	0.008 40	274.29	423.69	1.245 1	1.715 2	2.032	2.072
2.800 00	46.17	46.27	938.8	0.008 01	277.27	423.14	1.254 1	1.710 9	2.080	2.158
2.900 00	47.67	47.77	928.3	0.007 64	280.23	422.53	1.263 0	1.706 5	2.133	2.252
3.000 00	49.13	49.23	917.7	0.007 29	283.15	421.85	1.271 8	1.702 1	2.190	2.356
3.200 00	51.94	52.04	896.0	0.006 65	288.94	420.30	1.289 0	1.693 0	2.323	2.598
3.400 00	54.61	54.71	873.7	0.006 07	294.67	418.47	1.305 9	1.683 5	2.490	2.904
3.600 00	57.17	57.26	850.4	0.005 55	300.41	416.29	1.322 6	1.673 4	2.707	3.305
3.800 00	59.61	59.69	825.8	0.005 06	306.20	413.72	1.339 4	1.662 4	3.002	3.855
4.000 00	61.94	62.02	799.1	0.004 61	312.13	410.64	1.356 4	1.650 3	3.431	4.661
4.200 00	64.18	64.25	769.5	0.004 17	318.33	406.86	1.374 1	1.636 5	4.129	5.971
4.790c	70.2	70.2	548.0	0.001 83	352.5	352.5	1.472	1.472	—	—

注：b表示1个标准大气压下的泡点和露点；c表示临界点。

附表 7　氯化钠水溶液物性表

质量分数 w /%	凝固点 t_f /℃	15 ℃时的密度 ρ /(kg·m^{-3})	温度 t /℃	定压比热 c_p/[kJ·(kg·K)$^{-1}$]	导热系数 λ/[W·(m·K)$^{-1}$]	动力黏度 μ (10^3 Pa·s)	运动黏度 ν(10^6 m^2·s^{-1})	热扩散率 a(10^7 m^2·s^{-1})	普朗特数 $Pr=a/v$
7	−4.4	1 050	20	3.843	0.593	1.08	1.03	1.48	6.9
			10	3.835	0.576	1.41	1.34	1.43	9.4
			0	3.827	0.559	1.87	1.78	1.39	12.7
			−4	3.818	0.556	2.16	2.06	1.39	14.8
11	−7.5	1 080	20	3.697	0.593	1.15	1.06	1.48	7.2
			10	3.684	0.570	1.52	1.41	1.43	9.9
			0	3.676	0.556	2.02	1.87	1.40	13.4
			−5	3.672	0.549	2.44	2.26	1.38	16.4
			−7.5	3.672	0.545	2.65	2.45	1.38	17.8
13.6	−9.8	1 100	20	3.609	0.593	1.23	1.12	1.50	7.4
			10	3.601	0.568	1.62	1.47	1.43	10.3
			0	3.588	0.554	2.15	1.95	1.41	13.9
			−5	3.584	0.547	2.61	2.37	1.39	17.1
			−9.8	3.580	0.510	3.43	3.13	1.37	22.9
16.2	−12.2	1 120	20	3.534	0.573	1.31	1.20	1.45	8.3
			10	3.525	0.569	1.73	1.57	1.44	10.9
			−5	3.508	0.544	2.83	2.58	1.39	18.6
			−10	3.504	0.535	3.49	3.18	1.37	23.2
			−12.2	3.500	0.533	4.22	3.84	1.36	28.3
18.8	−15.1	1 140	20	3.462	0.582	1.43	1.26	1.48	8.5
			10	3.454	0.566	1.85	1.63	1.44	11.4
			0	3.442	0.550	2.56	2.25	1.40	16.1
			−5	3.433	0.542	3.12	2.74	1.39	19.8
			−10	3.429	0.533	3.87	3.40	1.37	24.8
			−15	3.425	0.524	4.78	4.19	1.35	31.0
21.2	−18.2	1 160	20	3.395	0.579	1.55	1.33	1.46	9.1
			10	3.383	0.563	2.01	1.73	1.44	12.1
			0	3.374	0.547	2.82	2.44	1.40	17.5
			−5	3.366	0.538	3.44	2.96	1.38	21.5
			−10	3.362	0.530	4.30	3.70	1.36	27.1
			−15	3.358	0.522	5.28	4.55	1.35	33.9
			−18	3.358	0.518	6.08	5.24	1.33	39.4
23.1	−21.2	1 175	20	3.345	0.565	1.67	1.42	1.47	9.6
			10	3.333	0.549	2.16	1.84	1.40	13.1
			0	3.324	0.544	3.04	2.59	1.39	18.6
			−5	3.320	0.536	3.75	3.20	1.38	23.3
			−10	3.312	0.528	4.71	4.02	1.36	29.5
			−15	3.308	0.520	5.75	4.90	1.34	36.5
			−21	3.303	0.514	7.75	6.60	1.32	50.0

附表 8　氯化钙水溶液物性表

质量分数 w /%	凝固点 t_f /℃	15 ℃时的密度 ρ /(kg·m^{-3})	温度 t /℃	定压比热 c_p/[kJ·(kg·K)$^{-1}$]	导热系数 λ/[W·(m·K)$^{-1}$]	动力黏度 μ (10^3 Pa·s)	运动黏度 ν(10^6 m^2·s^{-1})	热扩散率 a(10^7 m^2·s^{-1})	普朗特数 Pr=a/v
9.4	−5.2	1 080	20	3.642	0.584	1.24	1.15	1.49	7.8
			10	3.634	0.570	1.55	1.44	1.45	9.9
			0	3.626	0.556	2.16	2.00	1.42	14.1
			5	3.601	0.549	2.55	2.36	1.41	16.7
14.7	−10.2	1 130	20	3.362	0.576	1.49	1.32	1.52	8.7
			10	3.349	0.563	1.86	1.64	1.49	11.0
			0	3.328	0.549	2.56	2.27	1.46	15.6
			−5	3.316	0.542	3.04	2.70	1.44	18.7
			−10	3.308	0.534	4.06	3.60	1.43	25.3
18.9	−15.7	1 170	20	3.148	0.572	1.80	1.54	1.56	9.9
			10	3.140	0.558	2.24	1.91	1.52	12.6
			0	3.128	0.544	2.99	2.56	1.49	17.2
			−5	3.098	0.537	3.43	2.94	1.48	19.8
			−10	3.086	0.529	4.67	4.00	1.47	27.3
			−15	3.065	0.523	6.15	5.27	1.47	35.9
20.9	−19.2	1 190	20	3.077	0.569	2.00	1.68	1.55	10.9
			10	3.056	0.555	2.45	2.06	1.53	13.4
			0	3.044	0.542	3.28	2.76	1.49	18.5
			−5	3.014	0.535	3.82	3.22	1.49	21.5
			−10	3.014	0.527	5.07	4.25	1.47	28.9
			−15	3.014	0.521	6.59	5.53	1.45	38.2
23.8	−25.7	1 220	20	2.973	0.565	2.35	1.94	1.56	12.5
			10	2.952	0.551	2.87	2.35	1.53	15.4
			0	2.931	0.538	3.81	3.13	1.51	20.8
			−5	2.910	0.530	4.41	3.63	1.49	24.4
			−10	2.910	0.523	5.92	4.87	1.48	33.0
			−15	2.910	0.518	7.55	6.20	1.46	42.5
			−20	2.889	0.510	9.47	7.77	1.44	53.8
			−25	2.889	0.504	11.57	9.48	1.43	66.5
25.7	−31.2	1 240	20	2.889	0.562	2.63	2.12	1.57	13.5
			10	2.889	0.548	3.22	2.51	1.53	16.5
			0	2.868	0.535	4.26	3.43	1.51	22.7
			−10	2.847	0.521	6.68	5.40	1.48	36.6
			−15	2.847	0.514	8.36	6.75	1.46	46.3
			−20	2.805	0.508	10.56	8.52	1.46	58.5
			−25	2.805	0.501	12.90	10.40	1.44	72.0
			−30	2.763	0.494	14.81	12.00	1.44	83.0

续表

质量分数 w /%	凝固点 t_f /℃	15 ℃时的密度 ρ /(kg·m^{-3})	温度 t /℃	定压比热 c_p/[kJ·(kg·K)$^{-1}$]	导热系数 λ/[W·(m·K)$^{-1}$]	动力黏度 μ (10^3 Pa·s)	运动黏度 ν(10^6 m^2·s^{-1})	热扩散率 a(10^7 m^2·s^{-1})	普朗特数 Pr=a/v
27.5	−38.6	1 260	20	2.847	0.558	2.93	2.33	1.56	14.9
			10	2.826	0.545	3.61	2.87	1.53	18.8
			0	2.809	0.531	4.80	3.81	1.50	25.3
			−10	2.784	0.519	7.52	5.97	1.48	40.3
			−20	2.763	0.506	11.87	9.45	1.46	65.0
			−25	2.742	0.499	14.71	11.70	1.44	80.7
			−30	2.742	0.492	17.16	13.60	1.42	95.5
			−35	2.721	0.486	21.57	17.10	1.42	120.0
28.5	−43.5	1 270	20	2.805	0.557	3.14	2.47	1.56	15.8
			0	2.780	0.529	5.12	4.02	1.50	26.7
			−10	2.763	0.518	8.02	6.32	1.48	42.7
			−20	2.721	0.505	12.65	10.0	1.46	68.8
			−25	2.721	0.500	15.98	12.6	1.44	87.5
			−30	2.700	0.491	18.83	14.9	1.43	103.5
			−35	2.700	0.484	24.52	19.3	1.42	136.5
			−40	2.680	0.478	30.40	24.0	1.41	171.0
29.4	−50.1	1 280	20	2.805	0.555	3.33	2.65	1.55	17.2
			0	2.755	0.528	5.49	4.30	1.5	28.7
			−10	2.721	0.576	8.63	6.75	1.49	45.5
			−20	2.680	0.504	13.83	10.8	1.47	73.4
			−30	2.659	0.490	21.28	16.6	1.44	115.0
			−35	2.638	0.483	25.50	19.9	1.43	139.0
			−40	2.638	0.477	32.36	25.3	1.42	179.0
			−45	2.617	0.470	40.21	31.4	1.40	223.0
			−50	2.617	0.464	49.03	38.3	1.3	295.0
29.9	−55	1 286	20	2.784	0.554	3.51	2.75	1.55	17.8
			0	2.738	0.528	5.69	4.43	1.50	29.5
			−10	2.700	0.515	9.04	7.04	1.48	47.5
			−20	2.680	0.502	14.42	11.23	1.46	77.0
			−30	2.659	0.488	22.56	17.6	1.43	123.0
			−35	2.638	0.483	28.44	22.1	1.42	156.0
			−40	2.638	0.576	35.30	27.5	1.40	196.0
			−45	2.617	0.470	43.15	33.5	1.39	240.0
			−50	2.617	0.463	50.99	39.7	1.38	290.0

附表 9　乙烯乙二醇水溶液物性表

质量分数 w /%	凝固点 t_f /℃	15 ℃时的密度 ρ /(kg·m^{-3})	温度 t /℃	定压比热 c_p/[kJ·(kg·K)$^{-1}$]	导热系数 λ/[W·(m·K)$^{-1}$]	动力黏度 μ (10^3 Pa·s)	运动黏度 ν(10^6 m^2·s^{-1})	热扩散率 a(10^7 m^2·s^{-1})	普朗特数 Pr$=a/v$
4.6	−2	1 005	50	4.14	0.62	0.58	0.58	1.54	3.96
			20	4.14	0.58	1.08	1.07	1.39	7.7
			10	4.12	0.57	1.37	1.39	1.37	9.9
			0	4.1	0.56	1.96	1.95	1.35	14.4
12.2	−5	1 015	50	4.1	0.58	0.69	0.677	1.41	4.8
			20	4.0	0.55	1.37	1.35	1.33	10.1
			0	4.0	0.53	2.54	2.51	1.33	18.9
19.8	−10	1 025	50	3.95	0.55	0.78	0.76	1.33	5.7
			10	3.87	0.51	2.25	2.20	1.29	17
			−5	3.85	0.49	3.82	3.73	1.25	30
27.4	−15	1 035	50	3.85	0.51	0.88	0.855	1.28	6.7
			20	3.77	0.49	1.96	1.90	1.25	15.2
			0	3.73	0.48	3.93	3.80	1.24	31
			−10	3.68	0.48	5.68	5.50	1.25	44
			−15	3.66	0.47	7.06	6.83	1.24	35
35	−21	1 045	50	3.73	0.48	1.08	1.03	1.22	8.4
			20	3.64	0.47	2.45	2.35	1.22	19.2
			0	3.59	0.46	4.90	4.70	1.22	37.7
			−10	3.56	0.54	7.64	7.35	1.22	60
			−20	3.52	0.45	11.8	11.3	1.24	92
38.8	−26	1 050	50	3.68	0.47	1.18	1.12	1.21	9.3
			20	3.56	0.45	2.74	2.63	1.21	21.6
			−10	3.48	0.45	8.62	8.25	1.24	67
			−25	3.41	0.45	18.6	17.8	1.26	144
42.6	−29	1 055	50	3.60	0.44	1.37	1.3	1.16	11.2
			20	3.48	0.44	2.94	2.78	1.21	23
			−10	3.39	0.44	9.60	9.1	1.24	73
			−25	3.33	0.44	21.6	20.5	1.26	162
46.4	−33	1 060	50	3.52	0.43	1.57	1.48	1.15	12.8
			20	3.39	0.43	3.43	3.24	1.19	27
			−10	3.31	0.43	10.8	10.2	1.22	84
			−20	3.27	0.43	18.1	17.2	1.24	140
			−30	3.22	0.43	32.3	30.5	1.26	242

附表 10　几种常用载冷剂的物性比较

使用温度 t /℃	载冷剂名称	质量分数 w /%	密　度 ρ /$(kg \cdot m^{-3})$	定压比热 c_p /$[kJ \cdot (kg \cdot K)^{-1}]$	导热系数 λ /$[W \cdot (m \cdot K)^{-1}]$	动力黏度 μ $(10^3\ Pa \cdot s)$	凝固点 t_f /℃
0	氯化钠水溶液	11	1 080	3.676	0.556	2.02	−7.5
	氯化钙水溶液	12	1 111	3.465	0.528	2.5	−7.2
	甲醇溶液	15	979	4.186 8	0.494	6.9	−10.5
	乙二醇溶液	25	1 030	3.834	0.511	3.8	−10.6
−10	氯化钠水溶液	18.8	1 140	3.429	0.533	3.87	−15.1
	氯化钙水溶液	20	1 188	3.041	0.501	4.9	−15.0
	甲醇溶液	22	970	4.066	0.461	7.7	−17.8
	乙二醇溶液	35	1 063	3.561	0.472 6	7.3	−17.8
−20	氯化钙水溶液	25	1 253	2.818	0.475 5	10.6	−29.4
	甲醇溶液	30	949	3.813	0.387 8	—	−23.0
	乙二醇溶液	45	1 080	3.312	0.441	21	−26.6
−35	氯化钙水溶液	30	1 312	2.641	0.441	27.2	−50.0
	甲醇溶液	40	963	3.50	0.326	12.2	−42.0
	乙二醇溶液	55	1 097	2.975	0.372 5	90.0	−41.6

附表 11　主要国际单位制与迄今使用单位名称对照表

度量名称	国际单位制	符号	与基本单位的关系	迄今使用的单位	符号
长度	米	m	基本单位	米	m
质量	千克(公斤)	kg	基本单位	千克(公斤)	kg
时间	秒	s	基本单位	秒	s
温度	绝对温度，摄氏温度	K,℃	$K=273.15+t$	摄氏温度	℃
力	牛顿	N	$1\ N=1\ kg \cdot m/s^2$	公斤力	kgf
力矩	牛顿·米	N·m	$1\ N \cdot m=1\ kg \cdot m^2/s^2$	公斤力·米	kgf·m
机械应力	牛顿/毫米²	N/mm^2	$1\ N/mm^2=10^6\ kg \cdot m/s^2m^2$	公斤力/毫米²	kgf/mm^2
压力	帕斯卡	Pa	$1\ Pa=1\ N/m^2=1\ kg \cdot m/s^2m^2$	公斤力/厘米² 大气压 米水柱 毫米汞柱(托)	kgf/cm^2 atm mWS mmHg(torr)
	巴	bar	$1\ bar=10^5\ Pa=0.1\ MPa$		
功、能量热量	焦耳	J	$1\ J=1\ N \cdot m=1\ kg \cdot m^2/s^2$	公斤力·米 卡	kgf·m cal
功率	瓦	W	$1\ W=1\ J/s=1\ kg \cdot m^2/s^3$ $1\ W=0.859\ 8\ kcal/h$ $1\ kW=1.341\ HP$	千瓦 马力 公斤力·米/秒 千卡/小时	kW HP kgf·m/s kcal/h

续表

度量名称	国际单位制	符号	与基本单位的关系	迄今使用的单位	符号
热流量（制冷能力）	瓦	W	1 W=0.859 8 kcal/h 3 517 W=1 Rt(US)	千卡/小时 冷吨(美国)	kcal/h Rt(US)
导热系数	瓦/(米·度)	W/(m·K)	1 W/(m·K)=0.859 8 kcal/(m·h·℃)	千卡/(米·小时·度)	kcal/(m·h·℃)
放热系数 传热系数	瓦/(米²·度)	W/(m²·K)	1 W/(m²·K)=0.859 8 kcal/(m²·h·℃)	千卡/(米²·小时·度)	kcal/(m²·h·℃)
比热	焦耳/(千克·度)	J/(kg·K)	1 J/(kg·K)=0.238 8 kcal/(kg·℃)	千卡/(千克·度)	kcal/(kg·℃)
动力黏度	帕斯卡·秒	Pa·s	1 Pa·s=1 kg·s/m²=10 P	公斤力·秒/米² 泊	kgf·s/m² P
运动黏度	米²/秒	m²/s	1 St=10^{-4} m²/s	斯托克斯	St

附表 12　主要单位换算表

度量名称	国际单位	迄今使用的单位	迄今使用的单位	国际单位
力	1 N=1 kg·m/s²	0.101 97 kgf 10^5 dyn(达因)	1 kgf 1 dyn	9.806 65 N 10^{-5} N
压力	1 Pa=1 N/m²	0.101 97 kgf/m²	1 kgf/m²	9.806 65 Pa
	1 bar=0.1 MPa	1.019 7 kgf/cm² 750.06 mmHg 10.197 mWS 0.986 92 atm 14.503 8 lb/in²	1 kgf/cm² 1 mmHg 1 mWS 1 atm 1 lb/in²	0.980 665 bar 1.333 22×10^{-3} bar 0.098 066 5 bar 1.013 25 bar 0.068 947 6 bar
功、热量	1 J=1 N·m	0.238 85 cal 0.101 97 kgf·m	1 cal 1 kgf·m	4.186 8 J 9.806 65 J
功率、热流量	1 W=1 J/s	0.238 85 cal/s 0.101 97 kgf·m/s	1 cal/s 1 kgf·m/s	4.186 8 W 9.806 65 W
	1 kW=1 kJ/s	859.85 kcal/h 1.359 HP	1 kcal/h 1 HP	1.163 W 0.735 5 kW
导热系数	1 W/(m·K)	0.859 85 kcal/(m·h·℃)	1 kcal/(m·h·℃)	1.163 W/(m·K)
传热系数	1 W/(m²·K)	0.859 85 kcal/(m²·h·℃)	1 kcal/(m²·h·℃)	1.163 W/(m²·K)
比热	1 kJ/(kg·K)	0.238 85 kcal/(kg·℃)	1 kcal/(kg·℃)	4.186 8 kJ/(kg·K)
	1 kJ/(m³·K)	0.238 85 kcal/(m³·K)	1 kcal/(m³·K)	4.186 8kJ/(m³·K)
动力黏度	1 Pa·s	10 P 0.101 97 kgf·s/m	1 P 1 kgf·s/m	0.1 Pa·s 9.806 65 Pa·s
运动黏度	1 m²/s	10^4 St	1 St	10^{-4} m²/s

附录三　空调制冷机房设计图纸

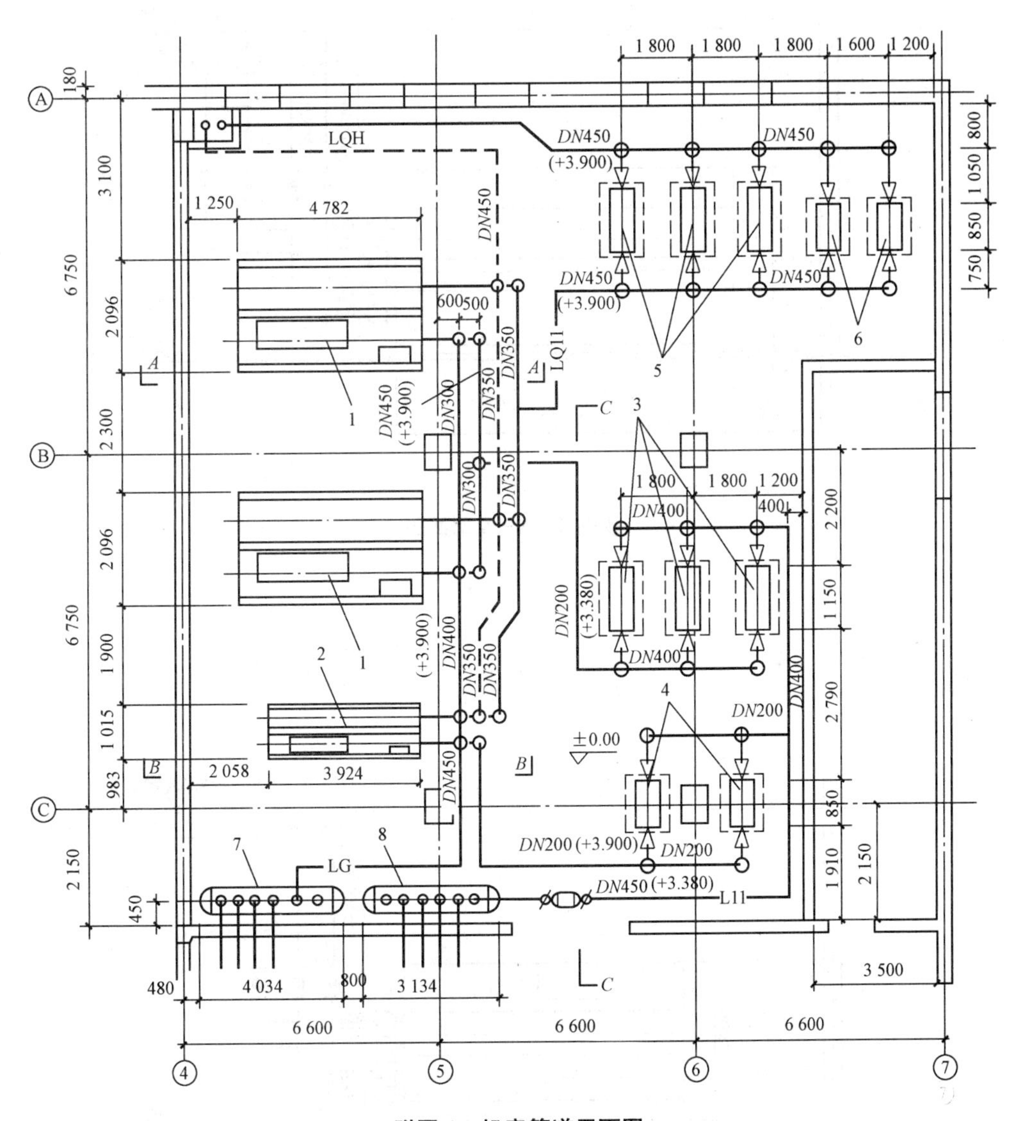

附图 1　机房管道平面图

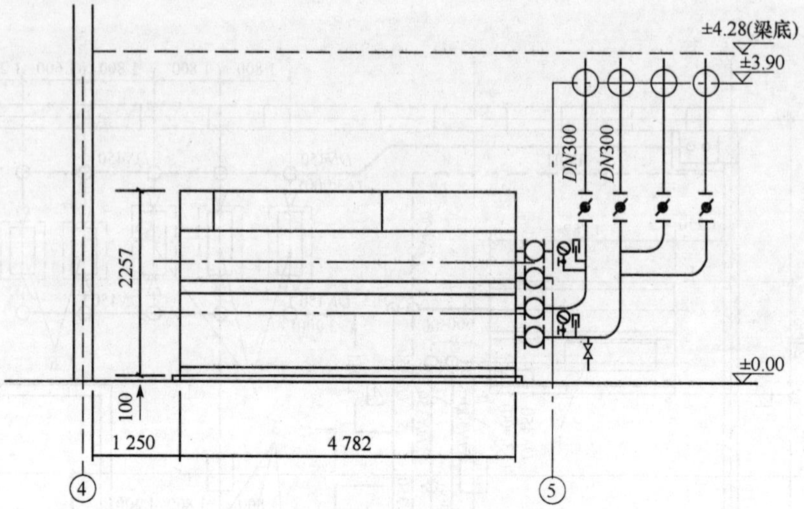

±4.28(梁底)
±3.90
DN300
DN300
2257
100
1 250
4 782
4
5
±0.00

附图 2　*A*—*A* 剖面图

±4.28(梁底)
±3.90
DN200
DN200
2 060
100
2 058
3 924
4
5
±0.00

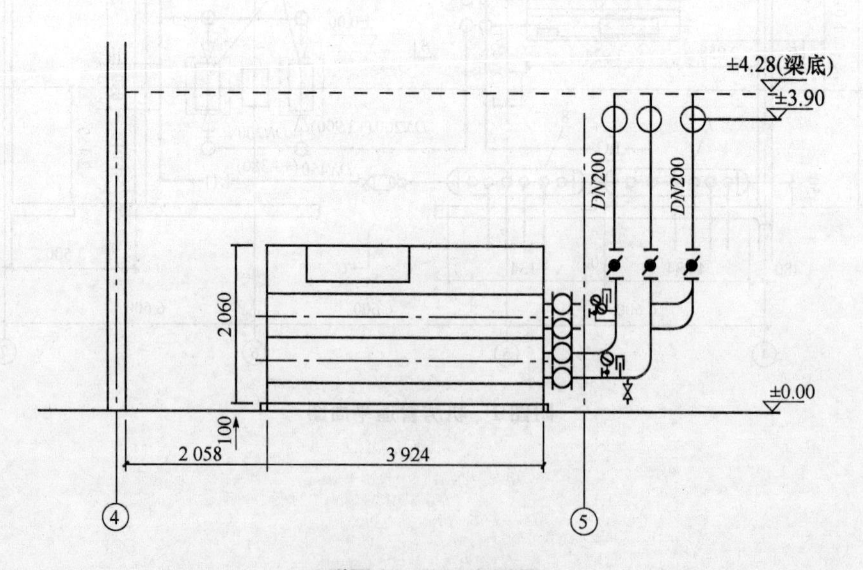

附图 3　*B*—*B* 剖面图

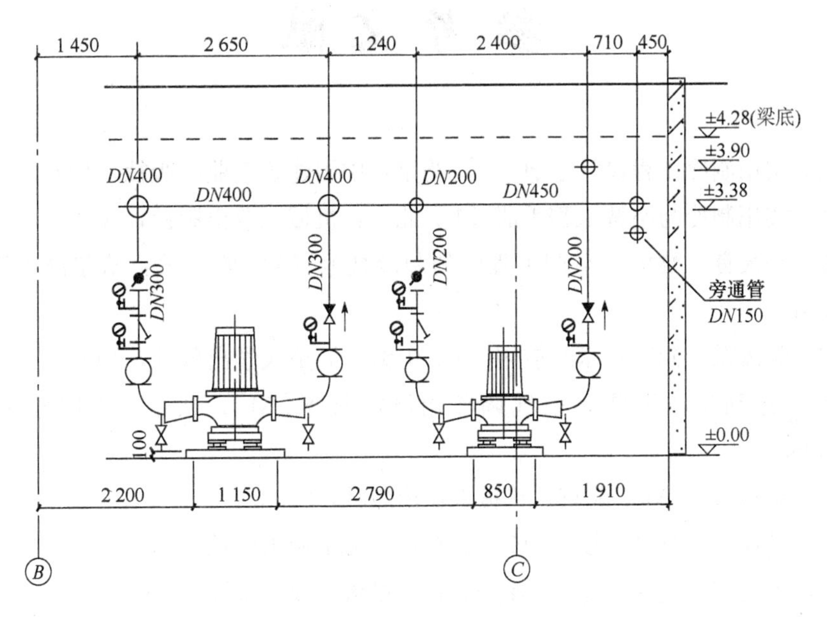

附图 4　*C—C* 剖面图

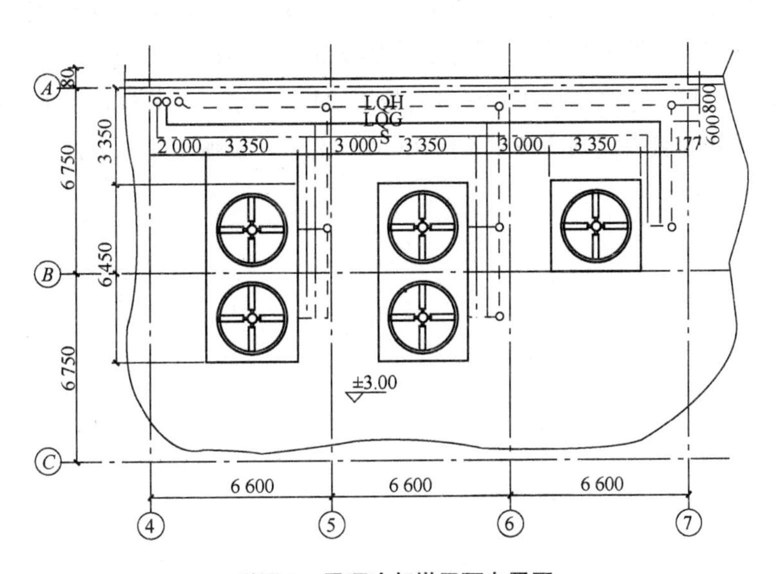

附图 5　屋顶冷却塔平面布置图

参 考 文 献

[1] 郭庆堂．实用制冷工程设计手册[M]．北京：中国建筑工业出版社，1994.
[2] 尉迟斌．实用制冷与空调工程手册[M]．北京：机械工业出版社，2002.
[3] 陆亚俊，马最良，姚杨．空调工程中的制冷技术[M]．哈尔滨：哈尔滨工程大学出版社，2001.
[4] 岳孝方，陈汝东．制冷技术与应用[M]．上海：同济大学出版社，1992.
[5] 姚行健，孙利生，张昌．空气调节用制冷技术[M]．北京：中国建筑工业出版社，1996.
[6] 贺俊杰．制冷技术[M]．北京：机械工业出版社，2003.
[7] 缪道平，吴业正．制冷压缩机[M]．北京：机械工业出版社，2001.
[8] 马国远，李红旗．旋转压缩机[M]．北京：机械工业出版社，2001.
[9] 朱立．制冷压缩机[M]．北京：高等教育出版社，2005.
[10] 姜守忠．制冷原理与设备[M]．北京：高等教育出版社，2005.
[11] 彦启森，石文星，田长青．空气调节用制冷技术[M]．北京：中国建筑工业出版社，2005.
[12] 黄奕沄，张玲，叶水泉．空气调节用制冷技术[M]．北京：中国电力出版社，2012.
[13] 李国斌．冷热源系统安装[M]．北京：中国建筑工业出版社，2006.
[14] 吴继红，李佐周．中央空调工程设计与施工[M]．北京：高等教育出版社，1997.
[15] 戴永庆．溴化锂吸收式制冷技术及应用[M]．北京：机械工业出版社，1996.